벌들의 화두

This is a translation of BUZZWORDS: A Scientist Muses on Sex, Bugs, and Rock 'n' Roll by May Berenbaum ⓒ 2000 May Berenbaum. First published in English by Joseph Henry Press an imprint of National Academies Press. All rights reserved. This edition published under agreement with the National Academy of Sciences.

All rights reserved
Korean translation copyright ⓒ Hyohyung Publishing Company, 2008
Korean translation edition published by arrangement with Chandler Crawford Agency Inc. through PubHub Literary Agency.

이 책의 한국어판 저작권은 PubHub 에이전시를 통한 저작권자와의 독점 계약으로 효형출판에 있습니다. 저작권법에 의해 한국 내에서 보호를 받는 저작물이므로 무단 전제와 무단 복제를 금합니다.

국립중앙도서관 출판시도서목록(CIP)

벌들의 화두 : 곤충기에 머문 어른들을 위한 곤충기 / 메이 R. 베렌바움 지음 ; 최재천, 권은비 옮김. — 파주 : 효형출판, 2008
  p. ;   cm

원표제: Buzzwords
원저자명: May R. Berenbaum
참고문헌과 색인 수록
영어 원작을 한국어로 번역
ISBN 978-89-5872-074-4 03470 : ₩14,000

곤충기[昆蟲記]

495.2-KDC4
595.7-DDC21   CIP2008003795

벌들의 화두
곤충기에 머문 어른들을 위한 곤충기

메이 R. 베렌바움 지음
최재천·권은비 옮김

효형출판

옮긴이의 말
평생 '곤충기'를 못 벗어날 모든 애어른들에게

《생명의 미래》, 《우리는 지금도 야생을 산다》, 《통섭》 등의 책으로 우리 독자들에게도 친숙한 세계적인 생물학자 에드워드 윌슨은 아이들이 크면서 거치는 몇 가지 뚜렷한 시기들이 있다고 이야기한다. 물론 남녀 차이가 있긴 하지만 대부분의 아이들은 인형기, 공룡기, 기차기 그리고 '곤충기bug period'를 거친다. 그러다가 가끔 어떤 아이는 그만 그런 시기에서 영원히 벗어나지 못하고 어른이 되어버린다. 윌슨은 곤충기를 끝내 벗어나지 못했다고 고백한 대표적인 생물학자이지만 이 책의 저자 메이 R. 베렌바움도 만만치 않은 사람이다. 내가 만일 그를 '여자 윌슨'이라고 부르면 본인은 어떻게 생각할지 모르지만 적어도 나는 그를 그만큼 높이 평가하고 있다.

저자는 벌써 10년 넘게 미국 일리노이대학 곤충학과의 학과장을 역임하고 있으며 나이 마흔에 미국국립과학한림원National Academy of Sciences 회원으로 추대된 세계적인 곤충생리생태학자다. 매년 10여 편의 연구 논문을 발표하며 활발한 연구 활동을 계속하면서도 1991년부터 지금까지 〈미국곤충학자American Entomologist〉에 매년 4회씩 감칠맛 나는 곤충 관련 에세이를 발표하고 있다. 《벌들의 화두》는 그가 1991

년부터 1999년까지 쓴 에세이들을 모아 책으로 발간한 것이다.

나는 저자를 미국곤충학회에서 여러 차례 본 적이 있다. 미국 학회에서 연회가 열리는 밤이면 종종 회원 중에서 재담꾼으로 알려진 양반이 나와 일 년 동안의 회원 동정을 흥미롭게 얘기해주는 코너가 있다. 메이 베렌바움은 미국곤충학회의 단골 재담꾼이다. 연구도 세계 최고의 수준이지, 전문적인 논문은 물론 일반인들을 위한 글도 잘 쓰고, 강의도 누구 못지 않게 잘하는 그는 그야말로 만능재주꾼이다. 몸이 도대체 몇 개나 되길래.

《벌들의 화두》는 그의 모든 재능을 골고루 만끽할 수 있는 꿀맛 같은 책이다. 다만 우리말로 번역하기 무척이나 어려운 책이었음을 고백한다. 저자의 재치 만점 언어 감각은 영어권 사람들에게는 듣자마자 무릎을 치거나 배꼽을 잡을 만하지만, 우리말로 똑같은 감흥을 전달하기는 무척 어려운 일이다. 나와 함께 이 책을 번역한 권은비는 조만간 내 연구실에서 석사 학위를 마치고 미국 대학으로 박사 과정을 밟으러 떠날 학생이다. 아직 미국에서 살아보지도 않은 그에게는 상당히 벅찬 일이었을 텐데 지금까지 나와 번역 작업을 함께한 그 누구보다 훨씬 뛰어난 능력을 발휘했다. 나 또한 이 책에 있는 영어 표현의 모든 걸 이해했다고 자신할 수는 없지만 함께 토론하며 우리는 많은 걸 배웠다.

우선 제목부터 만만치 않다. 원제 'Buzzwords'의 앞부분인 'buzz'는 벌이나 기계가 윙윙거리거나 붕붕거리는 소리를 나타내는 말이다. 그러나 말이라는 뜻의 'word'와 붙어 한 단어를 이루면 어떤 특정한 분야에서 흔히 쓰는 말이나 전문용어 또는 한창 사회에 떠도는 유행어라는 뜻으로 쓰인다. 예를 들어 미국에서는 선거철마다 이번 선거의 가장 중요한 buzzword가 무엇인가를 묻는다. 정치적인 화두가 무엇인가를 찾는 것이다. 벌들이 한데 모여 윙윙거리는 것처럼 유권자들이 모이면 도대체 무슨 말을 하는가 궁금해한다. 그래서 우리는 이 책의 제목을 '벌들의 화두'라고 붙여 보았다.

이 책의 소제목 중의 하나인 'This is your brain on bugs…'라는 표현은 한때 미국 텔레비전에서 약물중독방지를 위해 방영한 공익광고에서 따온 것인데, 그 텔레비전 광고에는 뜨거운 프라이팬 위에 달걀이 지글거리는 영상 아래 '이것이 약물 위의 당신의 뇌입니다 This is your brain on drugs'라는 자막이 걸려있었다. 1980년대에 미국에서 텔레비전을 시청한 사람이면 누구나 금방 고개를 끄덕이겠지만, 우리 독자들에게는 장황한 설명이 필요하고 또 감흥도 그리 크지 않을 것이다.

이 책에는 또한 'Is Paris buzzing?'이라는 제목의 글이 실려있다. 프랑스의 수도와 똑같은 이름을 가진 일리노이 주의 작은 도시에서 벌어지는 축제의 시끌벅적한 모습을 그리며 곤충을 주제로 한 축제가 드문 까닭을 설명하는 글이다. 이 제목은 물론 〈파리는 불타고 있는가?〉라는 영화제목에서 따온 것이지만, 만일 그대로 우리말로 옮긴다면 '파리는 윙윙거리고 있는가'쯤 될 것이다. 여기서 얘기하는 '파리'는 지명이지만, 이 책이 곤충에 관한 책이고 보면 날아다니는 곤충인 파리로 이해할 수도 있다. 그렇게 되면 파리가 윙윙거리느냐고 묻는 어처구니 없는 제목이 될 것이다. 영어 단어의 이중성에 각별한 감각과 관심을 갖고 있는 저자가 한국어와 관련된 이런 사실을 알게 된다면 무척 흥미로워 할 것 같다. 그런가 하면, 같은 글에서 꿀벌을 주제로 한 축제에 대해 설명하며 저자가 사용한 'beeautiful'이란 단어를 전라도 사투리를 사용하여 '허벌라게 아름다운'으로 번역한 내 공동역자 권은비의 절묘한 쾌거를 저자에게 거꾸로 설명할 수 있다면 그 또한 매우 흥미로울 것 같다.

저자는 곤충 그리고 특히 곤충학자에 대한 사람들의 선입견에 대해 거의 자학적인 수준으로 희화한다. 도대체 어떻게 생겨먹은 사람들이 길래 징그럽게 기어다니는 것들을 평생토록 쫓아다니며 연구할 수 있 단 말인가? 그래서 그런지 미국의 대중문화 속에 그려지는 곤충학자는 대체로 어딘지 모르게 현실세계와는 동떨어진 기인에 가깝다. 하지만 나는 뿔테 안경에 낚시조끼를 입은 채로 6개월 동안이나 매주 텔레비 전에서 개미 얘기를 질펀하게 늘어놓으며 적지 않은 인지도를 얻었다. 나는 나의 이미지가 그리 부정적인 것만은 아니었다고 생각한다. 아이 들은 종종 나를 '개미 박사님'이라고 부른다. 그 부름 속에 조롱과 멸 시의 흔적을 느껴본 적은 한 번도 없다. 약간의 호기심과 함께 사랑이 듬뿍 들어있다고 생각한다. 적어도 나는 그렇게 착각하고 산다.

우리나라 사람들이 특별히 곤충에 대해 관대하거나 남다른 애정을 갖고 있는 것일까? 아니면 세상이 많이 변한 것일까? 나는 후자라고 생각한다. 경제적인 여유도 한몫을 하고 있으리라 생각한다. 예전의 어머니들은 아이가 사슴벌레를 사서 기르겠다고 조를 때 요즘 어머니

들처럼 호응해주셨을 리 만무하다. 돈 한 푼 들이지 않고 논에서 올챙이를 퍼다가 병 속에 넣고 기르는 일도 허락 받기 그리 쉽지 않은 시절이 있었다. 기차, 공룡, 인형 그리고 벌레를 가지고 놀고 싶어하는 아이들이야 예전이나 지금이나 다 똑같지 않을까 싶다. 생명과 자연에 대한 우리 부모들의 생각이 예전보다 훨씬 여유로워진 것이다. 우리나라에도 세계적인 곤충학자들이 탄생할 날이 그만큼 가까워졌다는 증거이리라.

현재까지 곤충학자들이 채집해서 동정同定하고 이름 붙인 곤충만 해도 거의 1백만 종에 이른다. 이는 30만 종의 어류, 10만 종의 조류, 8천 종의 파충류, 6천 종의 양서류 그리고 5천여 종의 포유류를 모두 합한 전체 척추동물의 종 다양성에 거의 두 배나 되는 수치이다. 그리고 학자들에 따라 견해가 다르긴 하지만, 지구에 사는 모든 곤충이 다 발견되면 그 숫자는 무려 1~3천만 종에 달할 것이다. 이쯤 되면 외계인의 눈에 비친 지구는 솔직히 말해 곤충의 행성이라고 해도 지나치지 않을 것이다. 이 엄청난 생물 다양성의 관점에서만 보더라도 곤충은 연구할 가치가 충분한 생물이다.

곤충들이 이처럼 다양하게 진화하여 생존하고 있다는 것은 그들이 얼마나 자연환경에 잘 적응하여 살고 있는가를 말해주는 확실한 척도다. 나는 최근 자연을 보다 적극적으로 연구하여 모방하자는 취지에서 의생학擬生學이라는 새로운 학문 분야를 정립하고자 노력하고 있다. 의생학이란 노골적으로 자연을 표절하는 방법을 연구하자는 학문이다. 표절이 민감한 사회문제로 떠오른 요즘에 이상하게 들릴지 모르지만, 우리끼리 표절하는 것은 엄연한 범법행위라도 자연을 표절한다고 법에 저촉될 일은 없다. 자연을 표절하기 위해 들여다보기 시작한다면 과연 누구에게 가장 먼저 관심을 보여야 할까? 너무도 당연하게 그건 곤충일 것이다.

그럼에도 불구하고 우리나라에는 곤충학과가 독립된 학과로 설립되어 있는 대학이 단 한 군데도 없다. 메이 베렌바움은 이 책에서 미국 곤충학의 현실을 한탄하지만, 사실 미국에는 웬만한 주립대학들마다 거의 모두 곤충학과가 있다. 하지만 우리나라의 곤충학자들은 비록 제대로 된 학과 하나 없어도 생물학과 농업 관련 학과들과 연구소 곳곳에서 묵묵히 그러나 활발하게 연구 활동을 하고 있다. 2012년 세계곤충학대회를 우리나라에 유치하는 등 국제적으로도 위상을 높여가고 있다. 더욱 고무적인 것은 지금 이 순간에도 전국 각지에서 잠자리와 매미를 쫓고, 사슴벌레를 기르고 있는 적지 않은 숫자의 우리 아이들이 있다는 사실이다. 예전보다 훨씬 농약을 덜 치는 덕에 이삭이 여물어가는 논두렁에는 아이들이 다시금 메뚜기를 잡으러 뛰어다닐 것이다. 그들 모두에게 이 책을 권한다.

그리고 이 책을 권하고 싶은 사람들이 또 있다. 사실 지금도 마음으로는 곤충기를 벗어나지 못한 걸 알면서도 현실의 굴레 속에서 곤충과 전혀 상관없는 일을 하고 있는 그 많은 설자란 애어른들 말이다. 그들 모두에게도 이 책을 권한다. 이 책을 읽는 내내 환희와 회한이 범벅이 되어 끓어오를 것이다.

2008년 겨울
최재천

서문
행복한 곤충학자의 세상 더듬이

몇 년 전 동료 하나가 그의 사무실 출입문에 만화 한 컷을 붙여두었다. 〈뉴요커New Yorker〉지에서 오려낸 듯한 그 만화는 내게 지울 수 없는 인상을 남겼다. 그 만화는 말쑥하게 차려 입고 극장 혹은 그와 비슷한 연회장에 앉아 떠들썩하게 웃고 있는 관중을 그리고 있었다. 가운데 줄에 앉아있는 한 쌍의 남녀만을 제외하고. 남자는 딱딱하게 굳은 표정으로 뚫어져라 앞을 보고 있었고, 그의 아내는 화난 표정으로 그에게 말했다 "오, 스탠리. 제발, 딱 1분 만이라도 당신이 과학자라는 사실을 잊어버릴 수 없어요?"

대강 그런 내용이었다. 대중에게 비춰지는 과학자의 이미지를 너무나 잘 포착했기 때문에 그 만화는 내게 강렬한 인상을 남겼다. 대부분의 사람들이 생각하는 바대로, 과학자는 세상 사람들이 질병, 기아, 오염, 지구와 충돌할 듯 다가오는 소행성의 궤도 같은 어려운 문제에 부딪쳤을 가장 먼저 떠오르는 존재다. 나는 실제로 과학계에 종사하는 사람 가운데 상당수가 이러한 문제에 대한 해결책을 제시하고픈 바람에서 과학자가 되었을 것이라고 생각한다. 하지만 그 과정은 냉

혹함 그 자체다. 미칠 듯한 좌절과 견딜 수 없는 따분함, 이루 말할 수 없을 만큼의 두려움, 이런 모든 괴로움을 잊을 만큼의 감격스러운 상황의 연속이다. 문제 해결의 성격을 띠는 직업이라면 무엇이든 이와 비슷할 터. 궁극적인 목표는 아주 진지할지 모르지만, 매일 반복되는 일상은 거의 그렇지 않다.

 대부분의 과학자는 부를 얻고자 이 직업을 택하지 않는다. 재물은 극히 소수의 사람에게만 따르며, 큰돈을 버는 이들은 몇 안 된다. 명성을 바라는 이도 매우 드물다. 심지어 가장 유명하다는 과학자도 소수의 사람에게만 그 이름을 각인시킬 뿐이다. 예외적으로 널리 이름을 알리는 과학자는 몇 명 되지 않을 뿐만 아니라 아주 드물게 등장한다. 아무나 붙잡고 가장 먼저 떠오르는 과학자를 한 명 대보라고 하면 십중팔구는 '알베르트 아인슈타인'이라 답할 것이다. 그러나 대부분의 사람들은 제멋대로 뻗친 머리카락과 독일식 발음을 제외하고, 그가 그렇게 유명해진 이유를 제대로 답하지 못한다. 반면 배우, 운동선수 혹은 큰 부자의 이름을 대는 데 어려움을 겪는 사람은 아무도 없다.

 그렇다면 그들은 왜 과학자가 되었을까? 모두의 경우를 대변할 순 없지만, 내가 왜 그랬는지는 이야기할 수 있다. 이보다 더 만족스러운 일을 찾지 못했기 때문에 나는 과학자가 되었다. 이 일을 통해 얻는 기쁨과 좌절을 조금이나마 동료 과학자들과 나누기 위해 이 책을 썼다. 물론 과학자가 아닌 사람들에게 이 일이 얼마만큼 즐거울 수 있는지를 보여주기 위함이기도 하다. 이 글들이 고정관념을 깨부수진 못하더라도 하다못해 금이라도 조금 가게 할 수 있기를 바란다.

내게 이 프로젝트 자체와 그 목적이 갖는 의미가 크기 때문에 더욱이 점을 밝혀야 할 것 같다. 사실 이 글의 아이디어를 제공한 사람은 따로 있다. 미국곤충학회의 회장이었던 로웰 '스킵' 놀트Lowell 'Skip' Nault 박사로부터 〈미국곤충학자〉에 연재할 '재미있는 글'을 써달라는 부탁을 받았다. 이 학회지는 회비를 내는 7,000명 이상의 회원이 받아보는 간행물이다. 놀트 박사가 무슨 이유로 이 일의 적임자로 나를 지목했는지 모르겠다. 다만 한 가지 확실한 것은 연례 학술대회에서도 사람들에게 웃음을 줄 수 있는 연사로 그가 나를 택했다는 사실이다. 처음 투고 제의를 받았을 때 조금 망설였다. 무엇보다 내가 재미있다고 느끼는 것이 과연 다른 곤충학자들에게도 재미있을지에 대한 확신이 없었기 때문이다. 하지만 9년이 지난 지금, 세상에는 어느 정도 보편적인 웃음도 존재한다는 확신이 좀 더 견고해졌음을 느낀다.

이 책은 내가 〈미국곤충학자〉에 연재했던 에세이를 주로 담고 있다. 추가된 몇 꼭지의 글은 이 책을 위해 새로 썼으며, 곤충학자뿐 아니라 일반 대중이 공감할 수 있는 내용을 다루고 있다. 〈미국곤충학자〉에 연재되었던 글들도 이 책에 싣기 전, 전문 용어와 곤충학자만이 이해할 수 있는 농담들을 제거하는 각색 과정을 거쳤다. 모든 글은 4개의 큰 카테고리로 묶었다.

첫 번째, '곤충학자가 바라보는 곤충'에는 곤충 그 자체에 대한 이야기가 담겼다. 이 장의 대부분은 우리 곤충학자를 야외로 끌어낸 이 놀라운 생명체의 삶에 담긴 놀랄 만한 사연들을 소개한다. 두 번째, '세상이 바라보는 곤충'은 일반인들이 곤충에게 갖고 있는 선입견을 다루고 있다. 곤충학자에게는 굉장한 즐거움의 원천이지만, 일반적으로 사람을 깜짝 놀라게 만드는 존재가 바로 곤충이다. 공공연히 드러내는 곤충에 대한 혐오감에도 불구하고, 일반인 역시 곤충을 통해 즐거움을 얻는다. 사람들이 비상한 재주를 발휘하여 곤충과 곤충 이미지를 그들의 일상 속에 섞어넣는 모습을 보면 알 수 있다. 다만 우리 곤충학자의 우려는 얼마나 이상하고 위험한 믿음이건 간에, 곤충의 가장 안 좋은 점만을 사람들이 믿으려는 경향을 보인다는 점에서 비롯된다. 세 번째, '곤충학자가 바라보는 곤충학자'는 세상에 곤충학이라는 직업군을 소개하는 일이 얼마나 어려운지에 관한 글이다. 그리고 과학 실험이라고는 대학에서 마지못해 수강한 한 학기짜리 교양과목이 전부인 사람들에게 과학자의 사고를 설명하는 어려움도 담고 있다. 마지막 네 번째, '곤충학자가 바라보는 과학'은 세부 분야에 상관없이 전반적인 과학의 문제를 다루고 있다. 이 장은 과학자가 그들의 학과, 성별, 연구 대상, 접근 방법 혹은 그 외의 기준에 따라 구별 짓고 분류하려는 노력에도 불구하고 겪게 되는 어려움을 짚고 있다.

곤충학자, 일반 독자 그리고 과학계에 몸담은 사람들? 정말이지 나는 누가 과연 이 책을 읽게 될지 궁금하다. 당신이 누구건 간에 부디 이 글을 즐겁게 읽어주었으면 한다. 당신을 즐겁게 할 목적으로 쓴 글이니까. 하지만 책장을 넘기기 전에 몇 가지 당부할 말이 있다. 이 책에서 당신은 학계에서 쓰이는 이름을 접하게 될 것이다. 과학자인 나로서는 이해하기 힘든 어떤 이유 때문에 사람들은 놀란다. 심지어 몇몇 생물학자들도 불필요한 놀라움을 표한다. 속명俗名 뒤에 종명種名이 따라붙는 이 라틴어 이름은 이해할 수 없는 지식을 과시하기 위해 쓴 것이 아니다. 학명을 적음으로써 누군가의 사랑을 얻거나, 분쟁을 막거나, 세상을 평화와 고요함에 한 발짝 다가가게 하는 것은 아니다. 그럼에도 학명을 사용하는 이유는, 단순히 유용하기 때문이다.

첫째, 학명은 만국공용이다. 프랑스어, 독일어, 이탈리아어, 타갈로그어, 스와힐리어로 각각의 종이 뭐라고 불리든 전 세계 어디에서나 오직 하나의 학명 혹은 라틴어명을 갖는다. 곤충학자에게는 특히 이 학명이 매우 유용하다. 왜냐하면 프랑스어, 독일어, 이탈리아어, 타갈로그어, 스와힐리어로 된 이름을 모두 가질 만큼 널리 분포하지 않는 종이 꽤 많기 때문이다. 만약 그래도 이 학명이 눈에 거슬린다면 러시아 소설을 읽으면서 발음하기 어려운 이름들을 넘기듯 그렇게 은근슬쩍 넘겨버리면 된다.

《롤리타Lolita》로 유명한 러시아계 소설가 블라디미르 나보코브Vladimir Nabokov는 학명과도 깊은 인연이 있다. 본격적으로 문학작가로서의 삶을 시작하기 전, 그는 가냘픈 날개를 가진 몇몇 나비 종에 직접 학명을 붙이기도 했다. 나보코브의 이러한 다재다능함은 이 책의 주제를 부각시킨다. 과학자들은 하얀 실험복을 입고 삼각 플라스크를 손에 쥔 남성, 그 이상의 존재라는 뜻이다. 당신의 기대를 저버리고 싶진 않지만, 앞으로 이어질 지면에서는 삼각 플라스크를 찾아볼 수 없을 것이다. 내가 여기서 짧게나마 설명한 이야기들이 당신에게 훨씬 더 큰 흥밋거리로 다가섰으면 한다.

메이 R. 베렌바움

차례

옮긴이의 말 5
　평생 '곤충기'를 못 벗어날 모든 애어른들에게

서문 13
　행복한 곤충학자의 세상 더듬이

곤충학자가 바라보는 곤충

　나이 든 개미에 관하여 25 | 방귀대장 곤충들 31
　치명적 매력 39 | 재주나방이면 안 되는 게 어디 있니? 47
　1부터 10^{41}까지 숫자 중에 골라잡기 53
　내 몸 안에 벌레는 없다! 60 | 더 멀리, 더 빨리 67
　날 따라 해봐요, 이렇게 76 | 식사 전의 기도 82
　굴 속의 빛 90

세상이 바라보는 곤충

　슈퍼 분류학자 99 | 그것이 알고 싶다 106
　대중가요 속의 곤충들 112 | 곤충학자는 바쁘다 바빠 118
　정치판의 곤충들 125 | 장외거래 곤충 131
　바퀴 동영상과 단편 영화들 138 | 배드 모조 145
　'위어드 알'−그의 음악과 나의 곤충학 152
　곤충과 마약 163 | 곤충 축제와 먹을거리 170
　내야 플라이와 스포츠 광들 177 | 작전명 '모기 소집해제' 185

곤충학자가 바라보는 곤충학자

곤충학자의 발품 팔기 193 | 이름이 뭐길래 199
학명도 재미있게 206 | 곤(경에 빠진)충학과 217
아! 험버그Humbug! 226 | 꼬부랑 곤충학자 234
곤충학자의 이미지 242 | 소리 없는 아우성 252
전체 관람가('전반적으로 선심 쓰는 체') 259

곤충학자가 바라보는 과학

저자! 저자들! 267 | 난 okay 당신은 O.K.? 274
결점을 보완할 가능성도 없다? 281
플린스톤 101 287 | 신입생에게 한마디 294
멀미 봉투를 부여잡고 304
뚱뚱한 걸스카우트에게 커피를 붓는 아이들 310
말장난에 대한 유감 318 | 헌 유전자 물려받기 327
소환이 부러워 334

참고문헌 341
찾아보기 344

일러두기

1. 곤충의 학명은 원어를 이탤릭으로 적었다.
2. 인명과 도서명은 원어를 함께 적었다.
3. 도서명은 《 》, 잡지·영화·텔레비전 프로그램은 〈 〉으로 구분했다.

곤충학자가
바라보는
곤충

나이 든 개미에 관하여
On elderly ants

개미 한 마리를 14년 동안 키웠다는 사실은
정말 놀라운 일이다.
개를 14년 동안 키우는 것과는 차원이 다른 이야기다.

시내에 있는 대부분의 헌책방 주인들은 내가 책방에 발을 들여놓을 때마다 대번에 알아보고 미소로 반긴다. 그 미소는 잘 훈련된 사업수완 이상인데, 그도 그럴 것이 내가 많은 책을 품에 안고 헌책방을 나설 것이라는 사실을 너무나 잘 알기 때문이다. 나는 '수집' 하면 떠오르는 일반적인 것은 모으지 않는다. 이를테면, 곤충이나 동전, 종이성냥갑 따위들 말이다.

반면 오래되어 누렇게 변해버린 곤충에 관한 책들에는 수집가로서의 면모를 유감없이 발휘한다. 1903년부터 1911년까지 발행된 〈농학연감〉에 실려있는 곤충학 논문들은 선반에서 얼마나 오랫동안 곰팡이 옷을 입었는지와 상관없이 내가 서점에 들어서는 순간부터 더 이상 헌책방 주인의 먼지떨이에 몸을 맡기지 않아도 된다. 1910년에 출간된 《돈 버는 양봉법How to keep bees for profit》 같은 책이 터무니없이 비싸더라도 나는 지갑을 여는 데 주저하지 않는다. 가끔 책 판매에 열의가 지나친 서점 주인이 뱀이나 지렁이, 달팽이 그 밖의 불쾌한 생물에 관한 책들을 내게 들이밀곤 하지만, '다리 여섯 달린 것'에 관한 언급이 없는 한 구입을 자제해왔다. 현재로서는 내 취미가 그리 나쁘지 않아 보인다. 합법적인 취미 생활일 뿐 아니라 모터보트 경주라든지 야생동물 사냥처럼(위험하지 않음은 말할 필요도 없고) 큰돈이 들지도 않는다. 그리고 무엇보다도 취미 생활 때문에 뚱뚱해질 염려가 없다.

이런 고마운 취미 생활 덕분에 우연히 에이브베리 경Sir Avebury의 14살 먹은 개미에 관한 이야기를 읽게 되었다. 에이브베리 경이 1916년에 출간한 《개미, 꿀벌 그리고 나나니벌》이라는 제목의 먼지 쌓인 책을 발견하자마자 나는 표지도 넘겨보지 않고 구입했다. 물론 표지조차 넘겨보지 않고, 구입하게 된 곳은 샴페인Champaign 시내의 월넛Walnut 가에 위치한 '올드 메인 서점'이었다. 그건 그렇고, 잠시 비켜가는 얘기지만, 올드 메인 서점이 사실 한때는 메인Main가에 위치해있었다고 하는데, 내가 추측하건대 서점의 주인은 단순히 '올드 월넛'보다는 '올드 메인 서점'으로 불리길 원했던 것 같다. 집에 도착하자마자 엄지손가락에 침을 묻혀가며 연신 책장을 넘기던 나는 이미 한 세기 전에 논란거리가 되었던 개미의 기대수명에 관한 대목을 발견했다.

여왕개미와 일개미의 수명은 그 동안 추측했던 것보다 훨씬 길다. 나는 이 자리에서 1874년 12월부터 1888년 8월 현재까지 곰개미*Formica fusca* 종의 여왕개미 한 마리를 키워왔음을 밝힌다. 이 여왕개미는 이미 15살 가까이 나이를 먹었으며 어쩌면 그 이상일 수도 있다. 말하자면 이 여왕개미는 현재까지 기록상으로 존재하는 가장 늙은 곤충이다. 게다가 1875년부터 여왕개미와 함께 생활한 일개미들도 몇 마리 있다.

개미 한 마리를 14년 동안 키웠다는 사실은 정말 놀라운 일이었다. 개를 14년 동안 키우는 것과는 차원이 다른 이야기다. 개를 책상 위에 올려놓고 잃어버리거나 커피 잔 밑에 깔려죽게 만드는 사고는 절대 일어날 리 없기 때문이다. 그리고 개미를 키우는 사람을 위한 도움, 이를테면 24시간 진료하는 개미 병원이라든지 동네 슈퍼에 구비되어있는 개미들을 위한 장난감, 개미용 사료 같은 것들은 어디서도 찾아볼 수 없다. 주변에 널린 게 소규모 동물 병원이지만 개미 환자를 진료할 수 있는 수의사는 없을 것이다. 그리고 개미의 끼니를 챙기거나 산책을 잊어버리는 경우가 개보다 훨씬 잦았을 것이다. 게다가 이 엄청난 일이 더 놀라운 이유는 에이브베리 경이 나이든 개미를 돌보는 일 외에도 해야할 일이 매우 많은 사람이었다는 점이다. 에이브베리 경이라는 칭호를 얻기 전까지 그는 존 러복John Lubbock으로 불렸는데, 3개 대륙 7개국에 흩어져있는 24개가 넘는 과학 관련 학회의 회원이었다. 그가 학회에 참석하느라 개미를 돌볼 수 없을 때는 어떻게 그의 친구나 친지를 구워삶아 개미를 돌보게

했는지 매우 궁금하다.

곤충의 수명에 대한 기록이 드물기는 하지만, 그렇다고 그러한 사례가 전혀 없는 것도 아니다. 1919년에 페리스Ferris는 스탠포드의 밀깍지벌레과 전시관에 들어온 지 17년이나 지난 표본의 포낭 속에서 살아있는 이세리아 깍지벌레*Margarodes vitium*의 약충을 발견했다고 보고한 바 있다. 그리고 1943년에는 린즐리E. Gorton Linsely가 비단벌레과 곤충의 일종으로 나무에 구멍을 내는 스플렌더 딱정벌레 *Buprestis aurenta*를 12차례나 발견했다고 보고했는데, 발견 장소가 모두 지어진 지 10년에서 26년이나 지난 건물의 벽, 마룻바닥, 계단의 난간 등이었다. 이 곤충들은 바닥재를 뚫고 나오느라 갖은 고생을 했으리라. 가장 최근에는 1989년에 제리 파월Jerry Powell이 휴면상태에 들어간 지 16~17년가량 지난 고치에서 180마리의 유카나방 성체가 나왔다고 보고했다. 이 고치들은 1년 동안 네바다 주에서 버클리대학으로, 또다시 캘리포니아대학 러셀 자연보호구역으로 수십 킬로미터나 옮겨졌다. 1985년도까지도 성체로 탈피하지 못한 이 고치들은 그 후에도 러셀 보호구역과 캘리포니아 엘도라도의 블러젯 숲 그리고 버클리대학의 야외 실험실에 마련된 사육장으로 나뉘어 보내졌다가 다시 버클리에서 합쳐져 발생과정을 마쳤다.

17년 동안 180마리 유카나방의 행로를 추적하는 일과 개미를 14년 동안 키우는 일 가운데 어떤 업적이 더 감동적인지 판단하기는 쉽지 않다. 휴면 중인 유충은 먹일 필요가 없지만, 개미는 먹이를 필요로 하기 때문에 개미를 기르는 일이 더 어려운 것처럼 보이기도 한다. 하지만 다른 측면에서 생각해보면, 개미는 주인의 행동에 반응을 하는 반면 유충에게서는 어떠한 반응도 기대하기 어렵다. 유충을 추적한 과학자는 5년마다 한번씩 유충들이 살아있는지 확인하기 위해 고치들을 가르고 싶은 충동을 이겨내기 힘들었을 것이다. 나라면 두 가지 모두 절대 이루어내지 못했을 것이라고 확신한다. 책상 위에 놓아둔 펜의 행방도 일주일 이상 추적하지 못하는 성격인데 무슨 설명이 더 필요하겠는가?

이 시점에서 꼭 짚고 넘어가야 할 점은 곤충의 수명에 관한 실험에서 관찰자는 어떤 간섭도 하지 않았다는 사실이다. 곤충의 수명 연장을 목표로 하는 연구는 그 정반대의 목표를 갖고 있는 대부분의 곤충학 연구에 비해 주목을 덜 받는 것이 사실이다. 그러나 이러한 흐름 속에서도 몇몇 과학자는 곤충의 수명을 연장하기 위해 수년에 걸쳐 연구를 진행해왔다. 만약 당신이 〈수명Age〉 또는 〈실험노년학 Experimental Gerontology〉 같은 학술지를 읽어본 적이 있다면, 이러한 연구와 관련된 논문을 찾아볼 수 있었을 것이다. 사실 노화에 관한 가설을 검증하기 위한 실험에 곤충을 이용한 사례는 쉽게 찾아볼 수 있는데, 실험자의 입장에서 생각해보면 당연한 결과인지도 모르겠다. 그도 그럴 것이 수명이 50퍼센트나 증가된다는 사실을 며칠 만에 발견할 수 있다면, 그보다 더 좋은 소재가 없을 것이기 때문이다. 반면에 아마존 앵무새나 갈라파고스 거북과 같이 오래 사는 동물에 관한 연구는 한 세기 반 또는 그 이상 지속될 수도 있는데, 이는 정부의 평균적인 연구지원 기간을 훌쩍 넘어서는 시간이다. 이러한 관점에서 볼 때, 30분의 오차 범위를 감안하더라도 성체 단계로 대략 한 시간 정도 사는 날벌레인 '깔따구*Clunio maritimus*'는 이상적인 실험 대상이다. 하지만 이 분야에 종사하는 대부분의 사람은 깔따구와 비교했을 때 성경에 등장하는 므두셀라(창세기에 따르면 969세를 살았다고 전해진다)의 수명에 필적할 만큼 길게 느껴지는 한 달 혹은 그 이상을 성체로 사는 '초파리*Drosophila melanogaster*'를 사용한다.

실험을 통해 초파리의 수명을 연장시킨다고 밝혀진 물질로는 다음과 같은 것이 있다. 코르티손, 코르티졸, 아스피린, 트리암시놀론, 메클로페녹세이트, 나트륨-TZCA화합물, 2-에틸-6-메틸-3-히드록시 피리미딘, 브롬화 에티듐, 젖산, 디오도메탄, 차인산소다, 비타민 E 그리고 너무 복잡해서 일일이 언급하기 힘든 물질들이 수없이 많다.

에이브베리 경이 개미의 수명을 연장하기 위해 어떤 방법을 사용했었는지 궁금할 것이다. 그리고 만약 이러한 방법이 도움을 주었다면 실제로 개미의 생명이 얼마나 연장되었을까? 분명 아직도 해답을 얻지 못한 많은 질문이 존재한다. 최근에 발견된 노화에 관한 지식을 토대로 이러한 질문들에 대한 해답을 찾는 연구에 곧바로 착수해야겠다. 본격적인 연구에 앞서 몇 자 적어야하는데, 도대체 내 펜은 어디에 있지?

방귀대장 곤충들
Putting on airs

인간보다 훨씬 많은 수의 곤충이 존재하고,
이 수많은 복부에서 방출되는 메탄은
가히 지구를 위협할 만한 양이다.

다른 생명체보다 인간이 우위에 있다는 주장도 있지만 인간도 본질적으로 하등생물과 비슷하다는 점을 일깨워주는 몇 가지 신체 기능이 있다. 그 가운데 한 가지가 소화관에 축적된 쓸모없는 가스를 배출하려는 욕구다. 인간의 경우, 박테리아 발효에 의해 만들어진 이 가스는 주로 내장 내강(內腔, 몸 안에 비어있는 부분–옮긴이)에 축적된다. 탄수화물과 아미노산의 발효 과정에서 수소 가스가 발생되며, 내생(內生, 포자 따위가 생물체 내부에서 형성되는 현상–옮긴이) 물질이 박테리아에 의해 발효되는 과정에서 메탄이 발생된다. 이렇게 만들어진 가스 가운데 일부는 혈류를 통해 **빠져나가기도** 하지만, 더 많은 경우 의학 전문 용어로 '방귀'라 알려진 과정을 통해 소화기관의 끝부분에서 방출된다. 합리적인 생리 작용임에도 불구하고 장내의 가스 방출은 무슨 이유에서인지 종종 우스꽝스럽게 보인다. 인간의 육체가 물려받은 모든 종류의 결함에 대해 괴롭고 끔찍할 만큼의 상세한 설명을 담고 있는 2,578쪽 분량의 《메르크 진단과 치료 입문서Merck Manual of Diagnosis and Therapy》에서도 근엄하고 완고한 책의 성격과 어울리지 않게 이 주제에서만큼은 긴장을 풀고 있다.

위장에 가스가 찬 사람들 가운데 일부는 가스 방출의 양과 빈도에서 놀라운 수치를 보이기도 한다. 신중하게 수행된 연구에 따르면 한 환자의 일일 방귀 횟수가 141회에 달했고, 그 가운데 70회는 4시간 안에 발생했다고 한다. 상당한 정신적 고민을 야기할 수도 있는 이 증상은 그동안 비공식적으로나마 각각의 두드러진 특징에 따라 묘사되어왔다.

1. 슬라이더(붐비는 엘리베이터 타입)는 느린 속도로 조용히 방출되며 때론 주변을 황폐화시키는 효과를 수반한다.
2. 괄약근 개방 혹은 '흥' 타입은 비교적 높은 온도와 함께 방출되며 좀 더 향기롭다고 한다.
3. 스타카토 혹은 드럼 박자 타입은 홀로 있을 때 유쾌하게 지나가는 유형이다.

－《메르크 진단과 치료 입문서》 793쪽

그러나 내장 속 가스의 방출을 웃음거리로 여기기보다는 시급한 전 지구적 관심사로 인식하는 몇몇의 사람들이 바로 곤충학자들이다. 어떤 면에서 보면 이는 상당히 근거가 있는 생각이다. 어찌 됐건 지구상에는 인간보다 훨씬 많은 수의 곤충이 존재하고, 이 수많은 복부(와 수많은 구멍)에서 방출되는 메탄(전 세계 기후에 영향을 미치는 온실가스로 알려져있다)은 가히 지구를 위협할 만한 양이다. 이러한 점을 고려했을 때 이 주제에 대해 상당히 깊이 있는 연구가 진행되어왔다는 사실은 그리 놀라운 일이 아니다.

이상한 주제에 관심을 갖는 곤충학 학회지뿐만 아니라 우리 시대 최고의 과학 학술지에서도 곤충의 배에 가스가 차는 문제를 두고 75년 동안이나 논쟁이 이어져왔다. 이 논쟁은 1923년에 클리블랜드 L. R. Cleveland가 흰개미의 장 안에 사는 원생동물原生動物이 흰개미에게 어떤 이로운 역할을 할지도 모른다는 관찰 결과를 내놓으면서 시작되었다. 원생동물이 메탄과 관련되어있을 것이라는 가설은 예전부터 있었지만 그 후로도 50년간 검증되지 못했다. 그러나 일단 그 가설이 검증되자 곤충이 생성하는 메탄의 양을 측정하는 일이 다음 과제로 떠올랐고, 1982년에는 3개 대륙에서 모인 4명의 과학자가 공동연구를 통해 흰개미의 연간 메탄 생성량에 대한 첫 추정치를 발표했다. 〈사이언스〉지에 게재한 논문에서 짐머만P. R. Zimmerman과 그의 동료들은 3종의 흰개미가 방출하는 일산화탄소, 이산화탄소, 메탄, 수소, 그리고 짧은 고리의 탄화수소류 예닐곱 가지를 측정했으며 이를 토대로 범지구적 단계의 추정치를 보고했다.

그들은 흰개미 한 마리가 하루에 0.24~0.59마이크로그램의 메탄을 생성할 수 있다는 사실을 발견했다. 흰개미의 범지구적 개체군

밀도를 추정한 논문에 따르면, 대략 2.4×10^{17}마리의 흰개미가 존재하며 이 흰개미들이 수 테라그램의 오차범위 안에서 매년 1.5×10^{14} 테라그램의 메탄을 생성할 수 있다고 그들은 계산했다. 1테라그램은 10^{12}그램과 같은 양으로 곤충학자들에 의해서는 좀처럼 다루어지지 않는 질량 단위다. 이 추정치는 그 자체만으로도 인상적이지만, 지구에서 1년 동안 모든 경로를 통해 생성되는 메탄의 양이 겨우 $3.5 \sim 12.1 \times 10^{14}$그램이라는 점을 생각해보면 더욱 놀라운 수치다. 바꿔 말하면, 흰개미의 엉덩이가 지구 대기 가운데 메탄 농도의 30퍼센트를 책임지고 있는 셈이다. 게다가 짐머만과 그의 동료들은 흰개미의 증가를 초래할 수 있는 산림벌채와 농업 등으로 인해 그 비중이 계속 증가하고 있다고 주장했다.

그러나 오래 지나지 않아 라스무센R. A. Rasmussen과 칼릴M.A.K. Khalil은 1983년 〈네이처〉를 통해 반대 의견을 내놓았다. 습재흰개미 *Zootermposis angusticollis*를 가지고 측정한 흰개미의 연간 메탄 생성량은 겨우 5×10^{13}그램밖에 안 된다고 추정했다. 그리고 더 나아가 전 지구적 메탄 방출량을 확정적인 하나의 수로 제시하기에는 흰개미 한 마리가 만들어내는 메탄의 양뿐만 아니라 전 세계적으로 분포하는 흰개미의 개체 수도 불확실하기 때문에 자신들의 결과가 옳다고 주장했다. 그러자 같은 해에 짐머만과 그린버그Greenberg는 신속하게 라스무센과 칼릴이 흰개미를 공기가 통하지 않는 밀폐된 상자에 넣어 실험한 점을 지적하며 이 조건이 결과에 영향을 미쳤을 것이라고 주장했다. 짐머만과 그린버그는 실제로 라스무센과 칼릴로부터 습재흰개미를 얻어다가 자신들의 실험실에서 같은 실험을 반복했고, 라스무센과 칼릴이 보고한 양보다 3배에서 6배나 높은 메탄 생성량을 측정해냈다. 그러자 칼릴은 흰개미 개체군의 서식 환경은 공기의 흐름이 있는 방보다는 밀폐된 플라스크에 가깝고, 짐머만이 처음에 제시한 추정치는 여전히 3배 정도나 크다고 반박했다.

이듬해인 1984년에 〈사이언스〉에 게재된 다른 논문에서 콜린스N. M. Collins와 우드T. G. Wood는 짐머만이 전 세계 흰개미 개체군의 밀도 추정에 관한 기록(우드와 그의 동료인 샌즈W.A. Sands가 1978년에 발표한 논문)을 해석하는 과정에서 사용한 방법의 오류를 지적하고, 산림벌채가 흰개미의 수를 증가시킨다고 했던 그의 가정도 논박했다. 흰개미 연구에서 우드가 지닌 권위에도 불구하고, 짐머만과 그의 동료들은 이 비판에 대해서도 응수했다. 그들은 콜린스와 우드가 이전 기록에 대한 자신들의 해석을 잘못 이해했다고 반박하며, 흰개미의 밀도에 대한 자신들의 기본 추정값을 지지하기 위해 우드와 샌즈의 이전 논문을 다시금 인용했다.

〈네이처〉와 〈사이언스〉의 지면을 빌어 이 모든 논쟁이 벌어지는 동안 대기 중 메탄 농도가 감소했다. 스틸Steele과 그의 동료들은 이 하락 현상을 놓치지 않았고 1992년에 〈네이처〉에 이 사실을 보고했다. 이제 이 문제의 중요성이 많이 퇴색되었다는 사실을 모르는 듯 실험실들은 여전히 흰개미가 방출하는 전지구적 메탄 생성량의 추정치를 더 정확하게 계산하기 위해 각고의 노력을 기울이고 있었다.

브라우만Brauman과 그의 동료들은 1992년에 〈사이언스〉를 통해 메탄 생성은 먹이와 깊은 관련이 있다고 보고했다. 흙을 먹이로 삼는 흰개미가 메탄 방출량이 가장 많고, 균을 먹는 흰개미가 그다음, 나무를 먹는 종이 가장 적다고 밝혔다. 보다 정밀한 계산은 지리적 관점에서 이루어졌다. 1993년, 마르티우스Martius와 그의 동료들은 메탄 방출량에 대한 10년간의 측정값이 모두 북미, 아프리카 그리고 오스트레일리아에서 나왔음을 지적했다. 그들의 결과에 따르면, 메탄 생성에 있어 북미와 오스트레일리아의 흰개미는 아마존 흰개미에 비할 바가 못 되며, 또한 전 세계의 흰개미들을 다 합쳐도 전체 메탄 유동량의 5퍼센트에도 미치지 못한다고 추정했다.

  1994년도에 핵스타인J. H. P. Hackstein과 스텀C. K. Stumm은 절지동물의 메탄 방출에 관한 결정판에 해당하는 논문을 게재했는데, 그 과정에서 무서운 괴물을 새로 만들어냈다. 그들은 100종 이상의 육상 절지동물을 대상으로 조사한 결과, 흰개미가 메탄 방출량의 문제에서 가장 큰 걱정거리가 아닐지도 모른다고 보고했다. 바퀴벌레가 만들어내는 메탄의 양도 흰개미에 절대 뒤지지 않는다는 내용이었다. 미국바퀴인 이질바퀴Periplaneta americana가 한 시간에 중량 1그램당 255나노몰(원자나 분자의 질량 단위로 이것이 6.02×10^{23}개 모인 것을 1몰mol이라 한다. 1나노몰은 1×10^{-9}몰―옮긴이)까지 펌프질하는 것을 비롯하여 독일바퀴, 동양바퀴, 미국바퀴 그리고 갈색띠바퀴Brown-banded cockroach 등의 주요 집바퀴벌레 등 모든 종이 한 시간에 중량 1그램당 31나노몰 이상의 메탄을 발생시킨다. 그래도 전 지구적인 규모에서는 여전히 흰개미가 바퀴벌레의 생산력을 거의 2배 가까이 앞서지만(전체적으로 비교해보면 흰개미가 연간 50.7테라그램인데 비해 바퀴벌레는 연간 겨우 28테라그램에 그친다), 흰개미들은 주로 아프리카의 사바나, 오스트레일리아의 사막 그리고 아마존의 열대 우림 등과 같은 장소에서 메탄을 방출하는 반면, 바퀴벌레는 우리와 매우 가까운 곳에서 메탄을 방출한다. 바퀴벌레의 메탄 방출은 오래도록 남는 악취도 문제지만, 우리의 목숨을 위협할 수도 있다. 바퀴벌레는 메탄과 함께 일산화탄소도 발생시키는데, 이는 원인을 알 수 없는 화재나 일산화탄소 중독 등이 어쩌면 난로의 결함이 아니라 배에 가스가 찬 바퀴벌레 때문일 수도 있다는 뜻이다.

절지동물의 가스 방출에 대한 걱정을 침소봉대하는 것일 수도 있지만 적어도 몇 종의 바퀴벌레가 메탄을 발생시킨다는 사실은 여러 해에 걸쳐 확인되었다. 크루든D. L. Cruden과 마코베츠A. J. Markovetz는 1984년에 이 현상을 처음으로 정량화했으며 바퀴벌레의 내장 속에서 메탄을 생성하는 박테리아도 발견했다고 보고했다. 이 박테리아는 기분 나쁘게도 인간의 배설물에서 발견된 것과 유사하다. 이는 인간과 바퀴벌레의 생물학적 유사도가 웃어넘길 수 있는 수준 이상으로 높을 수도 있음을 뜻한다. 곤충, 특히 바퀴벌레와 인간이 그다지 유쾌하지 않은 생리적 약점을 공유하고 있다는 증거는 수 세기 전부터 있었다. '새로운 스페인(신대륙)에 대한 일반 역사서'라는 부제가 붙은 《플로렌타인 코덱스The Florentine Codex》에는 16세기 프레이 베르나디노 드 사하군Fray Bernardino de Sahagun에 의해 번역된 아즈텍 문서가 들어있다. 11권 육상생물 편은 콜럼버스 이전 멕시코인의 자연사에 대한 주목할 만한 통찰력을 보여준다. 11권의 12번째 장은 다음과 같이 기술하고 있다.

핀카틀, 그것은 거무스름하고 어둡고 작고 납작하며 뾰족한 턱을 가지고 있다. 그 껍데기는 마치 도기의 깨진 조각처럼 단단하다. 그리고 누군가가 괴롭히면 방귀를 뀐다. 악취와 헛배부름으로 남들을 놀라게 한다. 습한 곳과 쓰레기 속에서 산다.

이제는 우리와 생리적 공통점을 지닌 이들을 받아들여야 할지도 모르겠다. 이들이 인간에게 엄청난 피해를 가져올 수 있다는 명백한 기록은 없지만, 오랜 시간 동안 우리와 함께 해왔다는 사실은 확실하기 때문이다. 심지어는 도미니카 공화국의 호박 속에서도 흰개미, 바퀴벌레, 노래기 그리고 그 밖에도 가스가 가득 찬 절지동물의 배 끝에 붙어있는 작은 가스 방울을 볼 수 있다. 이 작용은 수백만 년 동안 소리 없이 진행되었지만 아직 치명적인 걸로 밝혀지지는 않았다.

치명적 매력
Fatal attractions

여리고 감수성 예민한 여고생이
'홈을 파다', '구멍을 뚫다', '쪼개다', '꿰뚫다' 같은
단어를 성행위와 함께 떠올리게 된다면
절대 유혹에 굴하지 않을 것이다.

만약 당신이 70년대 초반에 미국에서 공립고등학교를 다녔다면, '보건수업'이라는 교육을 받았을 지도 모르겠다. 당시에는 정해진 법령에 따라 보건 수업을 들어야만 졸업이 가능했기 때문에 나도 다른 학생들과 마찬가지로 이 수업을 들어야 했다. 섹스, 마약 그리고 개인 위생 불량이 얼마나 위험한지를 알리기 위한 수업이었다. 수업 시간 내내 학생들을 겁먹게 할 목적으로 만들어진 영화와 슬라이드를 봤던 것으로 기억한다. 하지만 대부분 기억나지 않는 것으로 보아 그리 효과적이지는 않았던 모양이다. 그 보건수업에서 가장 인상적이었던 것은 바로 수업 교재다. 내게 교재를 물려준 이름 모를 학

생이 교재에 등장하는 남성과 여성의 생식기와 관련된 모든 전문의 학용어들을 당시에는 내가 몰랐던 외설스러운 용어로 모두 바꾸어 놓았기 때문이다. 이처럼 수업은 정말 지루했지만, 분명히 교육적이었다!

반면 '운전자 교육 수업'은 정말 무서웠다. 고속도로 위에서 벌어진 공포스러운 대학살의 장면을 끊임없이 보여줬는데, 얼마나 무섭던지 면허증을 따고도 11년이나 운전석에 앉지도 못할 정도였다. 시간이 흘러 이제는 시내에서 운전을 하기도 하지만, 오하이오 교통 안전국에서 제작한 선혈 낭자한 사고들로(소떼를 가득 태운 트럭이 사고 당한 장면도 있었다) 가득한 〈시그널 30〉이란 영화는 아직도 뇌리에 생생하게 남아있어서 앞으로도 절대 오하이오 주에서는 운전할 수 없을 것 같다(같은 이유로 햄버거를 먹을 용기도 없다).

당시 중·고등학교 교육 정책 담당자들은 그들의 영화 취향 때문에 보다 큰 공포심을 유발시켜 도덕 체계를 주입할 수 있는 황금 같은 기회를 놓쳤다. 아직도 고등학생을 대상으로 하는 보건과목이 있는지는 모르겠지만, 만약 아직도 있다면 내가 보았던 그런 영화 대신 자연 다큐멘터리를 보여주도록 권하고 싶다. 곤충들의 번식행동을 아주 잠깐 보는 것만으로도 한동안 섹스에 대한 생각을 멈추게 할 수 있기 때문이다. 홍반디 *Calopteran discrepans*의 구애 행동을 예로 들어보자. 1981년 시빈스키 J. M. Sivinski는 암수의 짝짓기 장면을 다음과 같이 묘사하고 있다.

암컷의 살짝 펼쳐진 날개 사이로 수컷이 올라탄다. 여러 쌍을 관찰한 바에 따르면, 수컷은 낫 모양의 턱으로 암컷의 오른쪽 겉날개 어깨 부위를 깨문다. 한 마리 암컷의 등에서 세 마리의 수컷이 발견된 경우도 있었다. 이들을 들어올리면 암수 곤충들은 서로 꼭 달라붙어 올라오는데, 억지로 떼어낼 경우 암컷은 겉날개에 깊은 상처를 입게 된다.

이에 대해 시빈스키는 '짝짓기 과정에서의 깨물기 행위는 이성 간의 번식에 관한 관심의 차이를 설명해준다'고 이야기했는데, 권위적이고 일방적인 평가라고 밖에 생각할 수 없다. 하지만 이는 사실 곤충들 사이에서 아주 일반적으로 나타나는 현상이다. 예를 들어, 북아메리카에 서식하는 12가지 부채장수잠자리Gomphids 종으로 실험한 결과 88~100퍼센트의 암컷이 '수컷의 복부 부속지附屬肢에 움켜잡혀 머리에 2~6개의 구멍이 났다'고 보고된 바 있다. 왕잠자리Aeshnid는 그래도 부채장수잠자리보다는 관대한 편이다. 왕잠자리 수컷은 그저 암컷의 겹눈 표면에 구멍을 내는 정도니까. 하지만 북미에 서식하는 부채장수잠자리 가운데 가장 큰 측범잠자리Hagenius brevistylus는 교미할 때 지금껏 발견된 어느 잠자리보다 암컷에게 심각한 손상을 남긴다는 점에서 다른 종과 뚜렷하게 구별되는 특징이 있다. '수컷의 항문상판에 위치한 외측말단돌기는 암컷의 겹눈 가장자리에 상처를 입히는데, 그렇게 머리가 뚫린 암컷 가운데 32퍼센트는 외골격에도 구멍이 났다. 수컷의 꼬리 부분에 위치한 말단 돌기와 측부 중앙의 돌기가 암컷의 머리 뒷부분에 구멍을 낸다. 수컷의 쥐는 힘은 구멍들 사이 외골격을 으스러뜨려 뒷볼에 세로로 균열을 만든다. 가장 심한 경우 암컷은 머리에 다양한 크기의 구멍이 6개나 생긴다.'

미루어 짐작컨대, 여리고 감수성 예민한 여고생이 '홈을 파다', '구멍을 뚫다', '쪼개다' 그리고 '꿰뚫다' 등의 단어를 성행위와 함께 떠올리게 된다면 절대 유혹에 굴하지 않을 것이다. 하지만 곤충 세계의 소녀들은 이 문제를 비교적 쉽게 받아들인다. 물론 여생을 손상된 몸으로 살아가야하지만 적어도 살아남았기 때문이다. 자연에서는 이성 간의 만남이 수컷의 죽음으로 끝나는 경우를 흔히 볼 수 있다.

과장되어 알려진 사마귀의 경우만을 이야기하는 게 아니다. 밀가루딱정벌레 Tribolium castaneum는 수컷끼리 모여있으면 끔찍한 죽음을 맞는다. 암컷과 함께 사육될 경우 평균 50주를 사는데, 수컷으로만 이루어진 집단에서는 겨우 15주 만에 죽는다. 죽은 수컷을 살펴보면 몸의 끝부분에 단단하고 희끄무레한 마개 모양의 물질을 달고 있는데, 이는 정액이 공기와 반응하여 응고된 것이다. 정액에 여러 물질이 들러붙어 단단한 덩어리가 되고 다양한 신체 기능을 저해한다. 또 다른 슬픈 운명을 소개하자면, 호주에 서식하며 납작머리느림보풍뎅이라고 불리는 비단벌레과 장수풍뎅이 Julodimorpha bakewell를 들 수 있다. '땅딸보'라고 불리는 이 반짝이는 풍뎅이들은 맥주병의 반짝이는 표면을 암컷으로 착각하여 교미를 시도하지만 결과는 언제나 만족스럽지 못하다. 1983년 그윈Gwynne과 렌츠Rentz는 맥주병으로 간단한 실험을 했는데, 채 30분도 지나기 전에 6마리의 풍뎅이가 날아와 병을 끌어안았다고 한다. 여기서 가장 문제가 되는 위험요소는 바로 이 풍뎅이들이 포기를 모른다는 점이다. 심지어 어떤 녀석은 개미에게 밖으로 젖혀진 생식기를 공격 받았지만, 물려죽을 때까지 끝내 포기하지 않았다.

이러한 곤충들의 치명적인 유혹이 사람과 무슨 상관이 있느냐고 반문할 지 모르겠다. 기어다니는 작은 동물들이 우리 인간의 성 관습과 무슨 관련이 있느냐고 말이다. 하지만 예외적으로 관련이 있는 경우도 있다. 무척추 동물과 인간 사이에는 '압착-성도착자crush-freak'라고 알려진 예외적인 교집합이 존재한다. 먼저 '압착-성도착자'를 정의하기 위해 〈압착-성도착자 학회지American Journal of the Crush-Freak〉를 인용한다.

> 이는 매우 독특한 성적 공상으로서 일종의 발-성도착foot-fetish이다. '압착-성도착자'는 자신이 곤충과 같이 작은 존재이길 바라며 여성의 발에 밟혀 짓이겨지기를 원한다. 여기에 몇 가지 다양한 종류의 성도착적 환상이 존재한다. 그들 가운데 일부는 오직 맨발에만 밟히기를 원하며, 다른 일부는 반짝이는 높은 굽의 여성용 구두로 밟혀 으깨지기를 원한다. 나머지 몇몇은 여성이 자신을 벌레로 인식하여 그녀의 남자친구로 하여금 짓밟도록 하는 시나리오를 만들어내기도 한다. 많은 성도착자는 여성이 작은 생명체를 짓밟는 모습을 보길 원하는데, 이 경우 곤충이 이 '압착-성도착자'를 위한 훌륭한 대리물이 되어준다.

의욕적인 영화제작자이며 스스로 압착-성도착자임을 밝힌 제프 빌렌시아Jeff Vilencia가 〈미국 압착-성도착자 학회지〉의 편집장을 맡고 있었는데, 그는 그의 학회지에 소개한 자전적인 글에서 이미 '벌레 되기'에 관한 공상을 고백한 적이 있다. 그가 그의 어머니의 집에서 〈미국은퇴자협회 공식 간행물Modern Maturity Magazine〉에 실린 곤충공포영화페스티벌에 관한 기사를 보고 내게 전화를 걸어오면서, 나는 제프와 그의 별난 곤충학적 흥미에 대해 알게 되었다. 그는 친절하게도 내게 자신이 만든 〈분쇄Smush〉라는 제목의 짧은 영화 복사본을 보내주었다. 8분 분량의 이 영화는 여배우 에리카 엘리존도Erika Elizondo가 처음엔 맨발로, 그 다음에는 그녀의 어머니가 신던 검은색 스틸레토힐을 신고 지렁이들을 밟아깨는 장면을 담고 있었다. 이 영화는 1993년 토론토국제영화제, 1994년 헬싱키영화제 그리고 1995년 '구역질 나고 삐뚤어진 영화제'에서 상영되었으며 〈뉴욕포스트〉와 〈워싱턴포스트〉에 소개되기도 했다.

이러한 종류의 성적 행위는 그저 작은 무척추동물에게만 불행한 결과를 가져올 뿐, 젊은이들에게 준비되지 않은 섹스가 얼마나 위험한 것인지 일깨워주기 위해 〈분쇄〉를 보여주는 것은 적절하지 않다. 솔직히 말하자면 과연 어떤 관객이 이 영화에 적합한지도 잘 모르겠다. 내가 이 영화의 미학을 제대로 감상할 수 없다니 슬프다.

반면에 제프는 분명히 곤충학자들의 진가를 잘 알고 평가하고 있었다. 그는 자신의 학회지에 곤충학 출판물에 대한 서평을 싣고 순위를 매기기도 했다. 물론 그는 곤충학자들이 쓰는 평가 기준을 사용하지는 않았다. 그의 기준에 부합하는 글은 반드시 여성이 쓴 것이어야 했으며, 하나 또는 그 이상의 훌륭한 '분쇄'에 관련된 참고문헌이 포함되어있어야 했다.

내가 가지고 있는 한 권의 〈미국 압착−성도착자 학회지〉에도 그런 서평이 두 편이나 실려있다. 제프는 1991년에 버니스 리프튼Bernice Lifton이 저술한 《벌레 파괴자들Bug Busters》에 대해 곤충 으깨기와 관련된 부분 총 6곳을 발췌하여 주석과 함께 평하고 있다. 주석은 대체적으로 다음과 같이 짧고 간결했다.

212쪽, 13장. 개미, 거미 그리고 말벌
'그 거미를 눌러 찌그러뜨리지 않으면서 옛 모습은 찾아보기 힘들게 죽여봐…… 오케이'

그렇다고 그가 곤충학 글에 대해서 무비판적이고 찬사만을 늘어놓는 것은 아니다. 그는 서평에서 작가가 '찌그러뜨려 짜내다(squish)' 대신에 '눌러 찌그러뜨리다(squash)'라는 단어를 사용한 것에 대해 실망감을 나타냈다. 분명히 그는 'squish'가 조금 더 자극적인 표현이라고 생각한 모양이다. 그는 다음과 같은 짤막한 문장으로 서평을 마무리한다. '우리는 그녀가 9호 혹은 10호 크기의 신발을 신으며, 벌레들을 밟길 좋아하는 젊고 섹시한 여성이기를 희망한다!'

《곤충들과 다른 징그럽고 잔인한 것들》의 저자 론다 워싱햄 하트Rhonda Wassingham Hart 역시 제프에게 칭찬을 들었다. 그로서는 최고의 찬사인 '나는 그저 그녀가 나를 밟을 수 있도록 그녀의 정원에 사는 한 마리 곤충이 되고 싶은 마음뿐'이라는 말로 끝맺고 있다.

지금까지의 요점은 고등학생뿐만 아니라 어른에게도 '무엇이 성욕을 자극하는가'의 문제는 순전히 마음에 달려있다는 것이다. 제프와 잠시 함께하면서 어떤 독자들이 내가 쓴 책을 사서 읽을까 생각해보았다. 곤충이라면 해충 관리만을 생각하던 사람들을 이렇게 극단적인 범위로까지 관심을 확장시켰다는 사실에 감사하면서도, 다음에 나올 책에 절대 내 신발 크기에 대한 언급은 하지 않으리라 다짐해본다.

재주나방이면 안 되는 게 어디 있니?
Just say "Notodontid?"

정부는 6백만 달러 이상의 돈을
베이지나방을 번식시키고
공중에서 투하하는 데 배정한 셈이다.
6백만은 6 다음에 0이 6개나 따라붙는 숫자다.

불법 코카인 재배를 근절하기 위해 미국 정부가 비행기로 공중에서 애벌레들을 투하할 계획이라는 기사를 지역 신문에서 발견했다. 대부분의 시사만화에서는 윌리엄 베넷William Bennett을 마약단속반장으로 묘사하며 비꼬고 있었다. '낙하산을 메고 강하하는 애벌레로 변장한 교활한 코요테 베넷은 그의 먹이인 간교한 마약 운반업자들을 급습할 준비를 하고 있다'(올리펀트, 세계언론조합)는 설명이 첨부된 삽화를 상상해보라. 아니면 이런 삽화는 어떤가? 비행기 화물칸에 쭈그려앉아 기체 밖으로 나방을 쏟아버리면서 한 손으로는 나무 상자 가득 담겨있는 벤젠이 섞인 생수를 가리키며 말한다. '보이지? 먼저 코카나무에 나방을 뿌려보고, 잘 안되면……'(마이크 키프, 세계언론조합) 물론 '그 정도면 충분히 어리석지 않은가?'(톨레즈, 세계언론조합) 같이 단순한 것들도 있다.

나는 곧 이러한 풍자만화 뒤에 숨겨진 진짜 사연을 찾아내는데 흥미를 갖게 되었다. 관련 기사를 보도조차 하지 않은 지역신문 〈더 샴페인 어바나 뉴스 거제트The Champaign Urbana News Gazette〉는 아무런 도움이 되지 못했다. 물론 지방 소식에 초점을 맞춘 신문이다 보니 옥수수나 콩을 먹이로 하는 곤충에 관한 기사가 아니면 머리기사에 실리기 어려웠다. 하지만 최신 소식에 정통하다고 알려진 학생신문 〈데일리 일리니Daily Illini〉마저 한 학생이 기고한 '미션 인섹터블Mission insectible: 부시 대통령의 곤충암살단이 뒤통수를 치다'라는 제목의 에세이 외에는 이 소식을 찾아볼 수 없었다.

그러던 중 잡지 〈내셔널 인콰이어러〉에서 이 사건에 관한 기사 한 대목을 찾을 수 있었다. 당신이 지금 무슨 생각을 하는지 짐작은 가지만 절대 그렇지 않다. 난 그 잡지를 거의 읽지 않는다. 아마 남편이 슈퍼에서 가져온 모양이다. 그렇다. 남편이 잡지를 샀고, 나는 그저 그 잡지를 재활용함에 넣으려다 우연히 그 기사를 본 것뿐이다. 어쨌든, 나는 이를 계기로 주요 일간지에 난 기사를 찾고자 교내 신문도서관을 찾았다.

〈워싱턴포스트지〉는 '미국, 코카 작물에 대해 생물전 펼칠 가능성, 애벌레 떼가 작물을 다 먹어치울 것이다'라는 제목으로 아주 완곡하게 이 소식을 전했다. 이 기사를 읽고 나는 이 시사만화가가 사건을 공정하게 바라보지 않았다고 말할 수 밖에 없었다. 하지만 그 세부 사항은 매우 놀라웠다.

〈워싱턴포스트〉의 기사는 사건의 대상인 베이지나방malumbia이라 부르는 이 하얀 나방에 대해서 '지난 50년도 넘게 곤충학 학술지에 언급되지 않았던 종'이라고 보도하고 있었다. 그래 좋다, 어쩌면 인시류(鱗翅類, 나비류와 나방류를 합친 총칭-옮긴이) 분류학자들이 페루의 후알라가Huallaga 계곡을 건널 기회가 좀처럼 오지 않았을 수도 있으니까. 하지만 베이지나방이 충분히 누군가의 흥미를 끌 만한 종이라는 사실을 나는 믿어 의심치 않는다. 그래서 도서관으로 가서 이번에는 베이지나방을 검색했다. 〈워싱턴포스트〉는 베이지나방을 무슨 까닭인지 '엘로리아 노예시eloria-noyesi'라는 약간 혼란스러운 학명으로 기재했다. 학명을 적는 규칙은 간단하고 분명하다 속명(첫 번째 부분)의 첫 글자는 대문자로 쓰고, 종명(두 번째 부분)은 대문자로 쓰지 않는다. 리비아의 독재자 모아마르 카다피Moammar Khadafi의 이름의 철자조차도 신문사마다 다르게 표기하니 그리 놀랄 일도 아니지만, 그래도 나는 신문사에서 라틴어 학명을 기재하는 데 왜 그렇게 어려움을 느끼는지 도무지 이해할 수가 없다.

매우 소모적인 검색 끝에 나는 〈워싱턴포스트〉가 옳았다고 결론 내릴 수밖에 없었다. 1950년에 콜리넷C. L. Collinette이 개정판을 내놓은 이후로는 어느 곤충학 학술지에서도 베이지나방에 대한 보고서를 찾을 수 없었다. 검색 결과 중 불법 작물을 습격하는 곤충에 관한 가장 근접한 연구는 아리조나 주 더글라스의 연방 건물에 압수된 마리화나에 보통은 밀가루에 꾀는 작은 갑충(甲蟲, 딱정벌레목의 곤충을 통틀어 이르는 말)인 '헷갈리는 밀가루벌레'가 몰려든다는 내용의 〈범태평양 곤충학자Pan-Pacific Entomologist〉에 실린 논문 한 편뿐이었다. 사실 어리쌀도둑거저리Tribolium confusum라는 이름의 이 곤충은 같은 속屬의 빨간 밀가루벌레인 거짓쌀도둑거저리Tribolium castaneum와 매우 흡사하게 생겨 종종 곤충학자들을 혼동시킨다는 이유로 '헷갈리는 밀가루벌레'라고 불리게 되었다. 아마 몇몇 '헷갈리는 밀가루벌레'들은 약에 취해 평소보다 더 헷갈렸을지도 모를 일이다.

그건 그렇고, 식물화학 학술지에서는 베이지나방을 쉽게 찾을 수 있다. 머레이 블럼Murray Blum, 로랑 리비에르Laurent Rivier, 그리고 티모시 플라우만Timothy Plowman이라는 세 학자가 1981년도에 〈식물화학Phytochemistry〉이라는 제목의 학회지에 베이지나방에 의한 코카인의 대사 작용을 설명한 논문을 게재했다. 섭취된 코카인의 대부분이 부스러기만 남고 소화되지만, 애벌레는 숙주식물로부터 코카인의 일부를 보유할 수 있다. 이 나방의 암컷은 몸무게 1그램당 53나노그램에 해당하는 코카인을 가지고 있다. 그래서 실제 베이지나방과 그 배설물이 거리에서 암거래되기도 한다. 왜 이런 사실이 좀 더 널리 알려지지 않았으며, 베이지나방을 소지하거나 피우는 행위를 중죄로 다스리는 입법안이 통과되지 않았는지 이유를 알 수 없었다. 또 미묘한 어원의 문제지만, 베이지나방 담배의 작은 토막을 '로치roach(대마초 꽁초를 의미하는 속어인 동시에 바퀴벌레를 뜻한다)'라고 부르는 것이 과연 적절할까?

베이지나방에 대한 총체적인 지식의 부족보다도 더 놀라운 사실은 부시 정부가 이 계획에 650만 달러나 되는 예산을 배정했다는 점이다. 정부의 말에도 일리는 있다. 물론 그 돈은 베이지나방뿐만 아니라 다른 계획을 위한 것이기도 했으며 실제로 마리화나 초목을 죽이는 빨간 염료를 시험해보기 위한 계획과 (아마도 정부는 마라스키노 체리로부터 추출한 금지된 염료인 레드 40을 대량 비축해 두지 않았을까?) 코카인을 절멸시키는 토양균에 대한 연구 예산을 포함하고 있었다. 하지만 기사는 '예산에서 가장 큰 부분을 차지하고 있는 것은 애벌레 단계에서 코카나무의 초록빛 잎을 게걸스럽게 먹어치우는 하얀 베이지나방에 맞추어져 있었다'고 전했다.

따라서 정부는 6백만 달러 이상의 돈을 베이지나방을 번식시키고 공중에서 투하하는 데 배정한 셈이다. 6백만은 6 다음에 0이 6개나 따라붙는 숫자다. 6-0-0-0-0-0-0, 실로 엄청난 금액이 아닐 수 없다. 사실 이는 미국 농무부의 연구지원 사무국에서 운영하는 식물 기생충 프로그램에 배정된 예산 총액의 3배나 되는 액수다. 이 프로그램은 콩, 옥수수, 밀, 귀리, 복숭아나무, 배나무, 자두나무, 순무, 양배추, 꽃양배추, 당근, 파슬리, 파스닙, 셀러리, 소나무, 목화, 토마토, 감자 그리고 일일이 열거할 수 없을 정도로 많은 식물의 초록색 잎을 먹어치우는 애벌레들에 대한 연구를 지원하고 있다.

여기서 우리가 교훈으로 삼을 만한 점이 있다면, 적절한 곤충만 찾는다면 곤충 연구도 언제든지 지원금이 보장된다는 점이다. 그 적절한 곤충이란 정치 의제에 잘 맞아떨어지는 종을 의미한다. 불행히도 이 조건에 딱 맞는 곤충은 그리 많지 않다. 모기는 공화당원과 민주당원을 동등하게 문다. 그리고 내가 아는 한 흰개미를 훈련시켜서 저축액, 대차건물, 공수표, 불법 선거자금에 관한 기록, 시인이자 민주당계의 원로였던 월트 휘트먼Walt Whitman의 〈풀잎Leaves of Grass〉(월트 휘트먼이 평생을 두고 수정한 단 하나의 시집으로 유명하다), 또는 현재 정치인을 타협하게 만드는 것들을 먹어치우도록 할 수 없다. 댄 퀘일Dan Quayle도 떠오른다. 그는 1992년 당시 부통령으로 한 초등학교를 방문하여 아이들의 맞춤법 경시대회에서 일일 출제위원이 된다. 그가 냈던 문제는 potato(감자)였다. 12살짜리 학생이 이를 올바르게 적었음에도 불구하고, 그는 학생에게 끝에 한 글자를 더 저으라고 조언하였다. 학생이 고민 끝에 potatoe라고 적자 그는 박수까지 치며 칭찬했고, 이 모습은 미국 전역에 중계되었다. 이를 통해 무식한 부통령의 인상을 심어주어 다음 대선에서 공화당 후보로 도전했다가 낙선하고 만다.

정치에 무관심하고 연구비를 충분히 지원받지 못해도 과학자는 그저 과학적인 흥미에 초점을 맞추고 객관적인 채로 남아있는 것이 최선의 방법이 아닐까 생각한다. 그렇지만 여전히 한 가지 궁금한 점이 남아있다. 조지 부시George Bush 전 대통령이 브로콜리를 끔찍이도 싫어했음을 감안할 때, 그의 재임 기간에 애벌레 단계에서 그 초록색 잎들을 모조리 먹어치우는 나방의 연구를 지원하는 비밀 자금이 있었던 것은 아닐까.

1부터 10^{41}까지 숫자 중에 골라잡기
Pick a number from 1 to 10^{41}

4월 15일에 번식을 시작한 암컷 파리 한 마리가
9월 10일이면 5조 5,987억 2,000만마리의
성체 집단을 생성한다.

    나는 남을 돕는 일을 좋아한다. 하지만 곤충학자다 보니 내게 도움을 청해오는 사람이 그리 많지 않다. 만약 의사나 변호사 혹은 경찰관이나 전화 교환원, 도서관 사서, 자동차 정비공, 여행사 직원 또는 백화점 점원이었다면 조금 더 많은 사람에게 도움을 줄 수 있었을 텐데. 곤충학자로서 나를 정말 낙담케 하는 것은 종종 질문이 있어 찾아오는 사람들도 도울 수 없다는 점이다. 대개 그런 질문은 '곤충을 한 마리 찾았는데요, 갈색인 것 같기도 하고 검은색인 것 같기도 해요. 다리는 6개인 것 같은데, 확실하진 않아요'라는 식이다. 그래도 대답할 준비가 되어있는 질문이 있기는 하다. 그리고 언젠가는 누군가 이렇게 물어오길 기다리고 있다. '만약에 파리 한 마

리의 자손이 모두 살아남아 번식한다고 가정할 때, 1년 후엔 모두 몇 마리의 파리가 존재하게 될까요?'

이 질문 그리고 이 질문과 비슷한 몇 가지 정말 중요한 질문들에 대한 답을 나는 알고 있다. 왜냐하면 곤충학자들은 오랫동안 이런 셈 문제에 푹 빠져있었기 때문이다. 이런 관심은 파브르J. H. Fabre가 '단 세 마리의 파리가 사자 한 마리와 비슷한 속도로 죽은 말을 먹어치울 수 있다'는 말을 하면서부터 시작되었다. 이러한 이야기가 기분 좋은 자극을 주기도 하지만, 파티 분위기를 얼어붙게 만드는 대화 소재임에는 틀림없다. 특히 죽은 말이 등장하는 부분은 더더욱 그렇다. 곤충학자들이 좀 더 정확한 계산을 해야한다는 강박관념에 시달리는 것도 무리가 아니다. 1859년 찰스 다윈Charles Darwin은 그의 기하급수적 증가치 측정을 척추동물에만 한정시켰다. 가령, 한 쌍의 번식 가능한 코끼리는 740~750년가량 지나면 총 1900만 마리의 자손을 갖게 된다는 식의 계산처럼 말이다. 특히 코끼리를 단위로 생각했을 때 1900만이 매우 큰 숫자임에는 틀림없지만 750년이라는 세월 또한 매우 길기 때문에 다윈은 모든 사람에게 깊은 인상을 심어주진 못했다.

이에 반해 곤충이야말로 압도적인 숫자를 생성하는 선택받은 집단이다. 파브르에 이어 1908년에 조던Jordan과 켈로그Kellogg는 '만약 우리가 살고 있는 도시에서 쉽게 볼 수 있는 평범한 집파리의 알 하나하나가 깨어나 유충들이 어떠한 손실이나 절멸의 상황 없이 생존에 적합한 온도와 먹이를 찾게 된다면, 우리는 모두 넘쳐나는 파리에 묻혀 질식사하게 될 것'이라고 추정했다. 위압적이긴 하지만, 엄밀하게 따지고 보면 그리 정밀하지는 않다. 하워드L. O. Howard는 1911년에 출간된 《집파리-질병전파자들The House Fly-Disease Carrier》에서 조던과 켈로그의 부족한 점을 바로잡았다. 그는 4월 15일에 번식을 시작한 암컷 파리 한 마리가 9월 10일이면 5,598,720,000,000마리의 성체 집단을 생성한다는 결론을 내렸다. 하워드가 제시한 숫자는 우리의 상상력을 뒤흔든다.

아마도 이런 점이 곤충학자에게 더 정확한 계산에 대한 의무감을 느끼게 하는 까닭일 터. 하워드는 한 마리의 파리가 한 무더기의 알을 낳는다고 가정한 반면, 1915년에 플라우만Plowman과 디어든Dearden은 친절하게도 독자에게 '한 마리의 파리는 넷에서 여섯 묶음의 알을 낳을 수 있으며, 따라서 단일 번식 기간 동안 하나가 아니라 예닐곱 개의 개체군을 생성할 수 있다'는 사실을 알렸다. 1918년에는 홋지Hodge와 도슨Dawson이 그저 개선의 여지를 지적하는 데 그치지 않고, 새로운 계산법을 만들어냈다. 그들은 실험용 파리 한 마리가 5월 1일에 알을 낳도록 조절하면서 관찰한 결과, 파리가 한 번에 150개의 알을 낳는다는 사실(하워드의 계산에서는 120개였다)을 확인했다. 그들의 계산대로라면 7월 30일에는 모두 5,746,670,500마리의 파리가 존재할 것이다. 조금 더 익숙한 단위를 빌리자면, 약 143,675부셸(bushel, 야드파운드법에 의한 무게의 단위. 1 부셸은 약 27.2154킬로그램이니 약 4,000톤에 해당한다-옮긴이)의 파리가 생겨난다. 홋지와 도슨은 9월 말에는 파리가 1,096,181,249,310,720,000,000,000,000마리까지 증가할 것이라고 계산했다. 그리고 이 숫자는 독자 스스로 부셀 단위로 환산하도록 남겨두었다. 그런데 이 계산은 도슨이 아니라 훗지가 했을 것이라고 여겨졌다. 왜냐하면 훗지가 곧 이어 출간된 다른 책에서 '4월에 활동을 시작한 한 쌍의 파리의 자손이 모두 살아남는다면 8월쯤에는 파리가 191,010,000,000,000,000,000마리나 될 것'이라는 결과를 제시했기 때문이다. 한 마리의 파리가 2세제곱센티미터의 공간을 차지한다고 가정했을 때, 이는 지구 전체를 14미터 높이로 덮어버릴 만한 수다.

1964년 올드로이드Oldroyd는 이 계산에 대해 '쉽사리 믿기 어렵다. 다시 계산해본 결과 그 정도 두께로는 겨우 독일 넓이 정도의 면적만을 덮을 수 있다고 결론을 내렸다. 그래도 여전히 엄청난 수의 파리이긴 하지만'이라고 얘기했는데, 훗지는 '파리' 권위자였던 올드로이드가 자신의 계산을 있는 그대로 인정하지 않았다는 사실에 적지 않은 충격을 받았던 모양이다. 물론 당분간은 아무도 올드로이드 결론에 반론을 제기하지 않을 것으로 보인다. 그래도 독일 전역을 14미터 높이로 뒤덮은 파리 떼는 관광산업을 아수라장으로 만들기에 충분하다.

집파리 이외의 곤충들도 계산하기 좋아하는 곤충학자의 흥미를 끌었다. 파리에 열광하는 사람들이 벌여온 논쟁만큼이나 긴 시간 동안 진딧물의 최대 번식능력을 놓고 문헌상의 논쟁이 있어왔다. 단 한 마리의 진디로부터 발생한 자손이 10세대가 지나면 '당시 중국 전체 인구에 해당하는 건장한 남자 5억 명 이상의 무게를 갖는 개체군을 형성하게 될 것'이라고 계산했던 헉슬리Huxley에 이어 1926년 바통을 이어받은 헤릭Herrick은 양배추가루진딧물 4종의 실제 무게를 측정하고, 한 암컷으로부터 16세대에 걸쳐 태어난 자손의 수(564,087,257,509,154,652마리)를 모두 계산했다. 뿐만 아니라 무게를 약 78경 9,000조 밀리그램으로 추산했는데, 이를 환산하면 '7억 8,900만 톤이라는 경이적인 숫자'를 만나게 된다. 헤릭은 건장한 남성의 몸무게를 평균 91킬로그램 정도로 가정해도 '다 합쳐봐야 그저 5,000만 톤 정도밖에 안 되는' 중국 전체 인구를 비교 대상으로 삼았던 헉슬리가 엄청나게 과소평가했다고 결론지었다.

1931년 하워드는 연구대상 분류군을 바꾸어 다시 이 곤충 생산력 소동에 뛰어들었는데, 한 사람의 평균 몸무게를 약 68킬로그램, 전 세계 인구를 20억 명으로 잡고 지구상에 존재하는 모든 사람의 몸무게를 더한 값을 1,359억 킬로그램으로 추산했으며, 헤릭의 7억 8,900만 톤과 비교했다. 다시 말해, 한 마리의 진딧물이 한 번에 낳는 진딧물의 총 무게는 전 세계 인구 무게의 약 5배가 넘는다는 결론에 도달했다. 1928년 메트캐프Metcalf와 플린트Flint는 무게 대신 길이로 계산해본 결과, '이론적으로 한 마리의 암컷으로부터 한 해 동안 생산된 자손이 모두 살아남을 경우, 이 진딧물들이 지구를 둘러쌀 수 있을 정도로 긴 고리를 형성하는 것이 가능하다'는 결론을 내렸다. 이는 훨씬 정밀한 추정인데, 그도 그럴 것이 중국의 총 인구수나 지구에 사는 전체 남성의 평균 무게에 비해 지구의 원주는 변화가 훨씬 작기 때문이다.

이밖에도 비록 크게 주목을 받지는 못했지만, 곤충의 생산력에 대한 다양한 추정들이 있다. 1939년 덩컨Duncan과 피크웰Pickwell은 베달리아무당벌레 Rodolia cardinalis에 대해서 '만약 모든 상황이 그들의 생존에 유리하게 작용한다면, 6개월 동안 22조 마리의 무당벌레가 태어날 수 있다. 이는 예수 탄생부터 지금까지의 시간을 분으로 환산한 수보다 약 2만 2,000배나 큰 숫자다'라고 말했다. 내가 보기에 전환 계수가 문제를 오히려 어렵게 만들었던 것 같다. 이 추정이 자주 인용되지 않는 이유도, 아마 이 추정을 인용하려면 누구든 철저하게 처음부터 다시 계산해야하기 때문일 것이다. 덩컨과 피크웰이 셈을 마친지도 이미 수년이 지났으니까. 만약 당신이 이런 계산을 하는 데 오랜 시간이 걸린다면, 계산을 끝낼 때쯤엔 아마 처음부터 다시 시작해야 할지도 모르겠다. 내가 알기로 몇몇 곤충학자는 아직도 이 문제에 자신의 모든 것을 바치고 있다.

요즘 사람들은 인상적인 숫자를 제안하는 일에 별로 흥미를 느끼지 못하는 것 같다. 내가 왜 이런 말을 하느냐고? 1954년에 보러Borror와 들롱DeLong이 매우 인상적인 추정치를 소개한 바 있다. 이 두 학자는 초파리 한 쌍으로부터 시작하여 모든 암컷으로 하여금 100개씩 알을 낳도록 하고, 모든 자손을 살아남게 한 결과 25세대만에 약 10^{41}마리의 파리를 얻었다. 대체 10^{41}마리의 파리라면 얼마나 많은 걸까? 그들은 '이 파리들이 서로 잘 포개져서 16세제곱센티미터 당 1000마리씩 들어간다고 했을 때, 이 파리의 묶음으로 지구에서 태양까지의 거리만 한 지름을 가진 거대한 공을 만들 수 있을 것'이라 추정한다. 당신은 어떻게 생각할지 모르겠지만, 난 그들의 말을 믿는다. 아마도 사람들 대부분이 그럴 것이다. 첫 번째 개정판에서 보러와 들롱은 '앞으로 있을 얘기들을 믿지 않는 사람은 그들 스스로 이 문제를 해결해도 좋다'는 문구로 서문을 시작했다. 4차 개정판이 나오면서 이 문구는 서문에서 빠졌다. 하지만 만일 그 공이 수성까지밖에 닿지 않는다고 해도 여전히 '매우 많은 수의 파리'라는 사실은 틀림없다.

내 몸 안에 벌레는 없다
Ain't no bugs in me

남자가 그의 주치의를 찾기 전까지
6주 동안 예닐곱 마리의 구더기를 재채기로 뱉어냈다.

　인간의 몸은 생물학적 필요에 따라 빛, 공기, 고체 혹은 액체가 들어오거나, 나가는 작은 출입구들을 갖고 있다. 예외가 있긴 하지만(시간이 주어지면 당신 스스로 생각해낼 수 있을 것이다), 이 구멍들로부터 들고나는 운동은 물질의 상태에 관계없이 일정한 방향성을 띤다. 따라서 이 정상적인 흐름이 바뀌면 우리는 혼란스러움을 느낀다. 예를 들어, 침이 입 밖으로 흐르면 좋은 와인을 마실 때와 같은 만족감은 절대 느낄 수 없다. 마찬가지로 귀에서 피가 나면, 대부분의 사람들은 상당한 불안을 느낀다.
　불행하게도 우리 인간의 입장에서 볼 때, 곤충은 이 통행 흐름을 존중하지 않는 존재라 때로 그들이 들어가서는 안 될 구멍에서 헤매기도 한다. 모든 절지동물이 같은 비율로 이 구멍들에서 발견되는 것은 아니다. 예를 들어, 바퀴벌레는 귀에 각별한 애착을 갖고 있는 듯 보인다. 1987년에 베이커Baker가 발표한 보고서에 따르면 어린이의 귀에서 발견된 134개의 이물질 가운데 27개가 절지동물이었으며, 그중 78퍼센트인 21마리가 바퀴벌레였다고 한다. 나머지 절지동물도 궁금할까봐 밝혀두자면, 개미 1마리, 파리 1마리, 거미 3마리 그리고 진드기 1마리였다. 의학계뿐만 아니라 어느 누구라도 바퀴벌레들이 귓속에서 생활하기에 알맞지 않다는 데에는 동의하겠지만, 피해자의 구멍에서 가해자를 제거하는 최선의 방법에 대해서는 의견이 분분하다. 곤충을 해치우는 일반적인 방법은 이도耳道에 적용하기 어렵다. 귀에 살충제를 뿌리는 방법은 그냥 참는 것보다 약간 덜 불쾌할 뿐이고, 바퀴벌레를 밟아죽이는 것도 불가능하다.

하지만 의사들(귓속에서 바퀴벌레를 발견한 사람들이 주로 찾는 전문가)은 놀라운 수완을 갖고 있다. 귓속에서 바퀴벌레를 제거하는 데 가장 널리 쓰이는 방법은 몸에 해롭지 않은 종류의 액체를 넣어 바퀴벌레를 익사시키는 것이다. 놀랄 만큼 다양한 종류의 물질이 사용되는데, 그 효과는 제각각이다. 선택 받은 소수인 벤조카인, 숙시닐콜린, 이소프로필 알코올 혹은 과산화수소 등을 이용해 제거하기도 하지만, 좀 더 재미없는 물, 식물성 기름, 에테르 그리고 동물성 기름 등이 더 오랫동안 유용하게 쓰였다. 이런 재료 중에서 에테르는 가연성이 높아 폭발의 위험이 있다는 결정적인 단점이 있고, 식물성 기름은 응급실에서 구하기가 쉽지 않다. 1980년에 쉬텍A. Schittek 박사가 의학계에 '이도에서 바퀴벌레 빼내기' 과제의 새로운 접근 방법을 소개했는데, 리도카인 스프레이로 바퀴벌레를 마비시키는 것이었다. 일반적으로 리도카인 스프레이는 국소마취제로 사용되지만, 해충이 횡행하는 귓속에 살포하면 바퀴벌레를 마비시켜 귓속에서 꺼낼 때 발로 차거나 긁지 못하게 하는 효과가 있다.

이 새로운 방법은 정신없이 바쁜 대도시의 병원 응급실 의사에게 찾아온 우연한 기회에 효과를 유감없이 발휘했다. 이 환자는 양쪽 귀에 바퀴벌레가 한 마리씩 들어앉아있었다. 응급실에서는 신속하게 한쪽 귀에는 이미 효과가 입증된 미네랄 오일을, 그리고 다른쪽 귀에는 2퍼센트 리도카인 스프레이를 사용하기로 했다. 미네랄 오일에 빠진 바퀴벌레는 일반적인 적출법이 필요했지만, 리도카인을 뒤집어쓴 바퀴벌레는 '발작을 일으키듯 빠른 속도로 이도를 빠져나와 바닥을 가로질러 도망치려' 했다. '발빠른 인턴'의 발이 바퀴벌레의 사망 원인이었지만, 리도카인이 효과적이라는 사실만은 분명했다.

1989년에 워렌J. Warren 박사와 로텔로L. Rotello 박사가 극심한 스트레스 속에서 임시방편으로 썼던 방법을 제시하면서 이 분야의 진보는 계속되었다. 전례에 따라 리도카인을 이도에 사용했지만 효과가 나타나지 않았다. 그러는 사이 "당장 이 자식을 내 귀에서 꺼내줘요!"라고 소리 지르는 환자의 성화에 못 이겨 의사들은 금속으로 된 의료용 흡입기를 귀에 가져다댔다. 바퀴벌레는 즉각적으로 빨려 들어갔다. 이들은 의학 논문에서 바퀴벌레와 흡입관의 끝이 접촉하던 순간을 '슐룹shloop'이라 묘사해서 의학 역사에 남을 만한 기록으로 남겼다.

바퀴벌레가 귀에서 가장 빈번하게 발견되는 곤충이기는 하지만, 우리 몸의 다른 구멍에서도 그런 것은 아니다. 구더기는 온갖 종류의 구멍에서 출현한다. 하나의 사례로 도쿄병원에 있던 5살짜리 여자아이의 비뇨생식기관에서 구더기가 발견된 적도 있다. 디즈니R. Disney와 쿠라하시H. Kurahashi는 이 구더기를 성충까지 키워보려 했다. 그리고 이들은 불완전하게나마 이 애벌레 표본이 버섯파리의 한 종류임을 밝혀냈다. 그런데 두 마리의 구더기 중 한 마리가 '도망쳐' 버리는 바람에 정확한 동정(同定, 생물의 분류학상의 소속이나 명칭을 정하는 일)은 힘들어졌다. 다리도, 머리도 없는 구더기가 꼬리 부분에 거추장스러운 풍선 모양의 구조물까지 달고 어떻게 흔적도 없이 사라졌는지에 대해서는 연구자들도 설명하지 못했다. 더욱더 이상한 점은 이들은 그 구더기들이 어떻게 그곳에서 살게 되었는지를 밝히기 위한 시도를 하지 않았다는 것이다. 사실 그들의 논문에는 그 서식처에 대한 어떤 언급도 없다. 그저 '흥미롭다' 정도로 표현했을 뿐이다.

디즈니는 그 사이에 가네코K. Kaneko 박사에게서 받은 채집 장소에 관한 정보가 분명하지 않은 추가 표본과 함께 동정한 결과, 마침내 1985년 그 표본을 신종으로 보고하였고 '쿠라하시M. kurahashii 라 이름 붙였다. 이전에 이 종은 '무와 쌀겨, 소금으로 만들어진 일본식 피클'인 단무지를 담그는 그릇에 사는 생물로 보고되었다. 하지만 나는 애초부터 한 소녀의 비뇨기관에서 발견되었던 생물이 단무지에서도 서식한다는 사실을 이해할 수 없었다. 아무리 생각해봐도 단무지와 비뇨기관을 연결 지을 수 있는 그럴듯한 시나리오는 떠오르지 않는다. 아마 내가 상상력이 부족하거나, 너무 틀에 박힌 교육을 받아온 탓일지도 모르겠다.

나는 곤충이 어떻게 우리 몸의 구멍에 들어갈 수 있는지에 관심이 많다. 여러 구멍을 가진 나는 그 구멍들이 곤충으로부터 자유로울 수 있도록 하는 모든 예방 조치를 하고 산다. 현재 거주하는 일리노이 주 중부가 좋은 이유 중 하나는 주로 열대기후에 서식하는 각종 절지동물의 횡행으로부터 비교적 잘 격리되어있다는 점이라고 믿어왔다. 인간말파리Human bot flies, 모래벼룩jigger fleas과 검정파리Congo floor maggots는 내가 일상생활에서 걱정할 필요가 없다. 하지만 구멍으로의 갑작스러운 침입에는 기후학적 경계도 없는 듯하다. 1994년 바디아Badia와 룬트Lund는 비강에 기생충이 발생하여 생기는 승저증(파리 구더기가 귀, 코, 눈, 창자 또는 조직에 침입해서 생기는 병의 총칭)의 한 사례에 대해 보고한 바 있는데, 영국의 런던에 사는 35세 남성의 코에서 양비강말파리Oestrus ovis가 발견되었다. 비강 승저증은 아시아 열대지역과 아프리카에서는 그리 드문 질병이 아니며, 셰퍼드와 양 주변에서 많은 시간을 보내는 사람에게서 심심찮게 발생한다. 하지만 영국의 이 남자는 자신이 기억하는 한 양과 관련된 일을 한 적도, 해외여행을 한 적도 없다고 했다.

그러나 단순히 이 남자의 비강에서 구더기가 발견된 사실이 놀랍다는 게 아니다. 나를 놀라게 한 진짜 이유는 이 남자가 그의 주치의를 찾기 전까지 '6주 동안 예닐곱 마리의 구더기를 재채기로 뱉어냈다'는 사실이다. 나를 겁쟁이라고 불러도 좋다. 하지만 만약 내가 아주 작은 구더기 한 마리라도 재채기와 함께 토해낸다면 난 그 구더기가 바닥에 떨어지기도 전에 수화기를 들고 1-1-9번을 누를 것이다.

런던으로부터 4,800킬로미터나 떨어져있다는 사실이 그나마 다행스러울 뿐이다. 그런데 최근에 펠런M. J. Phelan과 존슨M. W. Johnson은 불쾌할 정도로 우리 집과 가까운 곳에서 발생한 승저증 사례를 보고했다. 미시간 남서부로 여름 캠프를 다녀온 이 16세 소년은 오른쪽 시력이 매우 빠르게 나빠지고 있음을 느꼈다. 정밀 검진을 통해 '직경이 약 1.25밀리미터 정도 되는 원판 모양의 마디를 가진 하얀 구더기가 망막 아래에서 천천히 움직이고 있다'고 밝혀졌다. 이런 경우는 구두 굽은 말할 것도 없거니와 리도카인과 미네랄 오일 역시 논의의 대상이 아니다. 창의력이 뛰어났던 의사들은 아르곤 레이저를 이용하여 구더기를 광응고光凝固시켰으며, 치료는 구더기를 부드럽게(부글부글 거품을 일으키며) 증발시키는 것으로 마무리됐다. 눈을 가로질러 천천히 이동하는 구더기보다 더 당황스러운 것은 구더기가 부드럽게 증발하는 모습을 상상하는 것뿐이다.

이렇듯 피상적이고 불완전한 논문 조사만으로도 나는 어느 누구의 구멍도 안전하지 못하다는 괴로운 결과를 얻었다. 사실 곤충이 색다른 환경으로부터 이득을 얻을 수도 있다는 점은 이해할 수 있다. 예를 들어, 혼수상태에 있는 쇠약한 노인환자의 입안에 기생충이 기생하는 일은 그리 놀랍지 않다. 그리고 비록 일본어로 쓰여있

없기 때문에 논문을 읽어볼 순 없었지만, 토미타Tomita가 1984년에 보고한 논문의 번역된 제목에는 '남근의 자가 절단'이라는 끔찍한 구절이 포함되어있었다. 제목으로 미루어 어느 누구의 기준으로도 드물다고 볼 수밖에 없을(그리고 가까운 시일 내에 내가 걱정할 필요 또한 전혀 없다!) 일련의 상황을 담고 있을 것이 틀림없다.

내가 사는 곳에서도 내 눈이나 귀, 코, 입 등의 구멍은 여전히 위험에 노출되어있다. 하지만 뭐라고 충고해야 할지 모르겠다. 눈을 감고 귀에 손가락을 찔러넣은 채로 출근할 수는 없으니 말이다. 묘책을 생각해보겠지만 그때까지 한 가지 조언은 할 수 있다. 만약 일본 식당에 간다면 앉을 때 단무지를 조심할 것!

더 멀리, 더 빨리
Getting up to speed

버지니아 스턴튼에 사는 제드 쉐너 씨는 1991년 6월 29일, 약 34만 3,000마리로 추산되는 벌들이 이룬 총 36킬로그램가량의 망토를 뒤집어썼다.

오래 전에 〈레인저 릭 매거진Ranger Rick Magazine〉(미국 야생동물보호연합에서 매달 발행하는 초등학생 대상의 자연잡지)의 편집장으로부터 곧 출판될 몇몇 곤충 이야기를 감수해달라는 전화를 받은 적이 있다. 어린이를 위한 잡지임에도 〈레인저 릭〉의 기사는 매우 철저하게 검증되기 때문에 이러한 조심성과 정확도에 대한 관심은 전혀 놀랍지 않았다. 내 이런 확신에는 그만한 이유가 있다. 언젠가 '야생 당근을 조심해!'라는 제목의 원고를 실었는데, 과학 학술지에 비슷한 주제로 실었던 논문에서도 간과했던 실수를 이 잡지의 편집자는 찾아냈다.

아무튼 이 잡지의 편집장은 특히 뉴질랜드꼽등이(New Zealand weta, 매우 큰 꼽등이과stenopelmatid 귀뚜라미 종 가운데 하나)가 골리앗딱정벌레(매우 큰 풍뎅이과 scarabaeid 딱정벌레 종들 가운데 하나)보다 무거운지를 알고 싶어했다. 솔직히 말해서, 당시 내가 알기로는 두 종 모두 정말 큰 곤충이라는 사실이 전부였다. 게다가 종내 변이를 고려해봤을 때 단정적인 대답은 분명히 위험했다. 나는 망설이다가 직감적으로 '골리앗 딱정벌레'라고 대답했다. 물론 뉴질랜드 밀림 속 어딘가에 숨어있을지 모르는, 선천적으로 무시무시하게 몸집이 큰 꼽등이에 대한 가능성을 배제하지 않은 채 말이다. 꼽등이의 평균 무게가 골리앗딱정벌레의 평균 무게보다 몇 그램 정도 더 나간다 해도 그 글을 읽는 독자에게 크게 문제가 될 거라 생각하지 않았다.

물론 편집장과 마찬가지로 나도 사실은 그 점이 문제가 될 수도 있다는 사실을 잘 안다. 많은 사람이 나로서는 이해할 수 없는 이유로 기록에 굉장히 많은 신경을 쓴다. 예를 들어, 곤충 목目의 이름을 외우기가 어렵다고 불평을 늘어놓는 학생도, 시카고 불스의 전설적인 슈퍼스타 마이클 조던의 야투성공률이나 컵스의 투수 케리 우드의 방어율은 줄줄 꿰고 있다. 그들은 이러한 기록 암기뿐만 아니라 변화하는 수치의 최신 정보를 갱신하는 번거러움도 마다하지 않는다(이봐, 곤충 목의 명칭이 한 학기마다 바뀌는 건 아니라고!).

세상은 기록들로 가득하며 가장 뛰어난 기록원은 바로 《세계기록기네스북 Guiness Book of World Records》(이하 '기네스북'으로 표기)이다. 판매 수입이 한 해 800억 달러에 달하는 이 책은 1955년 8월에 처음 출간되어 불과 몇 주 만에 베스트셀러가 되었으며 지금까지도 그 명성을 이어오고 있다. 《기네스북》은 특별하고 신기한 모든 것을 추구하면서 곤충도 빼놓지 않는다. 이 책은 모든 동물에게 적용 가능한 성취 부문을 포함하고 있는데, 가령 가장 많이 밀집해 있는 동물(현재까지는 1874년 7월 네브래스카 등지에서 목격됐던 록키산맥메뚜기 *Melanoplus spretus locusts*가 기록을 보유하고 있으며, 12조 5,000억 마리 이상 모여있었던 것으로 추정된다), 가장 빨리 번식하는 동물(양배추진디 *Brevicoryne brassicae*), 가장 예리한 후각을 가진 동물(수컷 황제나방), 가장 힘이 센 동물(투구벌레 rhinoceros beetle) 그리고 가장 많이 먹는 동물(폴리페무스 *polyphemus*(폴리페무스는 그리스 신화 속에 등장하는 외눈박이 식인 거인의 이름이기도 하다 – 옮긴이) 나방의 유충) 등이 있다. 그리고 또한 곤충에게만 적용 가능한 부문도 있는데, 예를 들면 가장 나이가 많은 곤충, 가장 긴 곤충, 가장 작은 곤충, 가장 가벼운 곤충, 가장 시끄러운 곤충, 가장 빠른 속도로 날개를 파닥이는 곤충, 가장 느린 속도로 날개를 파닥이는 곤충 등이다. 여기에 《기네스북》이 1998년도 개정판에서 '가장 무거운 곤충' 기록 보유종으로 골리앗딱정벌레(*Goliathus regius, G. meleagris, G. goliathus, G. druryi*)를 지목하면서 논쟁이 벌어지게 된다(크기에 대한 논쟁을 제외하더라도, 이 네 종 사이의 계통적 지위에 관한 문제는 딱정벌레목 연구자들에게도 미해결 논쟁으로 남아있다). 심지어는 특정 생물군에만 제한적으로 적용되는 기록 부문도 있다. 가장 큰 메뚜기, 가장 큰 벼룩, 가장 멀리 뛴 벼룩의 점프 거리, 가장 큰 잠자리, 가장 작은 잠자리, 가장 큰 나비, 가장 작은 나방, 그리고 가장 멀리까지 이주한 나비의 이동거리 등이 그것이다.

'가장 빠른 비행' 부문도 꽤 오랫동안 논란이 되어왔는데, 이런 종류의 기록에 집착하는 경우, 어떤 함정에 빠지는지를 잘 보여주는 사례이므로 논의해볼 가치가 있다. 《기네스북》에 따르면 현재는 한 사람 혹은 익명의 다수에 의해 그 속도가 시속 58킬로미터로 측정된 왕잠자리 *Austrophlebia costalis*가 기록을 보유하고 있다. 하지만 역사적으로, 단순한 기록 보고는 사람들의 객관성을 잃게 만들었다. 사슴말파리 *Cephenemyia pratti*는 오랫동안 지구상에서 가장 빠른 비행사로 여겨졌다. 말파리의 한 종인 사슴말파리는 사슴이나 근연종의 콧구멍에 알을 낳는데, 이 알들은 숙주의 콧속과 인두 아래 공간의 부드러운 조직과 피를 먹고 구더기로 성장한다. 이 곤충은 동물학자 찰스 타운젠드Charles Townsend가 치후아나 서쪽 시에라 마드레스의 해발 2,130미터 언덕을 오르던 중에 그의 곁에서 윙윙거린 인연으로 기록 보유종이 되었다. 이 우연한 사건이 그에게는 꽤나 강한 인상을 남겼음이 분명하다.

항공공학 분야의 신기술 개발과 맞물려 '반나절 만에 세계 일주'의 실현가능성에 대한 논의가 유명 과학 학회지를 통해 진행된 적이 있었다. 이 주제에 관해 1927년에 타운젠드는 자신의 개인적인 경험을 빌어 고속여행을 소개했다.

알을 잔뜩 가지고 있던 암컷들이 숙주를 찾아 초당 274미터 이상의 속도로 지나쳐갔다. 흐릿하게 반짝일 뿐 색과 형태를 거의 분간할 수 없을 정도였다. 또한 뉴멕시코의 해발 3,660미터 꼭대기에서 나는 믿기 어려운 속도로 내 곁을 지나가는 무언가를 보았다. 이는 수컷 사슴말파리였던 것으로 추정된다. 무엇인가 내 곁을 빠르게 지나갔다는 사실을 간신히 느낄 수 있었으며 허공에서 이 종의 크기 정도 되어보이는 흐릿한 갈색의 무언가를 볼 수 있는 정도였다. 가능한 한 가깝게 추정한다고 했을 때 그 속도는 대략 초당 366미터 정도였다.

이는 시속 1,316킬로미터(마하 2보다 빠르다)에 해당하며 초속 274미터는 시속 988킬로미터다. 타운젠드는 이 파리들이 '제1차 세계대전에서 독일이 프랑스 파리를 향해 쏘았던 빅베르타Big-Bertha 포탄에 뒤지지 않는다'고 평가했다. 자신의 말 속에 담긴 놀랄 만한 생명현상에도 불구하고, 타운젠드는 그다지 큰 감흥은 받지 못한 듯했다. 그는 파리의 경이로운 능력에 집중하기보다 지구의 자전 속도를 능가할 수 있는 비행 기계 개발에 글의 대부분을 바쳤다. 분명 파리의 속도를 따라잡는 것보다 많은 호응을 얻을 법한 목표이긴 하다.

타운젠드는 아니었을지 몰라도 다른 많은 사람은 감명을 받았다. 그래서 이 기록은 한 세기 가까이 다른 여러 분야에서 두루 인용되었다. 그중에는 〈뉴욕타임즈〉와 〈일러스트레이티드런던뉴스〉 등도 있다. 특히 나약한 인간이 기계 장치의 힘을 빌어 새로운 속도 기록을 내기 위해 도전하는 모습에 대한 견해를 제시할 때 많이 인용되었다. 이러한 인용문들이 뉴욕 쉐넥태디에 있는 일반전기연구실의 공학자 랭뮤어(Irving Langmuir, 미국의 물리화학자. 1932년 계면화학의 연구업적으로 노벨화학상을 받았다)의 관심을 이끌어냈다. 1938년에 랭뮤어는 탄도학 방정식, 일반수학과 함께 '파리와 체펠린 비행선을 직경, 속도, 연비 측면에서 비교'해보는 단계추론법을 이용해서 그렇게 빠른 속도로 비행하려면, 매초마다 체중의 1.5배에 해당하는 음식을 섭취해야한다는 결과를 내놓았다. 게다가, 그 속도로 날던 파리가 사람과 부딪히기라도 하면 '약 55×10^{-6}초 이내에 정지할 것이며, 그 사이에 1.4×10^{-8}다인 혹은 140킬로그램의 힘이 발생한다'는 계산도 함께 발표했는데, '인간의 살을 깊숙이 뚫기' 충분한 정도의 힘이다. 이 파리들이 알을 낳기 위해 숙주의 콧구멍 속으로 들어가고 나오는 습성이 있다는 점을 생각해봤을 때, 파리가 부딪혀서 생긴 콧구멍이 한두 개 더 있는 시에라 마드레 검은꼬리사슴Sierra Madre mule deer이 발견되지 않았다는 게 놀라울 따름이다. 움직이는 물체가 어느 속도에서 흐릿하게 보이는지를 관찰함으로써 랭뮤어는 타운젠드의 흐릿한 파리가 기록과는 한참 거리가 먼 시속 40킬로미터 정도로 날고 있었으리라 추측했다. 그리고 이로써 동물의 기록을 보고하는 데에는 훨씬 더 엄격한 기준이 필요하다는 점을 분명히 했다.

곤충과 관련된 인간의 재주 부문에서는 이미 엄격한 기준이 있어왔다. 비록 기괴하고 드물긴 하지만, 개인적으로 나는 그러한 기록들은 보고할 만한 가치가 충분하다고 생각한다. 사실 그런 걱정을 할 만큼 기록이 많지도 않다. 1998년도 《기네스북》을 보면 통나무 타기, 사다리 타기, 중복혼인 그리고 뜨개질과 같은 쪽에 보고되고 있는 '별난 재주' 부문에 유일한 곤충 관련 기록으로 '벌로 만든 망토 입기'가 소개되어있다. 버지니아 스턴튼에 사는 제드 쉐너 씨는 1991년 6월 29일, 약 34만 3,000마리로 추산되는 벌들이 이룬 총 36

킬로그램가량의 망토를 뒤집어썼다.

곤충과 관련된 인간의 기록에 대해 무신경했던 텔레비전도 이전의 태도를 버릴 태세다. 폭스텔레비전은 〈기네스 세계 기록들: 황금시간〉이라는 프로그램을 처음으로 소개했다. 사람들에게 '극단에 이르도록 하는 도전 과제와 숨이 멎을 듯한 게임'을 매회 보여주는 것이 당초 프로그램의 기획 의도였으며, 기존의 기록을 깨거나 전혀 새로운 기록을 만드는 데 목적이 있었다. 어떤 기록 도전 장면들은 시각적으로 매우 강한 매력을 지니고 있었다. 가령 4,267미터 상공에 떠있는 두 기구 사이에 줄을 연결해서 타고 건너는 걸 보는 게 세계에서 가장 큰 발을 가진 남자를 보는 것보다 훨씬 흥미로운 것처럼. 이런 기록에 대한 도전은 기네스북에 '곤충-인간' 부문의 기록을 파격적으로 증가시키는 결과로 이어졌다. 1998년 6월에는 《기네스북》 심사위원들 앞에서 댄 캡스Dan Capps라는 사람이 죽은 귀뚜라미를 입으로 9미터 77센티미터나 뱉어서 '죽은 귀뚜라미 뱉기' 부문에서 새로운 세계 기록을 세우는 데 성공했다.

댄 캡스가 놀라운 곤충 표본 모음을 가지고 1998년 일리노이 대학에서 개최된 곤충 박람회를 방문했을 때, 나는 그와 이 재주에 대해 이야기를 나눈 적이 있다. 이 기록을 세웠을 때 그의 나이는 48세였고, 위스콘신 메디슨에서 정비공으로 일하고 있었다. 내가 만나본 그는 굉장히 겸손했는데, 사실 그의 공식 기록이 개인 기록에 미치지 못한다는 사실을 살짝 밝히기도 했다. 1998년 4월 19일 퍼듀 대학교에서 열린 '버그볼Bug Bowl'에서 캡스 씨는 죽은 귀뚜라미를

9미터 79센티미터나 뱉는 데 성공했는데, 그 자리에 공식 심사위원이 없어서 이 기록은 《기네스북》에 오르지 못했다.

텔레비전과 《기네스북》의 성격은 매우 유사하다. 위험이 크고 신기할수록 시청률은 높아진다. 1998년 10월 20일, 캘리포니아 데이비스대학에서 은퇴한 벌 생물학자, 노먼 개리Norman Gary 박사는 캘리포니아 로스엔젤레스에 위치한 그리피스 공원에서 109마리의 살아있는 벌을 입에 물고 10초를 견디면서 '살아있는 벌 10초 동안 입에 물고 있기' 부문의 세계 기록을 세웠다. 이 세계 기록은 개리 박사가 수 년간 벌을 연구하고 행동을 공부함으로써 얻어낸 것이다. 나는 그의 비밀을 밝히지 않을 생각이다. 이렇게만 말해두자, 만약 〈기네스 세계 기록들: 황금시간〉에서 세계 기록에 오를 만한 돈을 지불한다 해도 나는 이 비밀과 맞바꿀 생각이 없다.

개리 박사의 《기네스북》 기록 등재가 이번이 처음은 아니다. 그는 스스로도 자신이 천성적으로 매우 강한 승부욕을 가지고 있다고 말한다. 그와 《기네스북》의 첫 번째 만남은 1988년 그가 오스트레일리아에서 벌로 이루어진 가장 큰 망토 기록을 세웠을 때로 거슬러 올라간다. 1998년 7월 21일 동료인 마크 비앙카니엘로Mark Biancaniello(마이클 잭슨의 네버랜드 농장에서도 일했던 경험이 있는 동물 조련사)의 몸에 약 353,150마리로 추산되는 벌을 이용해 39.6킬로그램이 넘는 벌 망토를 만들어내는 데 성공하면서 세계를 발 아래 둔다. 그 성공이 있기까지 세 번의 시도와 망토를 이룬 벌들을 세기 위한 새롭고 창의적인 방법의 개발이 필요했지만, 게리 박사는 이 모든 난관을 잘 극복하고 그 과정에서 불멸의 영예를 얻었다.

개리 박사에게는 잘된 일이지만 나는 제드 셰너에게 그가 더 이상 《기네스북》의 '별난 재주' 부문의 주연이 될 수 없다는 슬픈 소식을 전하는 사람이 되고 싶지 않다. 만약 그가 사다리 타기, 뜨개질 혹은 통나무 굴리기를 연습한다면 다시 도전해볼 수 있을지도 모르겠다. 그리고 그 꼽등이들에게도 희망을 버리지 말라고 격려해주고 싶다. 다음 《기네스북》에는 그들을 위한 코너도 마련될지 모른다. 열심히 먹기만 한다면…….

날 따라 해봐요, 이렇게
Sea monkey see, sea monkey do

유전적으로 개량된 염전새우를
물을 주면 살아나는 애완동물인
'인스턴트 생물'이라 이름 붙여 시장에 내놓았다.

유년시절에서 가장 안타까웠던 점은 부모님께서 허락해주지 않아서 진짜 애완동물을 키워보지 못했다는 거다. 여기서 '진짜 애완동물'이란 이름을 알아듣는 생물체를 의미한다. 그런 의미에서 내가 키웠던 금붕어, 붉은귀거북, 아놀리스도마뱀은 진짜 애완동물이라고 볼 수 없다. 사춘기 시절, 우리 집을 빛내주었던 유일한 포유류 애완동물인 햄스터 쟈크Jacques도 마찬가지다. 나는 쟈크가 그의 이름에 반응하지 않았다고 확신한다. 쟈크가 우리를 용케 탈출했던 날, 다시 나타나리라는 희망을 안고 몇 번이고 거듭해서 그 이름을 불렀만, 결국 쟈크는 그 모습을 보이지 않았다. 몇 달 뒤 어머니가 쟈크의 작고 여윈 몸을 다락방 한 귀퉁이에서 발견했다. 지금도 자크를 생각하면 마음이 아프다.

　내 생각에 부모님은 내가 지각이 있는 생물을 돌볼 만한 책임감이 있는지 의심스러워 애완동물을 못 기르도록 한 모양이다. 그리고 불행했던 자크 사건이 부모님의 생각을 제대로 증명했다. 애완동물이 없는 상황에서도 나는 애완곤충에 전혀 흥미를 느끼지 못했다. 내가 애완곤충 시대의 서막이 열리던 때에 성장했다는 점을 생각하면 더욱 놀라운 일이 아닐 수 없다. 1956년 7월 4일, 밀튼 러빈Milton Levine이 플라스틱 용기에 모래를 부어넣은 '개미 농장'을 개발했다. 밀튼 아저씨는 자신의 이름을 딴 개미 농장이 세상에 알려지게 되면서 틈새시장을 찾아냈고, 오늘날 수많은 개미 농장 소유주에게 연간 700만 마리의 개미를 판매해 매출이 백만 달러에 이르는 기업을 일으켰다. 하지만 나는 지금까지 개미 농장을 소유하고 싶었던 적이 단 한 번도 없다. 이 농장을 만드는 데 선택된 개미가 곤충 중에서 물리면 가장 아픈 수확개미Pogonomyrmex라는 사실을 알고 나는 밀튼 아저씨의 수익 가운데 과연 몇 퍼센트가 일류 변호사에게 지급되는지 궁금했다.

　내 이름을 사용하는 게 쉬워보였을까? 나는 심지어 씨멍키Sea monkey 붐이 일었을 때도 발기인과 동등한 권리를 가질 기회가 있었다. 씨멍키는 아주 재주가 좋은 애완 절지동물이다. 개미 농장이 출시되고 1년 정도 지났을 때 뉴욕 롱아일랜드의 해롤드 폰 브라운후트Harold von Braunhut는 해양생물학과 씨멍키의 애완동물로서의 잠재적 가능성과 관련해 놀라운 통찰력을 발휘한다. 3년 후인 1960년에 그는 종전까지 떡밥으로나 판매되던 유전적으로 개량된 염전새우 *Artemia salina*를 물을 주면 살아나는 '인스턴트 생물'이라 이름 붙여 시장에 내놓았다. 어렸을 때 개미 농장에 끌리지 않았던 것처럼 씨 멍키에도 관심이 없었다. 많은 이유 가운데 가장 또렷하게 기억나는 건 씨멍키 광고가 언제나 만화책 제일 뒷면 엑스레이 안경 광고 옆에 실려있었기 때문이다. 과학적인 훈련이 거의 안 되어있었던 어린 시절에도 나는 이 엑스레이 안경이 광고에 나오는 대로 작동할 리 없다는 것을 확신할 수 있었다. 마찬가지로 그저 물을 주는 것만으로 생명체를 소생시킬 수 있다는 광고를 믿을 수 없었다. 오트밀이라면 또 모를까 이건 동물이 아닌가.

어찌됐건 내 생각과 달리 씨멍키는 국제적인 화젯거리가 되었다. 오늘날 셀 수 없이 많은 어린이가 물을 주고 그들의 인스턴트 애완동물이 자라는 모습을 지켜보며 즐거워했다. 그 인기가 얼마나 대단했는지 1990년대 초반에는 이에 영감을 받아 만들어진 프로그램이 토요일 오전에 텔레비전을 통해 방송되기도 했다. 모든 씨멍키 바다동물원과 함께 배송되는 카탈로그와 안내서에는 자신이 키우는 애완동물의 욕구를 만족시켜주고자 하는 씨멍키 주인들을 위한 수십 가지 제품이 소개되어있었다. 전기로 움직이는 바다 동물원 '쇼보트', '바다 사진 영사기', '바다 의사 씨멍키 약' 그리고 심지어는 '씨멍키가 당신에게 준 즐거움'에 보답할 때 쓸 수 있는 '씨멍키 바나나맛 간식'까지 있었다. 그리 놀랍지는 않지만 안내서에는 씨멍키에게 먹이 주는 법과 씨멍키 번식시키는 법, 씨멍키에게 재주 부리는 법 가르치기, 사람들과 함께 게임하는 법까지 담겨있었다. 게다가 추가비용 1달러 25센트면 '씨멍키에게 야구하는 법 가르치기(특허 3,853,317번)'가 설명된 부록집도 받아볼 수 있다.

안내서의 제일 마지막 장에는 '한정판 씨멍키 생명보험 약관'이 애완 씨멍키의 이름을 적도록 되어있는 서류와 함께 제공되었다. 또한 이름 짓기에 대한 안내문도 포함되어있었다.

> 이름을 지을 때는 반드시 사회적으로 용인 가능한 것이어야 합니다. 예를 들어 냄새쟁이, 뺀질이, 얍삽이 같은 이름은 감수성이 예민한 당신의 애완동물의 기분을 상하게 할 수 있으므로 사용할 수 없습니다. 그들에게 멋진 이름을 붙여주세요. 추천하는 이름은 다음과 같습니다
> — 스캠퍼, 모비딕, 데이비 존스, 베리 쿠다, 배리 골드워터, 샤키, 아가멤논, 푸들스, 핀, 페피, 플리피 등.

씨멍키가 이들 이름에 대답하리라는 보증은 어디에서도 찾아볼 수 없었다. 물론 이러면 안 된다는 것을 잘 알지만, 곤충학자의 한 사람으로서 '세상에서 가장 특별하고 신기한 애완동물'이 곤충이 아니라 갑각류라는 사실이 내 심기를 불편하게 한다. 나는 폰 브라운후트 씨가 일종의 가사상태인 휴면 혹은 무수생활을 이용해서 이 기발한 애완동물을 만들었다는 사실을 알고 있다. 바다 새우 이외에도 선충류, 완보류 그리고 갑주어류, 물벼룩 등을 비롯하여 넓은 범위의 갑각류에게서 이런 현상이 보고되었다.

하지만 특이하게도 곤충에서는 몇몇 종만이 이런 휴면상태에 빠질 수 있다고 알려져있다. 그 가운데 가장 잘 알려진 휴면 곤충은 1951년 힌튼H. E. Hinton에 의해 주목 받게 된 아프리카깔따구 *Polypedilum vanderplanki*다. 아프리카깔따구를 알린 사람이 힌튼이라는 사실은 그리 놀랄 만한 일이 아니다. 오랫동안 많은 연구 성과를 거둔 그는 원숭이의 머리를 닮은 부전나비의 번데기를 포함해서 다양하고 신기한 곤충을 연구해 과학사의 주목을 받았다. 아프리카깔따구는 나이지리아와 우간다의 암석지대에 우기 동안 형성된 웅덩이에서 유충 단계를 보낸다. 이 유충들은 웅덩이 바닥의 얇은 진흙 층에 머무는데, 웅덩이가 마를 때마다 함께 건조된다. 이 웅덩이는 수 차례에 걸쳐 채워지고 마르기를 반복하는데, 건기에는 유충을 보호하는 마른 진흙 층의 표면 온도가 섭씨 42도를 넘기도 한다.

힌튼은 아프리카깔따구의 생리학적 한계점을 찾는 데 목표를 두고 긴 여정을 시작했다. 1951년에 그는 상대습도가 0퍼센트인 환경에서 유충의 수분함량이 약 3퍼센트까지 줄어든다는 사실을 보고했고, 실험실 환경에서 연속적인 탈수와 수화의 과정을 유충이 아무런 병리 현상 없이 10회까지 견딜 수 있음을 밝혀냈다. 또 2년 후 힌튼은 상온과 표준 실내 습도에서 건조된 유충이 3년까지 생존할 수 있으며 단순히 수화시키는 것만으로 부작용 없이 소생될 수 있음을 알아냈다. 그리고 1960년에는 3년 동안 실내습도 하에서 보관한 뒤 곧이어 7년 동안 염화칼슘에 담가 보관했다가 수화해도 유충이 소생한다는 사실을 밝혀냈다.

힌튼은 이번에는 아프리카깔따구의 외피에 초점을 맞추고 더 혹독한 상황을 만들어 실험을 계속했다. 그는 아프리카깔따구가 섭씨 106도에서는 3시간, 섭씨 200도에서는 5분간 노출되어도 살 수 있다는 것과 무수알코올에는 7일, 글리세롤에는 67시간, 영하 190도 액체공기에는 77시간, 영하 270도 액체 헬륨에는 5분간 완전히 잠겨있어도 전혀 문제가 없음을 발견했다.

당신은 어떨지 모르겠지만, 내 생각에 액체 헬륨에 완전히 잠겼다가 살아나는 기술은 꽤 멋진 재주다. 이를 테면, '씨멍키의 최면(그렇다고 하는)' 혹은 '씨멍키의 곡예(수영)'보다 훨씬 인상적이다. 하지만 아프리카깔따구 유충은 애완동물로서 빛을 보지 못하고 있다. 어쩌면 아프리카깔따구에게 부족한 점은 사람의 마음을 사로잡는 재주일지도 모르겠다. '곰벌레'라고 부르는 완보동물緩步動物은 그런 측면에서 보면 아프리카깔따구보다 유리한 위치에 있다. 게다가 이 곰벌레는 가사상태에서 영하 253도부터 영상 151도까지의 온도를 견딜 수 있을 뿐만 아니라 100여 년간의 건조, 진공상태, 엑스선, 해저 1만 미터 깊이의 수압의 6배에 해당하는 압력도 견뎌낼 수 있다.

하지만 애완동물을 액체 헬륨 속에 던져넣는 것은 역시 아이들에게 책임감을 가르치기에 좋은 방법이 아닌 것 같다. 이제는 나도 부모로서 이런 문제들에 대해 관심을 가져야한다. 그냥 내 딸에게 엑스-레이 안경이나 하나 사주고 희망을 걸어보는 수밖에……,

식사 전의 기도
A prayer before dining

몽구스들이 추는 춤,
일사병에 걸린 전갈이
죽을 때까지 스스로를 찌르는 모습,
아니면 사마귀가 사랑을 나눈 뒤
수컷을 잡아먹는 모습을 본 적 있나요?

　길 가는 사람 아무나 붙잡고 곤충에 대해 아는 걸 세 가지만 대보라고 하면, 그중 한 가지는 '사마귀 암컷이 수컷이나 새끼를 잡아먹는다'일 것이다. 정말 모든 사람이 이 특정한 곤충학적 지식을 알고 있는 듯 보이며 이는 실제로 대중문화 속에서 다양하게 인용되기도 한다('더 파 사이드The Far Side'란 시사 풍자 만화의 소재가 되기도 했고, '제인, 당신이 뭘 떠보려고 하는지 모르겠지만, 난 하루 종일 당신의 남편 헤롤드를 본 적도 없어요. 게다가 당신도 분명히 내가 오직 내 남편만 잡아먹는다는 걸 잘 알잖아요'). 〈흡혈귀 버피〉라는 TV시리즈 '교사의 애완동물' 편에서 이런 소재를 다루기도 했다. 사마귀가 관능적인 과학 여교사로 변신해 남자 고등학생을 유혹하는데, 요부 곤충 선생에게 잡아먹힐 뻔한다는 내용은 섬뜩하기 짝이 없다. 또 007 시리즈의 각본에도 사용되었는데, 1962년에 만들어진 〈닥터 노〉(한국에서는 '007 살인번호'라는 제목으로 개봉되었다—옮긴이)에서는 육감적인 본드 걸로 나오는 하니 라이더(모기장 밑으로 검은과부거미를 집어넣어 한 남자를 죽이는 인물)의 대사 중에 이런 말이 있다. '몽구스들이 추는 춤, 일사병에 걸린 전갈이 죽을 때까지 스스로를 찌르는 모습, 아니면 사마귀가 사랑을 나눈 뒤 수컷을 잡아먹는 모습을 본 적 있나요? 글쎄요, 나는 있어요.' 거미가 곤충이 아니라는 사실을 모르는 사람도 사마귀가 성적性的 상대를 잡아먹는 괴물이라고 의심없이 받아들이는 듯하다.

작은 어항에 구라미를 키워본 사람이라면 누구나 알겠지만, 자식을 잡아먹는 현상은 동물계에서 상당히 일반적인 일이다. 그렇지만 성적 상대를 잡아먹는 습성은 특별한 관심의 대상이다. 물론 거미류, 전갈류, 단각류端脚類, 요각류橈脚類의 동물과 귀뚜라미, 메뚜기, 개미귀신, 딱정벌레 등도 가끔 교미 중 상대를 잡아먹는다. 하지만 사마귀는 성적 상대를 잡아먹는 괴물 가운데서도 특별한 위치를 차지하고 있다. 어찌됐건 생물학 개론서에 나와있는 것들은 동족을 잡아먹는 요각류가 아니니 말이다. 헬레나 커티스Helena Curtis의 생물학 책을 살펴보면, 교미 중인 사마귀를 다음과 같이 묘사하고 있다.

'이 수컷 사마귀는 운이 좋았다. 적어도 아직까지는 말이다. 암컷 사마귀들은 종종 교미 전에 수컷의 머리를 잘라버리고 교미 상대를 먹어 치운다. 이런 과정은 수컷 사마귀의 생리적 억제 메커니즘을 제거해 수컷이 더 격렬하게 교미하도록 만든다. 그의 희생이 헛되지 않도록.'

그런데 이 놀라운 사실을 절대적이라고 말하기에는 석연치 않은 점들이 많다. 특히, 180종 이상의 사마귀 중에 손에 꼽을 정도의 일부 종에서만 이 같은 성적 동족포식 현상이 보고되었다. 게다가 이런 보고의 상당 부분은 실험실에서 이루어졌는데, 이는 다시 말해 굉장히 인공적인 조건하에서 진행되었다는 뜻이다. 내용과는 별개로 이런 보고서들을 면밀히 검토하는 자체도 매우 흥미로운 일이다. 1886년 하워드 L. O. Howard는 〈사이언스〉를 통해 사마귀의 성적 동족포식 현상을 보고했다. 이는 겨우 500개 정도의 단어로 쓴 짧은 논문이었지만 엄청난 반향을 일으켰다.

나는 암컷 사마귀 한 마리를 애완동물로 기르는 친구에게 캐롤라이나 사마귀 수컷을 한 마리 데려갔다. 두 마리를 같은 병에 넣자 수컷은 필사적으로 탈출을 시도했다. 몇 분 지나지 않아 암컷은 수컷을 사로잡는 데 성공했다. 처음에는 암컷이 그의 왼쪽 발목 마디를 물어뜯더니 종아리 마디와 넓적다리 마디를 먹어치웠다. 다음으로 암컷이 수컷의 왼쪽 눈을 갉아먹었다. 그제서야 수컷은 자신이 암컷과 얼마나 가까이 있는지를 깨달았는지, 짝짓기를 하려 허우적댔다. 이제 암컷은 수컷의 오른쪽 앞과 머리를 삼켜버리고 흉곽을 갉아먹기 시작했다. 암컷은 수컷의 흉곽을 겨우 3밀리미터 정도 남을 때까지 쉬지 않고 먹어치웠다. 그 동안 수컷은 짝짓기를 하기 위해 헛된 노력을 계속했다. 그제서야 암컷이 그 부분을 펼쳐 열어줌으로써 교미가 이루어졌다.

성적 동족포식 현상보다 내게 더 놀라웠던 점은 1886년도에는 단 한 개체만을 가지고 수행한 연구로도 〈사이언스〉지에 논문을 게재할 수 있었다는 사실이다. 이에 고무된 하워드는 라일리C. V. Riley와 함께 두 번째 논문을 게재한다. 이번에는 관찰이 아니라 존 보울즈John Bowles 대령이 관찰한 암수 한 쌍에 대한 일화에 기초한 것이었다. 보울즈가 수컷이 교미를 끝내기 전에 즉, 암컷이 수컷을 다 먹어치우기 전에 이 암수를 클로로포름(무색의 휘발성 액체로, 화합물 용제, 마취제로 쓰인다)으로 처리해버리는 바람에 실험 결과를 제대로 설명하는 것이 불가능해졌는데, 아마도 그래서 이 논문이 〈사이언스〉지가 아니라 〈곤충 생활Insect Life〉에 게재된 게 아닌가 싶다. 이 이야기는 1897년 파브르에 의해 '성도착 시련'이라는 감동적이기까지 한 이야기로 바뀌어 일반 대중에게 알려졌다. '이 불쌍한 친구는 그녀의 난소에 생기를 불어넣는 활력소로서, 또한 굉장히 맛 좋은 먹잇감으로서 사랑을 받았다. 한번은 암컷 1마리가 수컷 7마리를 해치우는 모습을 본 적이 있다. 그녀는 그들 모두를 가슴으로 끌어안고 짝짓기의 황홀함을 주는 대가로 그들의 목숨을 거두었다.'

사마귀의 교미 습성을 '교과서적 예시'로서 확고히 자리매김하게 한 논문은 생리학자인 케네스 로더Kenneth Roeder가 1935년에 발표한 연구 논문이다. 로더는 식도하신경절로부터 나오는 억제 자극이 수컷 사마귀의 교미를 방해하는데, 머리를 제거하면 이 억제 자극도 함께 제거되어 완전한 교미가 이루어짐을 밝혀냈다. 이로써 사마귀에게 성적 동족포식이 필요하다는 사실을 밝힌 것으로 널리 알려져있다. 그 많은 사람이 실제로 이 논문을 읽어보았는지는 의심스럽지만 말이다. 사실 로더는 수컷 사마귀의 머리를 제거하는 것이 필요조건이라고까지는 하지 않았다. 무엇보다도 그는 자연에서 많은 사마귀가 수 차례 거듭해서 교미한다는 사실을 잘 알고 있었으며, 사마귀들을 관찰한 실험실 환경이 인위적이었음을 인정한 최초의 과학자였다.

나는 여전히 로더의 설명이 '사마귀는 배우자를 잡아먹는다'는 사람들의 생각을 버리게 할 수 있을까 하는 의구심이 든다. 이후의 연구는 동족포식성을 기록하는 것 자체에 실패했거나 오직 특정한 생태적 환경에서만 동족포식성을 보이며, 그나마도 '암컷 사마귀가 대개의 경우 그들의 배우자를 잡아먹는다'라고 일반화하기에 턱없이 부족한 수준이었음에도 아직 사람들은 그렇게 믿고 있다.

사람들은 역겹고 괴상한 것을 그냥 지나치지 않는다. 증거가 매우 빈약함에도 불구하고 식인 풍습을 눈감고 넘겨버리길 거부한다. 브로트만Brottman이 1998년도에 출간한 책 《식육은 살인이다! 식인 풍습에 대한 삽화를 곁들인 안내서》(주의: 이 책은 응접탁자에 올려놓을 만한 책이 아니다)에 따르면, 가장 중요한 역사적 현상은 '사람들이 서로를 먹는다는 생각이다. 사실이 아니라 생각'이다. 사람이 기억할 수 없을 만큼 오랜 옛날부터 '다른 무리'는 식인종이라는 생각이 사회적 통념이었다. 최초의 인류학자로 널리 알려진 헤로도투스Herodotus는 '안드로파지Androphagi(그리스어로 '사람을 먹는 자'라는 뜻)'를 유럽 동부에서 '모든 인류 중 가장 야만적인 풍습'으로 묘사한 바 있다. 역사를 살펴보면 로마인은 기독교인을 비난하고, 기독교인은 유대인을 비난하고, 영국인은 스코틀랜드인과 픽트인을 비난하고, 유럽인은 아프리카인, 뉴기니인, 폴리네시아인, 아메리카 원주민 그리고 그들이 마주치는 유럽인이 아닌 모든 사람을 비난해왔다.

식인 풍습이 나타날 가능성이 가장 높은 문화는 우연의 일치가 아니라 식인 풍습을 고발한 이들이 가장 원하는 자원을 소유하고 있는 문화일 확률이 높다. 어쩌다 식인 풍습이 있을 수도 있다. 하지만 역사적으로 볼 때, 비난은 특정 인물을 사회의 변방으로 몰아내거나 그들을 향한 폭력을 정당화하기 위한 하나의 메커니즘으로 확립되었다. 사실 '식인종Cannibal'이라는 단어 자체는 콜럼버스와 그의 후예들을 거부한 '카리브Caribe'인에서 온 것이다. 같은 지역에 거주하는 아라왁Arawak인은 한 번도 그러한 예외적인 식단 때문에 비난을 받은 적이 없었다.

서양 사회에도 식인 풍습이 존재했다는 기록은 많다. 1998년에 브로트만은 이 사실에 대한 시각적인 증거를 몇 가지 사례와 함께 제시했다. '하노버의 도살자'라고 불렸던 프리츠 하르만Fritz Haarman은 집 없는 어린이를 먹었을 뿐만 아니라 말고기와 마찬가지로 그 어린이들의 고기를 팔았다고 한다. 독일의 몽켄-글라드바흐에 거주하던 안나 짐머만Anna Zimmerman은 그녀의 연인을 죽이고 '먹기 좋은 한 입 크기의 고기'로 토막냈다고 전해진다. 그 밖에도 문스터버그의 '식인마의 지주' 칼 뎅케Karl Denke, 위스콘신 플레인필드의 '무시무시한 늙은이' 에디(《텍사스 전기톱 연쇄살인 사건》, 《싸이코》, 《디레인지드》 등의 영화에 영감을 주었다) 그리고 '밀워키 식인마' 제프리 다머Jeffrey Dahmer 등이 있다.

사람들이 정복을 목적으로 다른 문화의 안 좋은 면을 부각시키는 것과 마찬가지로 곤충의 안 좋은 면을 부각시키는 게 아닌가 생각한다. 사마귀의 동족포식성의 복잡한 적응적 가설이 아직도 철저하게 과학 논문 속에서만 맴도는 이유도 이 때문일 것이다.

어쨌든 식도하신경절이 절단되었을 때 수컷의 생식기가 좀 더 격렬하게 반응하는 현상을 다르게 설명하는 해석도 있다. 머리를 스치는 한 가지는 신경회로의 배선 방식 때문에 발생하는 비적응적 억제다. 신경생물학자들에게 잘 알려진 바대로, 그러한 현상은 '척수계가 손상을 입었을 때 운동이나 자극에 대한 비정상적인 반응'으로 알려져있다. 일반적으로 반응을 조절하는 뉴런 간의 네트워크에 영향을 미치는 억제 신호를 제거함으로써 이런 비정상적 반응이 일어난다. 1936년에 로더는 암컷 사마귀의 경우에도 목이 절단될 경우 생식기가 더 활기를 띤다고 보고했다. 하지만 어느 누구도 암컷이 교미하기 전에 그 머리가 잘려나가야 한다고 주장한 적은 없다.

억제 자극에 대해서는 잘 알려져있기 때문인지, 대부분의 사람들은 이러한 자극을 없앴을 때 발생하는 이상한 현상들을 설명하고

자 공들여 가설을 세우지 않는다. 여기 이 점을 잘 보여주는 사례가 하나 있다. 1999년 슈미트Schmidt와 그의 동료들은 자는 동안 쥐와 사람에게서 공통적으로 나타나는 음경의 발기현상에 대해 연구했다. 오랫동안 뇌가 신체 기관에 억제 신호를 행사하는 것으로 생각했는데, 이는 '반사성 발기가 척수의 횡단 절개나 척수 폐색에 의해 촉진'되기 때문이었다. 뇌에 발생하는 온갖 종류의 손상이 쥐의 반사성 음경 발기를 유발한 것이다. 수질 이상거대세포핵에 대한 뇌간 꼬리나 양측 세포독성 장애의 상호작용, 심지어는 완전한 흉부 중앙 척수 상호작용까지도 반사성 발기를 멈출 수 없었을 뿐 아니라 몇몇 경우에는 대조군에 비해 잠재기도 더 짧았으며 반응도 더 쉽게 유도되었다. 다시 말해서 선택적인 두뇌 수술은 남성의 성적 수행 능력에 기적을 가져올 수도 있다.

아무도 이런 결과를 결혼생활 가이드에 소개하지 않으며, 앞으로도 수질 이상거대세포핵에 대한 양측 세포독성 장애가 비아그라를 대신하는 일 또한 없을 것이다. 다른 무슨 말이 더 필요하랴. 이는 결코 논리적일 수 없다. 나는 사마귀에게도 논리적일 것이라고 생각하지 않는다. 성적 동족포식성에 대한 보고는 생물학 교과서보다 영화나 독일 소세지를 만드는 요리책에 더 어울리는 것 같다.

굴 속의 빛
Grotto glow

버섯파리들은 구더기 단계에서 서로 싸우거나
짝짓기할 때 더 밝게 빛나면서 진정한 볼거리를 제공한다.

　태어나서 아칸소 주에 딱 한 번 가봤지만, 그 방문은 내 일생에 큰 영향을 미쳤다. 내가 왜 그걸 가져왔고 여태까지 보관하고 있는지 모르겠지만. 아칸소대학의 상징인 약 1킬로그램이나 되는 야생 돼지 모양의 빨간색 양초 이야기를 하려는 게 아니다. 아칸소에서 경험했던 심각한 밀실공포증에 대해 이야기하고자 한다. 나는 당시 데블스덴 주립공원Devil's Den State Park의 천연자원 조사 연구팀의 학생연구원 자격으로 아칸소 페이에트빌에서 그해 여름을 보냈다. 아칸소 주의 북서쪽에 위치한 오작산맥Ozark의 보스턴산Boston Mountain 구역에 속해있는 데블스덴은 71번 고속도로 확장 공사의 예상 경로에 포함되어 생태적으로 주목 받았던 곳이다. 우리 팀은 공원 내 희귀종이나 멸종위기종의 서식 여부에 초점을 두고 공원 내의 식물상과 동물상을 조사하여 목록을 만드는 일을 맡았다. 육상절지동물 생물학 과목을 수강하고 두 학기 과정이었던 무척추동물학수업을 한 학기 들은 게 전부였음에도 나는 팀의 무척추생물학자로 임명되었다.

하지만 내가 이 임무에 적임자가 아니었던 이유는 따로 있었다. 데블스덴(Devil's Den, '악마의 동굴'-옮긴이)은 공원을 관통해 넓은 범위에 펼쳐져있었는데, 동굴의 천연자원조사가 우리의 주요 관심사였다. 동굴에는 고속도로 계획을 중단시킬 수 있을 만큼 신기하고 희귀한 생명체들이 서식하고 있을 거라고 오랫동안 믿어져왔기 때문이다. 사실 그전까지 한 번도 동굴에 들어가 본 적이 없었기 때문에 나는 동굴학에 완전히 문외한이었다고 해도 과언이 아니다. 우리가 답사했던 동굴들의 이름도 자신감을 북돋워주지 못했다. 이 주립공원의 이름은 초기 정착자들이 이 부근에서 '악마의 포효소리'를 들었다는 전설에서 비롯되었다. 공원에 있는 두 가지 주요한 지형은 각각 데블스덴과 데블스아이스박스(Devil's Icebox, '악마의 얼음상자'-옮긴이)로 불린다. 동굴과 아이스박스 외에도 악마는 아칸소에 부엌, 주전자, 벽난로, 식탁, 화채그릇, 설탕그릇, 벌집 그리고 우물을 가지고 있었다. 북쪽 미주리 주 어딘가에는 요금 징수소도 있다.

'바위틈 동굴'이라고 불리는 동굴로 첫 번째 답사를 갔을 때 내가 칠흑 같은 어둠과 좁은 공간을 잘 극복하지 못한다는 사실을 발견했다. 일어설 수도 돌아설 수도 없는 그런 공간 말이다. 하지만 아무도 우리가 언제 산 채로 묻힐지 모른다고 염려하지 않았기 때문에 나도 내 감정을 숨기기 위해 노력했다. 개인적으로도 여름 내내 동굴에 들어갈 때마다 겪었던 맹목적인 공포에 맞서기 위해 필사적이었다. 데블스덴 주립공원은 분명히 동굴 구조가 갖는 생물학적 특징이 있다. 예를 들어, 데블스덴은 북미에 서식하는 멸종위기종인 오작토끼박쥐*Plecotus townsendii ingens*의 월동장소다. 하지만 나는 오작토끼박쥐를 한 번도 보지 못했다. 딱 한 번 동굴 속에서 갑각류 한 종을 발견했는데, 정확히 무슨 종인지는 알아내지 못했다(역시 무척추동물학 수업의 두 번째 강의도 들었어야 했다). 이 갑각류와 함께 다량의 폴라로이드 필름 포장지와 빈 맥주 캔들도 찾기는 했지만, 그 외에 동굴 생태에 관한 지식을 넓히는 데 내가 한 일은 별로 없었다. 그러므로 나는 아칸소의 환경에 그다지 큰 영향을 미치지 못한 셈이다. 반면 아칸소의 환경은 내게 분명한 영향을 미쳤다. 그해 여름이 끝나갈 무렵에는 밀실공포증이 심해진 나머지, 우리 팀이 머물던 기숙사의 엘리베이터도 탈 수가 없을 정도였다.

1999년 오스트레일리아를 여행하면서 곤충학자라면 당연히 구미가 당기는 정말 흔치 않던 생태관광 기회를 놓쳐버린 것에도 부분적으로나마 데블스덴 주립공원의 영향이 있었다. 그래도 호주 국회에서 열렸던 관련 회의에는 참석할 수 있었다. 퀸즈랜드대학 동물 및 곤충학과의 클레어 베이커Claire Baker와 데이빗 메리트David Merritt는 강연을 통해 어둠 속에서 빛을 내는 동굴 생물인 버섯파리의 구더기에 초점을 맞춘 관광 산업에 대해 자세히 설명했다. 버섯파리는 남부 퀸즈랜드의 우림 속 동굴에 서식한다. 버섯파리 유충은 낚싯줄처럼 늘어지는 끈적끈적한 실을 내는데, 밝은 청록색 빛으로 작은 먹잇감들을 유혹해서 이 덫에 걸리게 만든다. 이 먹잇감들은 실에 묻어있는 옥살산 방울에 닿으면 마비가 되는데 그때 구더기가 잡아먹는다.

오스트레일리아 전역에 걸쳐 '어둠 속에서 빛나는 구더기'를 볼 수 있는 장소가 몇 곳 더 있다. 예를 들어, 유혈암을 찾기 위해 블루산을 관통하여 만들었던 뉴사우스웨일즈 리트가우Lithgow 반디벌레 터널의 버려진 철로를 발광 구더기들이 환히 비추고 있다. 하지만 어둠 속에서 발광하는 버섯파리 구더기를 관찰하기 정말 좋은 장소는 인접 국가인 뉴질랜드의 와이토모Waitomo 동굴이다. 발광하는 반딧불이의 애벌레, 번데기, 성충을 보기 위해 매년 40만 명 가까운 관광객들이 반디벌레 동굴을 통과하는 보트에 오른다. 이 백열광은 배의 끝 마디에 있는 변형된 말피기관에서 생성되는데, 이 끝 마디 바로 아래 많은 기관으로 이루어진 반사층이 있다. 버섯파리들은 구더기 단계에서 서로 싸우거나 짝짓기할 때 더 밝게 빛나면서 진정한 볼거리를 제공한다.

관광산업계는 과학계가 반디벌레의 존재를 알게 된 때와 거의 비슷한 시기에 이 반디벌레 동굴을 발견했다. 이 동굴은 1887년에 지역 마오리 족의 추장이었던 테인 티노라우Tane Tinorau와 첫눈에 이 동굴의 상업적 가능성을 알아본 그의 영국인 친구 프레드 메이스Fred Mace에 의해 처음 세상에 알려졌고, 1910년에는 동굴 주변에 많은 관광객이 투숙할 수 있는 호텔이 지어지기에 이르렀다.

곤충학계는 1886년도 〈곤충학자들의 월간잡지Entomologists' Monthly Magazine〉에 실린 기사를 통해 이 곤충을 처음 접하게 되었다. 메이리치Meyrich는 오클랜드 근처의 작고 가파른 강둑을 따라 끈적끈적하고 빛나는 많은 유충을 발견했다고 보고하면서 '작지만 밝고 초록색을 띠는 하얀 빛깔의 곧게 솟은 불꽃이 목 뒤에서 나오고 있다'고 묘사했다. 그는 이 곤충이 육식성이며 딱정벌레의 한 종류일거라 추측하면서도, '이곳저곳 떠돌아다니는 곤충학자인 자신이 이런 습성을 가진 유충을 연구하기는 불가능한 일'이라며 이 곤충의 이름 붙이기를 거부했다. 그 후 〈곤충학자들의 월간잡지〉에 기고하던 허드슨Hudson은 1886년 목 뒤에서 솟아났다고 한 메이리치의 곧은 불꽃이 사실은 '유충의 꼬리 쪽 말단'에서 나오는 눈부신 번쩍임에 가깝다고 지적했다. 구더기에서 머리와 몸의 방향을 나타내는 다른 특징들을 찾을 수 없다는 점을 생각하면 이러한 의견의 불일치쯤은 충분히 이해할 수 있다. 1886년 오스텐삭켄Osten-Sacken은 마침내 이것이 버섯파리의 유충임을 확인하고 논문을 발표했는데, 논문의 별쇄본을 '원하는 모든 이'에게 무료로 나누어주기까지 했다.

전 세계를 통틀어 발광하는 버섯파리과 곤충이 약 12종에 불과하다는 점을 감안했을 때, 더욱 주목할 만한 사실은 북미에 약 두세 종의 '어둠 속에서 빛나는' 곤충이 있으며, 그중 일부가 아칸소에서 그리 멀지 않은 곳에 서식한다는 점이다. 구더기가 푸른색을 띠는 오르펠리아 풀토나이*Orfelia fultoni*는 미국 남부 일부 지역의 썩은 나무나 바위 틈의 축축한 흙에서 발견된다. 알라바마 주에는 이제 막 첫발을 내딛는 관광 산업도 있다. 이끼가 가득한 협곡에서 이 '음침한 것'들을 즐기고 싶은 관광객은 필 캠벨의 마을에서 8번 고속도로를 타고 곧장 내려오다 보면 디스멀스 협곡Dismals Canyon을 쉽게 찾을 수 있다. 만약 알라바마 주에서 8번 고속도로를 확장하기 위해 환경영향평가를 한다면, 나는 자원할 의사도 있다. 불을 밝힐 줄 아는 곤충을 찾아가는 일이라면 동굴 아니라 땅굴이라도 기분 좋게 들어갈 수 있을 것 같다.

하지만 모든 사람이 나처럼 절지동물이 내는 온화한 빛에서 편안함을 느끼지는 않는 모양이다. 1950년 곤충학자 유스와스디Yuswasdi는 다음과 같은 내용을 보고했다.

> 태국의 일부 지역에서는 많은 시골 주민이 주로 오래된 초가지붕에서 발견되며 샴어로 '맹-가-령(지붕 속의 발광 곤충)'이라고 불리는 발광다족류가 잠자는 사람의 귓속으로 기어들어가 뇌에서 서식한다고 믿는다. 실은 아무도 실제로 귓속에서 생물체를 본 적이 없음에도 환자들은 자주 '맹가령'의 침입을 호소했다. 가장 빈번하게 호소하는 불편 사항은 귓속에서 들린다는 간헐적인 혹은 연속적인 울림이다.

나는 이 보고 내용을 믿어야할지 잘 모르겠다. 어찌됐건 내과의사가 환자의 귓속에서 반디벌레를 찾기 위해 검이경otoscope까지 사용할 필요는 없었을 것이다. 아직까지 실제로 발견된 적이 없다는 사실은 환자들의 주장을 의심하게 만든다. 게다가 발광하는 두 속屬의 노래기와 캘리포니아 계곡에서 발견되는 모틱시아Motyxia가 있기는 하지만 이들의 서식지에서는 아직까지 앞서의 불가사의한 귓속의 울림에 대한 보고는 단 한 건도 없었다. 그래도 내가 가진 공포증을 관리할 수 있는 수준으로 줄일 필요가 있다. 캘리포니아 계곡에서는 짚으로 이은 지붕을 얹은 집들을 멀리해야겠다.

세상이 바라보는 곤충

슈퍼 분류학자
Super systematics

미래의 유전공학자인 스파이더맨 2099는
자신의 DNA에 우연히 삽입된 거미의 유전 코드 덕분에
거미의 특징을 대부분 그대로 이어받았다.

아이와 함께 사는 게 좋은 이유는 그냥 지나칠 수도 있는 문화 아이콘들에 익숙해질 기회를 얻을 수 있다는 점이다. 일례로 나는 토요일 아침 만화에 등장하는 캐릭터들에 꽤 정통하다. 내 딸 해나는 물론이고, 나 또한 〈내 작은 조랑말My Little Ponies〉의 주제곡을 부를 수 있을 뿐 아니라, 〈러그랫츠Rugrats〉에 가끔 출연하는 캐릭터까지 모두 이름을 외우고 있다. 뿐만 아니라 〈애니매니액스Animaniacs〉의 야코 워너와 와코 워너도 구분할 수 있다. 매주 토요일 아침마다 받아온 강도 높은 만화 시청 훈련에도 미처 대비하지 못한 캐릭터가 하나 있는데, 폭스 네트워크에서 잠시 방송되었던 시리즈의 주인공인 '진드기The Tick'가 바로 그것이다. 이 진드기는 힘없이 처진 두 개의 안테

나가 달려있는 모자와 파란색 쫄쫄이 의상을 입은 키 큰 남자가 분장한 것이었다. 내가 목격한 것에 당황해서 만화 캐릭터 전문가이자 당시 애니메이션 연구학회 회장이던 남편 리처드에게 물어보았다. 리처드는 어린 시절 그의 어머니가 완벽한 상태로 보존된 《스크루지 아저씨》를 포함해 그가 수집한 만화책을 전부 내다버렸을 때 받았던 정신적 충격을 딛고 이처럼 대단한 위치에 올랐다. 그는 이 진드기가 만화책에 등장한 지 얼마 안 되어 텔레비전에 그 모습을 드러냈다고 알려주었다.

여러 곳에 전화를 걸고 나서야 《진드기The tick》의 지난 호와 재발간 호를 보유하고 있는 상점 '에이플러스 만화와 스포츠 카드'를 찾을 수 있었다. 특별판 '진드기의 거대하고 위대한 서커스The tick's giant circus of the mighty'에 따르면 진드기 제2의 자아는 《월드 플래닛 주간 낱말 맞추기 퍼즐》의 편집자인 네빌 네드란 사람이다. 그의 초능력이 어디에서 기인했는지는 분명하지 않다. 에반스톤 클리닉이라는 정신병원에서 탈출한 것이 그가 가진 첫 번째 기억인데, 기억상실증으로 고통을 겪었음이 분명해 보인다. 그는 자신을 '피를 빨아먹는 진드기'라고 소개했지만 혈액이나 다른 종류의 체액을 실제로 마시는 모습이 목격된 적은 한 번도 없다. 그는 매우 강인하며 영웅이라면 으레 소유하고 있는 다양한 무기들을 가지고 있다. 예를 들면, 비밀 최면 넥타이, 범죄 탐지기, 만능 빨대 같은 것들 말이다.

그럼에도 이 진드기는 굉장한 영웅이라는 인상을 주지 못했다. 나는 다른 절지동물들은 좀더 비범한 영웅을 위한 영감을 제공해주기를 희망하면서 《영웅백과사전The encyclopedia of superheros》을 펼쳤다. 저자인 로빈Rovin은 머리말에서 '곤충들을 구별해내는 곤충학자의 몹시 까다로운 분리 작업으로도 이 영웅들을 분류할 수는 없다'고 적었다. 그러나 나는 까다로운 곤충학자 가운데 한 사람으로서 그저 단순한 분류학적 도표만으로도 많은 것을 얻을 수 있으리란 느낌을 지울 수가 없었다.

대부분 절지동물 영웅은 기존에 잘 정리되어 있는 분류군에 쉽게 들어맞는다. 거미류는 곤충보다 수적으로 훨씬 많으며, 순위 안에 다음과 같은 영웅들이 포함된다. 스칼렛 스콜피온The Scarlet Scorpion, 스콜피온the Scorpion, 스파이더 퀸the Spider Queen, 블랙 스파이더the Black Spider, 블랙 위도우the Black Widow(검은과부거미), 스파이더Spider, 스파이더맨Spider-man, 스파이더 위도우Spider Widow, 스파이더우먼Spider Woman, 타란튤라the Tarantula 그리고 웹 퀸the Web Queen등이 있다.

수적 우세에서 거미류를 바짝 뒤쫓는 2등은 막시목(벌과 개미 등의 완전 변태하는 곤충의 일목—옮긴이) 곤충들로서 앤트보이Ant Boy, 앤트맨Ant Man, 그린 호넷the Green Hornet(큰말벌), 퀸 비the Queen Bee, 레드 비the Red Bee, 워슾the Wasp(말벌) 그리고 옐로우 재킷Yellow Jacket(작은말벌) 등이 있다. 블루 비틀Blue Beetle과 파이어플라이Firefly(반딧불이), 실버 스캐럽the Silver Scarab(은투구풍뎅이) 그리고 블레이징 스캐럽the Blazing Scarab은 딱정벌레목을 대표하며, 버터플라이the Butterfly, 모스the Moth(나방), 집시 모스Gypsy Moth(매미나방), 그리고 모스맨Mothman은 인시류를 대표한다. 소수의 그룹으로는 쌍시류(플라이the Fly, 모스키토 보이Mosquito Boy), 잠자리목(드래곤플라이the Dragonfly) 그리고 반시류(앰부쉬 버그Ambush Bug자객벌레)가 있다.

절지동물의 일부 특징은 영웅의 분류학적 위치와 상관없이 만화책에 반복적으로 등장하기도 한다. 거의 대부분의 영웅은 곤충에 '걸맞은 힘'을 갖고 있다. 하지만 이는 곤충의 체표면적과 부피의 비율에 관해 오래전부터 내려오는 오해다. 곤충들은 몸의 부피에 비해 상대적으로 큰 체표면적을 갖고 있기 때문에 불균형적인 힘을 갖고 있는 것처럼 보인다. 근력은 횡단면의 면적에 비례한다. 따라서 인간이 움직이는 데 필요한 근육의 부피보다 상대적으로 적게 움직이는 곤충의 근육이 훨씬 강하게 비춰지는 것이다. 사람만한 절지동물이 현실에 존재한다면, 그렇게 놀랍게 여겨지지 않을 것이다. 하지만 만화책에서 스파이더맨의 또다른 자아인 피터 파커는 '방사성 거미에게 물린 뒤, 곤충의 비례적인 힘을 얻게' 된다. 또 한가지 흔한 오해로 거미류에 속하는 거미가 만화책 속 세상에서는 곤충으로 그려진다. 플라이The Fly는 '인간보다 100배나 강한 근육을 가지고' 있다. 같은 관점에서 볼 때 앤트맨Ant Man은 흥미로운 변형기술을 선보인다. 그는 인간의 힘을 그대로 유지한 채 개미만한 크기로 줄어들 수 있다. 또한 그는 곤충과 소통하는 능력을 지니고 있으며, 그들에게 명령을 내릴 수도 있다.

이와 더불어 자주 등장하는 또 다른 주제는 독액을 분출하는 능력 혹은 적어도 그에 상응하는 전기를 만들어내는 능력이다. 옐로우 재킷은 '에너지 침'을, 스콜피온은 '곤충 추적자'를 쏠 수 있으며,

레드 비는 '침총'을 가지고 있고, 스파이더우먼은 '생체전기 독약 폭탄'을 발사할 수 있다. 또한 워숩은 '독침 팔찌'를 가지고 있다. 심지어 모스키토 보이도 독침을 쏠 수 있는데 이는 실제 모기들은 갖지 못한 능력이다. 절지동물 영웅들 가운데 상당수는 그들의 발에 달린 흡입 장치를 이용하여(타란튤라, 블랙 위도우, 버터플라이 등) 중력의 법칙을 무시하고 건물벽을 뛰어다닐 수 있다. 몇몇 특성은 특정 분류군에서만 나타난다. 거미줄 발사장치는 거미에 바탕한 영웅들의 무기로 제한된다. 블랙 위도우는 그녀의 '미망인의 끈widow's line'을, 타란튤라는 '거미줄 총'을, 웹우먼은 '그물 밧줄'을 그리고 스파이더맨은 '웹 슈터'를 가지고 있다. 미래의 유전공학자인 스파이더맨 2099는 자신의 DNA에 우연히 삽입된 거미의 유전 코드 덕분에 거미의 특징을 대부분 그대로 이어받았다. 항문에서 그물을 쏘아내는 능력이 손목에 있는(아마도 품위를 지키기 위한 노력의 일환이었겠지만) 방적돌기로 대체된 것만 제외하고.

이렇듯 다양한 영웅에 대해 가장 의아한 점이 있다면, 그것은 왜곡된 절지동물의 능력이 아니라 바로 이러한 캐릭터들의 직업이다. 절지동물이건 아니건 간에 모든 영웅은 어떻게 그런 초인적인 능력을 갖게 되었는지를 설명해주는 사연을 하나씩 가지고 있다. 지금까지 등장한 영웅 중에는 특히 과학자들이 많았다. 아니면 지구를 구하느라 며칠씩 자리를 비워도 상사에게 해명할 필요가 없는 유일한 직업인 바람둥이 백만장자거나. 일부는 컴퓨터 과학자, 로봇 기술자, 공학자, 핵물리학자와 같은 일반적인 과학자이지만, 그 밖에 고도로 전문화된 직업을 가진 이도 있다. 그들 중에는 해양학자〔앰피비언Amphibian(양서류), 피라냐Piranha, 스팅레이Stingray(가오리)〕, 생화학자(비스트Beast, 거인Giant Man, 불멸의 강철인간Steel the Indestructible Man), 동물학자(브와나 비스트Bwana Beast, 재규어Jaguar), 지구물리학자〔하박Havak, 폴라리스Polaris(북극성)〕그리고 무엇보다도 물리학자〔아톰The Atom, 영국 함장Captain Britain, 페이트 박사Dr. Fate, 솔라 박사Dr. Solar, 헐크 The Hulk, 인간 폭탄Human Bomb, 미스터 판타스틱Mr. Fantastic, 새스콰치Sasquatch(원인), 스태틱Static(정전기)〕가 많다. 비참하게도 이 무리에 유독 곤충학자만 빠져있다.

절지동물 영웅들 가운데 곤충학자가 가진 과학적 통찰력을 지닌 영웅은 거의 없는 듯 보인다. 화학자는 힘을 강화시켜주는 화학물질을 개발할 수 있고, 물리학자는 원자력을 다룰 수 있지만, 곤충학자들은 자신의 학문을 범죄와 악인으로부터 세계를 구해내는 일에 제대로 사용하지 못하는 것처럼 보인다. 영웅 절지동물들은 우연한 사고를 통해 그들의 능력을 얻는다. 예를 들어, 곤충여왕Insect Queen이자 뉴스앵커인 라나 랭Lana Lang은 어떤 절지동물로든 변신할 수 있게 해주는 생물반지를 가지고 있다. 이 반지는 그녀가 쓰러진 나무 밑에 깔려있던 팔이 여섯 개 달린 외계인을 구해주고 받은 선물이다. 자객벌레는 순간이동을 할 수 있는 외계인의 우주복을 우연히 발견한 덕분에 숨어서 적을 덮칠 수 있게 되었다. 토마스 트로이Thomas Troy는 파리 모양의 마법의 반지를 얻어 파리로 변신할 수 있게 되었다. 그는 벽을 기어오르지 않을 때는 변호사로 일한다. 그다지 놀랍지 않다고? 그럼 이건 어떤가? 1975년 버전의 타란튤라는 영웅 행세를 하지 않을 때는 투자상담원으로 일한다. 개미 소년은 곤충학자는 아니지만, 유년기부터 개미에 의해 길러져 그들의 힘을 정당하게 얻었다. 그 많고 많은 영웅 가운데 '이상한 존Odd John'이라고 불리는 캐릭터가 유일한 곤충학자였는데, 세상에 알려지기도 전에 사라졌다. 하지만 그는 곤충을 조종하고 그들을 거대 곤충으로 돌연변이시킬 수 있는 능력을 가지고 있었다.

지금까지 단 한 번도 곤충학자의 식견을 영웅의 초능력으로 전환할 수 없었다는 점이 안타깝게 느껴진다. 열대 흰개미 중에는 살갗에 닿으면 매운 용액을 뾰족한 머리에서 뿜어내는 종이 있다. 또 베로티드Berothids라고 불리는 기묘한 육식동물은 땅 속에 살면서 독성 마비 가스를 분출해서 먹이를 잡아먹는다. 그리고 딱정벌레의 일종인 가뢰Oil beetle는 다리 관절에서 독성을 지닌 체액을 뿜는다. 이런 능력은 매우 독특하고 인상적인 영웅을 만들어낼 수 있을 텐데. 그래서 어쩌면 만화책이 일반인에게 주목할 만한 곤충의 능력을 교육시키는 훌륭한 수단이 될 수도 있다. 이봐, 비웃지 말라고. 얼마나 많은 사람이 만화책을 읽고 있는지 모르나.

하긴 비웃으나마나, 절판된 소장용 곤충 서적을 구입할 수 있는 곤충학 만화 전문 서점 같은 것이 있을 리 만무하다.

슈퍼 분류학자

그것이 알고 싶다
Inquiring minds want to know

'우리 이상한 바깥양반은 바퀴벌레를 먹어요.
그는 그 꾸물꾸물 돌아다니는 생물을
시리얼, 머핀, 심지어는 미트로프와 함께 먹는다니까요.'

  사람들이 바퀴벌레와 얼마나 자주 마주치는지를 고려할 때, 이런 잦은 만남을 기삿거리로 여기는 사람은 아마 없을 것이다. 그렇기 때문에 바퀴벌레가 타블로이드 신문에 얼마나 자주 오르내리는지를 알고 나면 놀라게 될 것이다. 타블로이드 신문에 언급되는 바퀴벌레의 이런 엄청난 업적은 곤충학자에게도 놀라운 일이다. 나는 타블로이드 신문의 정기구독자도 아니고 자주 읽는 편도 아니다. 하지만 여느 사람들과 마찬가지로 나도 식료품점 계산대 앞에 서서 차례를 기다리며, 다른 모든 사람들과 마찬가지로(노벨상 수상자도 분명 마찬가지일 것이다) 신문의 헤드라인에 눈길을 준다. 언젠가는 곤충학에 관련된 제목을 발견하고, 고양이 사료 통조림과 우유 사이에 신문 한 부를 슬쩍 끼워넣기도 했다.

　예를 들어, 어느 일요일 바퀴벌레가 신문 일면에 실린 적이 있다. 신문 상단의 헤드라인 '실종됐던 아기, 호박 속에서 산 채로 발견되다' 바로 아래에 있던 그 제목은 '살인 바퀴벌레, 집을 침략하고 가족들을 공격하다'였다. 이 기사는 베네수엘라에 있는 한 가정이 '살인마 바퀴벌레 군단'에 의해 쑥대밭이 된 내용으로 커피를 재배하는 산티아고 모랄레스Santiago Morales 씨의 무시무시한 경험을 보도하고 있었다. 모랄레스 씨는 커피 농장을 덮친 거센 폭풍우가 이 바퀴벌레들을 자신의 집으로 몰아넣은 것으로 추측했다. 모랄레스 씨와 그의 아내 그리고 두 아이들은 그 습격에서 살아남았지만, 집에서 기르던 개는 불행하게도 그렇지 못했다. 이 개는 '탐욕스럽게 덤벼드는 바퀴벌레'의 맹위에 유린당했지만 적어도 커피와 바퀴벌레가 상극이라는 사실은 다시 한 번 증명했다.

　개를 공격하는 바퀴벌레보다 더 당혹스러운 것은 바퀴벌레가 사악한 곤충 훈련사에 의해 조종된다는 이야기다. 〈더 선The Sun〉지에 '남편이 날 공격하도록 바퀴벌레들을 훈련시켰어요. 겁에 질린 아내의 고백'이란 제목의 기사가 실린 적이 있다. 멕시코의 톨루카에 사는 로베르토 구아르베즈Roberto Guarvez 씨가 오직 그의 아내만 공격하도록 바퀴벌레들을 양성했다는 내용이었다. 아내 레지나는 평온하게 자고 있는 남편 옆에서 바퀴벌레로 뒤덮인 채 세 번이나 잠에서 깨고서야 뭔가 미심쩍다 생각했지만, 그녀의 남편이 바퀴벌레들에게 그녀를 죽이라고 명령하는 것을 듣기 전까지 그가 관계됐다는 사실은 전혀 생각하지도 못했다. 하지만 멕시코에서는 절지동물을 이용한 폭행 혐의로 사람을 입건할 수 없었기 때문에, 레지나는 정신적 학대를 근거로 이혼 소송을 청구했다.

적어도 한 명의 판사는 이 일에 공감할 것이다. 〈주간 월드 뉴스 Weekly World News〉는 '판사가 바퀴벌레에게 습격당했다'고 보도했다. 버지니아 서부 버클리 스프링스의 마리아 터웬Maria Terwen은 자신이 거주하고 있는 아파트 단지의 열악한 거주 환경을 고발하기 위해 마가렛 고든Margaret Gordon 판사의 책상 위에 수천 마리의 바퀴벌레를 쏟아버렸다. 이 행동으로 마리아 터웬은 '법정 모독'으로 기소되었다. 비록 자세한 상황은 전해지지 않았지만, 법정에 출석한 변호사들은 직업 윤리를 발휘해 그 바퀴벌레들을 밟아뭉개지 않고 도망가도록 내버려뒀을 것이다.

레지나 모랄레스의 불행과 비할 바는 아니지만, 엘리자베스 뮬러Elisabeth Muller의 결혼 생활도 〈주간 월드 뉴스〉의 편집장에게는 충분히 재미있는 기삿거리가 될 만해 보였다. 그녀는 진저리가 난다는 듯 이렇게 말했다. '우리 이상한 바깥양반은 바퀴벌레를 먹어요. 그는 그 꾸물꾸물 돌아다니는 생물을 시리얼, 머핀, 심지어는 미트로프와 함께 먹는다니까요.' 독일 하노버의 생물학자 워너 뮬러Werner Muller는 바퀴벌레를 '자연에서 가장 완벽한 음식이며 최상의 단백질 공급원이자 최고로 균형 잡힌 간식 중 하나'라고 평가했다. 동네 식료품점에서는 바퀴벌레를 구할 수 없기 때문에(식료품점에 돌아다니는 것들도 판매용은 아니니까!) 워너는 자신의 집 창고 신발 상자에서 바퀴벌레를 번식시켜 자신의 수요를 충족시켰다. 당신을 안심시키기 위해 덧붙이자면, 워너는 엘리자베스가 보는 앞에서 바퀴벌레를 먹거나 그와 관련된 이야기를 하지 않겠다고 약속했기 때문에 뮬러 부부의 결혼 생활에는 큰 문제가 없었다. 그럼에도 뮬러 씨는 〈주간 월드 뉴스〉 독자들을 위해 바퀴벌레를 시리얼과 팬케이크 위에 올려놓는 모습, 신발 상자 바로 위에 꺼내놓는 모습을 연출해주었다.

플로리다 마이애미에 거주하는 쿠바 피난민이자 방화용 스프링클러 설치 기사인 호르헤 토레스Jorge Torres 씨는 워너 밀러와 마찬가지로 바퀴벌레를 향한 각별한 애정을 가지고 있다. 이번 경우엔 영양공급원으로써가 아니라 영감의 원천으로써 말이다. 〈더 선〉지에 소개된 대로 바퀴벌레들이 그가 '수백만 달러의 복권에 당첨되도록' 도왔다. 토레스는 숫자를 고를 때 '특별한 쿠바 기호'를 이용하는데 그의 방식에 따르면 행운의 숫자 48은 바퀴벌레들에 의해 기호화되었다고 한다. 전해진 이야기에 따르면, 토레스는 원래 바퀴벌레들을 좋아하지 않지만, 바퀴벌레가 뽑아준 숫자에 운을 걸어보았다고 한다. 그는 이 결정으로 623만 달러를 벌어들여, 멋진 스포츠카와 새집을 구입했다. 하지만 그가 이 상금을 바퀴벌레 공동체와 나누었는지에 대한 언급은 기사 어디에도 없었다.

지난 모든 신문을 통틀어 가장 놀라운 바퀴벌레 이야기는 아마도 1991년 1월 15일자 〈주간 월드 뉴스〉에 실린 기사일 것이다. 그 기사는 30센티미터 크기의 바퀴벌레 사진 바로 아래 3센티미터 높이로 '이 친구를 짓밟지 마세요. 그는 당신의 사랑스런 사촌입니다!'라고 적고 있다. 이 기사에서 바퀴벌레와 인간이 친척이라고 주장한 전문가의 이름은 밝히지 않았지만 '바퀴벌레의 머리를 부수고 곤충의 모든 체액을 검사하는 일에 많은 시간을 쏟아부은 정부 소속 과학자'이며 '학술 잡지 〈사이언스〉에 깜짝 놀랄 보고'를 게재한 저자들 가운데 한 사람으로 압축되었다. 내 생각에 이는 분명 1986년도 〈사이언스〉에 '가스트린, 콜레키스토키닌과 상동물질인 황산화된 곤충의 신경펩티드, 류코설파키닌Leucosulfakinin'이라는 제목의 논문을 게재한 로널드 내크먼Ronald Nachman, 마크 홀먼G.Mark Holman, 윌리엄 해든Willam Haddon 아니면 니콜라스 링Nicholas Ling 가운데 한 사람일 것이다. 내크먼과 그의 동료들은 인간의 뇌-장brain gut 호르몬인 가스트린II과 콜레키스토키닌의 상당한 상동관계를 밝히기 위해 마데이라바퀴벌레Leucophaea maderae 3,000마리의 머리 추출물로부터 류코설파키닌을 분리, 정제하여 염기서열을 분석했다. 그 결과 류코설파키닌의 11개 아미노산 잔기 가운데 6개가 가스트린II에 있는 것과 일치했는데, 이는 '지금껏 보고된 곤충과 척추동물의 신경펩티드 사이의 유사도 가운데 가장 높은 비율의 일치도'를 나타낸다. 이 충격적인 유사도는 논문 저자들이 '진화적으로 인간과 바퀴벌레의 펩티드가 서로 연관되어 있다'고 주장하게 만들었다.

〈주간 월드 뉴스〉의 기자는 이 발견을 다른 관점에서 평가했다. '이제부터는 야참으로 햄을 얹은 호밀빵을 찾으러 부엌으로 비틀비틀 들어갔다가 세상에서 가장 불쾌한 벌레와 딱 마주치게 되더라도 비명을 지르거나, 때려잡거나, 욕을 해선 안 된다. 친구여, 그럴 땐 그저 입술을 내밀어라. 과학자들이 당신과 그 소름 끼치는 늙은 바퀴벌레가 키스를 할 정도로 친한 사촌임을 밝혀냈으니까……. 당신과 찬장 아래의 그 메스꺼운 쓰레기 포식자들은 공통의 조상으로부터 유래되었다. 그리고 당신이 인정하기 싫을 만큼 긴밀하게 연관되어 있다.'

약간 선정적인 부분은 그렇다 치더라도 이 기사는 전반적으로 알기 쉽게 쓰여졌고, 실제로 바퀴벌레의 머리를 가르고 체액을 확인하는 데 많은 시간이 걸린다는 사실까지 정확하게 보도했다. 〈사이언스〉에 게재된 지 4년 반이 지났지만, 유명 신문에 기사로 이런 내용이 실린다는 사실은 한편으로 기분 좋은 일이다. 요즘처럼 전체 과학 논문의 50퍼센트 이상이 다른 과학자에게 인용조차 되지 않는 시대에 유명 신문에서 언급되다니, 정말 엄청나게 인정받고 있다는 증거다. 하지만 다른 한편으로 가판대 신문에 실린 기사들이 실제 일어난 사건에 기초했음을 강조하는 부분은 분명 심란한 일이다. 나는 항상 빅푸트Bigfoot 아기나 엘비스 목격담 같은 이야기들을 허무맹랑한 이야기로 치부하고, 곤충학적 보고와 분리해서 생각해왔다. 그런데 이 기사들 가운데 일부는 합리적으로 평가된 과학 논문에 근거하고 있음이 이제는 분명해졌으므로, 이러한 가판대 신문을 보는 내 태도를 재평가해야 할 것이다. 어쩌면 다음에 신문을 한 부 산다면 함께 복권도 한 장 집어들지 모르겠다.

대중가요 속의 곤충들
"Let me tell you 'bout the birds and the bees…"

각양각색 다양한 주제의 곤충 관련 노래들이
담긴 테이프를 12개 이상 소장하게 되었다.
그 가운데는 매우 인상적인 곤충 펑크와
곤충 그런지 락 컬렉션도 있다.

　나는 중학교 이후로 단 한 번도 남들에게 '근사하다'는 말을 들어본 적이 없다. 미적 감각이나 스타일, 유행에 대해 완전히 문외한이기 때문이다. 다행히 옷을 잘 입어야 곤충학계에서 성공하는 것은 아닌 듯하다. 물론 조금만 근사해 보여도 직업상의 혜택이 따르는 경우가 있다. 매년 봄 나는 비과학도를 대상으로 곤충학 교양과목을 가르친다. 꽤 오랫동안 강의를 해오면서 매년 150여 명 정도의 학생 대다수가 다음의 세 가지 중 하나의 이유 때문에 이 수업을 듣는다는 사실을 발견했다.

1. 이 수업이 시간표에 맞아서
2. 물리학, 화학 분야의 교양과목보다 쉬울 것 같아서
3. 이 수업이 시간표에 맞고 물리학, 화학 분야의 교양과목보다 쉬울 것 같아서

이 수업의 목표는 '곤충 생태를 학생들의 삶과 연결지어 그들에게 곤충생물학(그를 통해 일반적인 생명과학까지)을 가르치는 것'이다. 교양과정의 학생들은 그 전공분야가 너무나 다양하기 때문에 수업 목표를 이루기가 쉬울 수도, 어려울 수도 있다. 생명과학 분야나 의과대학, 수의과대학의 예과 과정, 보건관련 전문과정의 학생들은 우리의 삶과 곤충의 연관 관계를 쉽게 받아들인다. 공학도들도 이 관계를 곧잘 이해하지만, 인문학을 공부하는 학생들을 납득시키기는 쉽지 않다. 그래서 이 수업은 곤충행동학, 생리학, 분류학 등의 통상적인 강의 내용 외에도 '미술, 음악, 문학, 역사 속의 곤충'과 같은 내용도 포함하고 있다. 이 모든 강의 주제 중에서 가르치기 가장 어려운 부분은 음악 속의 곤충이다. 이 어려움은 근본적으로 내가 세련된 음악적 지식을 갖추지 못했기 때문이다.

이 강좌를 처음 시작했을 때, 음악과 관련된 부분은 내가 개인적으로 가장 친숙했던 음악에 기초해서 수업을 진행했다. 그 음악들은 대부분은 60~70년대 포크와 팝 음악이었다. 수업을 진행하면서 자료가 부족하다는 생각은 해본 적이 없다. 실제로 60년대 가수들은 거의 대부분 곤충과 관련된 곡을 가지고 있다. 비치보이즈the Beach

Boys에겐 '와일드 하니'(하니Honey는 여기서 쓰인 '연인'이란 의미 외에 '벌꿀'을 뜻하기도 한다-옮긴이)가, 허브 앨퍼트Herb Alpert에게는 '스패니쉬 플리'(플리flea는 '벼룩'을 의미한다-옮긴이)가 있었고, 비틀즈the Beatles는 '테이스트 오브 하니'를 연주했으며, 심지어 엘비스Elvis도 '아이 갓 스텅'(직역하면 '난 벌에 쏘였어'라는 의미-옮긴이)이란 곡으로 이 대열에 합류했다. 그리고 세상에 널리 알려지지 않았던 다음 같은 곡들도 있다. 1966년 팝 차트 5위까지 오른 밥 린드Bob Lind의 '잡히지 않는 사랑의 나비', 1965년에 인기 순위 3위까지 올랐던 쥬얼 에이큰스Jewel Akens의 '새와 벌들' 같은 곡들 말이다. 하지만 근래 몇 년 동안 학생들에게 도노반Donovan이 누군지 설명하다가 내가 그들에게 다가가지 못하고 있다는 사실을 깨달았다(도노반은 '처음에는 산이 있었다'라는 곡으로 큰 인기를 얻었는데, 가사 중에 '쐐기벌레는 자신의 껍질을 벗어버린다 / 그 속의 나비를 찾기 위해'라는 대목이 있다). 실은 포크송인 '푸른 꼬리의 파리'의 클래식 버전인 벌 아이브스Burl Ives의 연주곡을 감상했을 때는 학생들의 눈알 굴리는 소리와 킥킥대는 소리가 너무 커서 교실 전체가 무슨 악마에 홀린 것처럼 느껴진 적도 있다.

다행스럽게도 콜로라도대학의 동료 곤충학자인 딘 바워즈Deane Bowers가 나를 불쌍히 여겨 내 음악적 어려움에 대한 임시 해결책을 제공해주었다. 그녀는 내가 사용해왔던 곡보다 훨씬 세련된 온갖 종류의 음악들을 하나의 테이프에 담아주었다. 들어보지도 못했던 곡이 대부분이었으므로 적어도 그 곡들이 세련됐다고 믿었다. 학생들도 대체로 반겼다. 특히 조나단 리치먼Jonathan Richman과 모던 러버즈the Modern Lovers의 '어이 거기 작은 벌레'(내 위에 앉진 말아줘요 그대 / 날 깨물면 안돼요)와 옵세션Obsession의 '애니모션'(난 나비처럼 널 가질 거야 / 널 손에 넣고 사로잡을 거야), 월 오브 부두Wall of Voodoo의 '체체파리'(난 지금 잠이 오는 것 같아 / 체체파리에 물렸어), 롤링스톤스Rolling Stones의 '왕벌'(그대여 나는 당신의 둥지 주변을 윙윙대는 왕벌) 등의 노래에 열광적인 반응을 보였다. 하지만 그 테이프 역시 민주당이 백악관을 되찾았을 무렵에는 또다시 그리운 옛 노래 모음집이 되어있었다.

학기말 보고서는 변화하는 문화적 동향에 대해 더욱 영구적인 해결책이 되었다. 모든 학생들은 자신이 원하는 주제에 관해 학기말 보고서를 제출해야 했으며, 나는 학생들로 하여금 그들이 나보다 더 많이 알고 있는 '곤충과 문화'를 선택하도록 권유했다. 예상대로 대중가요에서 곤충은 꽤 인기 있는 주제라는 사실이 드러났다. 그렇게 해서 나는 각양각색 다양한 주제의 곤충 관련 노래가 담긴 테이프를 12개 이상 소장하게 되었다. 그 가운데는 인상적인 곤충 펑크와 곤충 그런지 락(grunge rock, 시애틀에서 유래한 시끄러운 락 음악-옮긴이) 컬렉션도 있다. 학생들의 도움이 아니었다면 이런 가수들의 노래를 못 들어봤음은 물론이고, 장르 자체를 몰랐을 것이다. 고백하건대, 나는 여전히 '하드코어와 퍼니펑크', '하이퍼오펜시브 펑크' 그리고 '네오사이키델릭 포스트펑크'를 구분하는 그 미묘한 차이를 도무지 모르겠다. 마흔 살이 넘은 곤충학자라면 누구나 현대 음악에서 곤충이 언급되는 빈도수에 깜짝 놀랄 것이다. 90년대는 '절지동물의 음악적 황금기'라고 해도 과언이 아니다.

하지만 아직 축배를 들기는 이르다. 요즘 음악 속 곤충들은 예전과는 다른 모습으로 그려져있다. 60년대로 거슬러 올라가보면, 곤충 관련 노래들은 '범블 부기'(범블과 스팅어즈B. Bumble and the Stingers, 1961), '달콤한 꿀벌'(클리블랜드 크로쉐와 밴드Cleveland Crochet and Band, 1960), '나비 연인'(바비 라이델Bobby Rydell, 1963)과 '작고 우스운 나비들'(패티 듀크Patty Duke, 1965) 등의 제목을 가진 즐겁고 밝은 곡이 대부분이었다. 하지만 오늘날에는 대부분 언급하기조차 껄끄러운 제목의 노래에 곤충이 등장한다. 비교적 최신곡 가운데 조금 덜 거슬리면서 가사에 곤충을 언급하고 있는 곡들을 살펴보면, 다음과 같다. 데드 케네디즈Dead Kennedys의 '지주에게 린치를 가하자'(쥐들은 부엌을 짓씹고, 바퀴벌레들이 내 무릎까지), 지저스 리저드Jesus Lizard의 '벽 위의 파리'(내가 얘기했던 그놈의 넌더리 나는 파리가 내 밤잠을 또 설치게 하네), 아드레날린Adrenalin O. D.의 '벌레들'(공격하기 위해 훈련된 벌레 군단들 / 목재를 비집고 나와 마루를 타고 온다), 와이어Wire의 '내가 그 파리다'(제발이라고 할 때까지 널 흔들어놓을 거다 / 네가 또다시 죽음을 받아들일 때), 노트렌드No Trend의 '감정 없는 작은 곤충들, 너무 많은 인간들'(너는 쥐처럼 번식하고), 불타는 입술Flaming Lips의 '인큐베이터 속의 나방'(출판에 적합한 가사 없음), 그리고 팬지 디비전Pansy Division의 '재수 없는 날 Crabby Day' 정도다.

'재수없는 날'은 하룻밤의 정사 후에 얻은 음부 기생충의 침입을 기술하고 있다.

> 그와 자게 되어 난 들떠있었어
> 하지만 나중엔 별로 즐겁지 않았어
> 내가 그 특별한 선물을 찾았을 때
> 그가 내 음모에 남기고 간 선물

이 곡 안에 담긴 생물학적 지식은 너무나 정확하다. 하지만 난 노래의 각 절 사이사이에서 비굴해지지 않기 위해, 또한 성난 학부모들로부터 전화가 걸려올까봐 마음 졸이며 수업을 진행하느라 무지 애를 먹었다. 이 수업의 취지에 가장 부적합한 곡은 아마도 그룹 윈Ween('공부벌레'라는 뜻-옮긴이)의 노래일 것이다. 이 노래의 제목을 굳이 옮기자면 '내 남성 특정 부위에 내려앉은 파리들' 정도가 될 것이다. 내가 알기로 이건 사랑 노래다. 물론 내가 너무나 세련되지 못해서 이 곡의 요지를 완전히 놓쳤을 수도 있다.

이렇듯 시대에 따라 음악 속의 곤충도 함께 변했다. 이렇게 말하는 것이 멋지지 않다는 걸 나도 안다. 하지만 이러한 변화들이 더 나은 방향으로 이루어졌다고 확신할 수 없다. 나는 옛 것이 그립다. 밝고 기생충 걱정 없던 예전 모습 그대로 말이다. 요즘 어린 친구들은 '푸른 꼬리의 파리'를 듣기 싫어할지도 모르지만 나는 언제나 이 곡을 좋아했다. 그리고 나는 '벌 아이브스'가 파리에 대한 노래를 그의 개인적인 부위를 끌어들이지 않고 불러줘서 얼마나 고마운지 모르겠다.

곤충학자는 바쁘다 바빠
Bizzy, bizzy entomologists

'당신 거미의 다리는 밀어넣고
상대편 거미의 다리는 떼어버리세요!
그리고 적의 거미들을 쳐서 떨어뜨리세요!'

어쩌다 '과학 속의 여성'이란 과목을 강의하는 동료 교수와 대화를 나누다가 게임이란 주제를 떠올렸다. 그녀는 내게 칼리J. B. Kahle가 1985년에 기고한 기사의 한 구절을 보여주었는데, 거기서 칼리는 '과학 속의 여성을 과소평가하고 축소 활용하는 데 원인이 된 요소들'로 평가했다고 적혀있었다. 그중에서도 특히 남자아이들과 여자아이들 사이의 컴퓨터 사용능력 불균형에 무게를 두고 있었다. 지금 사용되고 있는 컴퓨터 소프트웨어에는 부분적으로나마 남성편향성이 존재한다는 내용이었다.

그에 따르면 중학생용 프로그램 75개 가운데 3분의 1 이상이 오로지 남자아이만을 위한 것으로 평가되었으며, 전체의 5퍼센트에 해당하는 4개의 프로그램 정도만 여자아이의 1차 관심사와 관련된 것으로 드러났다. 여자아이의 주요 관심사라고 분류한 프로그램들을 검토하는 과정에서 나는 이 기사의 저자가 사용한 분류 기준을 어느 정도 파악할 수 있었다. 내가 중학생이었을 때 '분수 타자 치기'라는 게임에 관심을 가졌던 기억이 없다.

나는 문득 이와 비슷한 현상이 과학계 내에서 '곤충학자를 향한 평가절하와 축소 활용' 역시 일어나고 있지 않을까 하는 생각이 들었다. 생각해보라. 우리 모두에게는 의사가 된 고등학교 동창생이 있지만, 곤충학자가 된 동창생의 이름을 댈 수 있는가? 아마도 곤충학자가 된 동창생보다 연쇄살인범이 된 동창생을 가지고 있을 확률이 더 높을 것이다. 내 생각에는 아마 어린 소년 소녀의 성장기에 작고 기어다니는 동물과 함께 일하는 전문적인 직업에 대한 그들의 관심을 북돋울 만한 장난감을 제공받지 못한 게 원인이 아닌가 싶다.

그래서 나는 장난감 가게로 향했다. 장난감 제작자들이 곤충학적 취향을 가진 소비자를 공략대상으로 삼지 않는 게 아닌가 하는 내 의심은 곧바로 확인되었다. 일부 게임은 실제로 교육적 가치가 있는 듯 보였다. 미취학 아동을 대상으로 하는 유서 깊은 완구사 밀튼 브래들리의 게임인 쿠티Cootie('이'를 의미-옮긴이)를 살펴보자. 이 장난감은 '이'의 다양한 조각들(몸통, 머리, 안테나, 눈, 혀, 그리고 다리)을 조립해서 '이'를 만드는 것이다. 해부학적 관계들은 꽤나 정확하다. 완성된 '이'는 식별 가능한 세 개의 분명한 몸통 부분을 가지고 있으며, 세 쌍의 다리, 적절히 위치한 한 쌍의 안테나 그리고 '살점과 혈액'을 먹이로 하는 기생 곤충이 모두 그러하듯 멋지게 꼬인 긴 주둥이를 가지고 있다. 그런데 나는 왜 이 장난감이 곤충학 교육을 받도록 젊은이들을 유인하지 못 할 것이라 생각하게 되었을까? 나 원 참, 한마디로 그게 '이'니까 그렇지. 도대체 어느 집에서 다음과 같은 대화가 일상생활에서 오가겠는가?

  6살 배기 : 엄마, '이'가 뭐야?
  엄　　마 : 응, '이'는 우리 몸에 사는 기생충으로 옷 안에 살면서 네
           피를 빨아먹고 불쾌감을 주는 질병 매개 기생충이란다.
  6살 배기 : 와아아!

어쨌든 밀튼 브래들리는 현재 '자이언트 쿠티'를 팔고 있고, 어린이들은 더 커진 질병 매개 기생충을 조립할 수 있게 되었다. 마찬가지로 '바지 속의 개미Ants in the Pants'라는 이름의 게임에서는 '원반 튕기기' 형식으로 개미 16마리를 특대형 멜빵바지 속으로 몰아넣는 것이 목적이고, '빈대Bedbug'라는 제목의 게임은 잠옷을 입고 자고 있는 사람의 침대에서 뛰어다니는 빈대를 제거하는 내용으로 구성되어있다. 이러한 게임은 곤충에 대한 건강한 호기심을 자극하기보다는 불면증을 유발할 것처럼 보인다.

게임 디자이너에게 인기 있는 절지동물은 먹이를 향해 군침을 흘리는 흉포한 포식자다. 밀튼 브래들리는 '상대 거미들을 모두 거미줄로부터 떨궈버리거나 상대 거미의 그물에 먼저 도달하는 자'가

이기는 '스파이더 파이터 게임the Spider Fighter Game'을 만들었다. 이 게임의 포장 뒷면에는 어린 친구들에게 '당신 거미의 다리는 밀어 넣고 상대편 거미의 다리는 떼어버리세요! 그리고 적의 거미들을 쳐서 떨어뜨리세요!'라는 글이 실려있다. 이런 종류의 게임을 즐기는 아이들이 자라서 그들의 배우자를 들볶는 사람이 되지 않을까 우려된다. 또 다른 게임업체인 TSR는 황금 광산에서 보물을 찾는 게임인 '황금의 그물'을 시장에 내놓았다. 이 게임에는 황금을 찾기 위한 정복자들을 쫓아내려는 무서운 생물체 가운데 하나로 거대 거미가 등장하는데, 이 거미는 황금을 지키기 위해서라기보다는 한 줄기 빛도 들지 않지만 자신의 보금자리의 정적을 깨는 시끄러운 침입자들을 조용히 시키는 데 더 관심이 있다. 게임 상자에는 성미 급해 보이는 타란튤라 한 마리가 떡하니 버티고 있다. 동그란 거미줄에 매달려있는 타란튤라 한 마리. 그런데 실제 타란튤라는 절대로 공중에 거미줄을 치지 않는다.

    이 거미 게임들보다 더 지독한 것이 바퀴벌레 게임이다. 이제와서 하는 이야기지만, 내가 바퀴벌레의 대단한 팬은 아니다. 하지만 바퀴벌레에게도 밀튼 브래들리로부터 받는 것보다는 나은 대우를 받을 권리가 있다. 밀튼 브래들리는 '스플랫Splat'('철썩'의 의성어 표현)이란 제목의 '벌레 쥐어짜기 경주 게임'을 시장에 내놓았는데, 이는 두 마리의 벌레가 잡히기 전에 간식에 도달하는 사람이 이기는 게임이다. 선수들은 게임에 앞서 제공된 벌레 모양의 플라스틱 틀과 '색색의 찰흙'을 이용해서 자신만의 벌레를 만들어야 한다. 큰 손 모양의 물체도 함께 제공되는데, 운이 좋은 벌레라야 손가락 사이로 빠져나갈 수 있다. 대만의 이와야가 같은 맥락에서 만든 '바퀴벌레 왜코'는 약간 졸린 눈으로 바닥에 앙증맞게 웅크려있는 모양인데, 딱 필요한 만큼의 안테나와 날개를 가졌으며 보드라운 털로 덮여 마치 커다란 곤충처럼 보이는 장난감이다. 상자에는 왜코와 함께 긴 손잡이가 달린 플라스틱 망치가 함께 들어있다. 농담이 아니라, 이 게임의 목적은 이 망치로 왜코를 세게 내려쳐서 배터리로 움직이는 이 바퀴벌레가 가련하게 삐걱대는 소리를 내게 하고, 원을 그리며 미친 듯이 날뛰게 만드는 것이다. 이 장난감의 상자에는 하이쿠(俳句, 5·7·5의 3구 17자로 된 일본 특유의 짧은 시 - 옮긴이) 스타일로 게임을 설명하는 글이 적혀있다.

> 나는야 바퀴벌레 왜코, 제일
> 강한 바퀴벌레지 네가 내 머리를
> 나의 망치로 내려칠 때면 나는 비명을
> 지르며 도망칠 거야 하지만 난 돌아올 거야
> 내겐 용기가 있어, 내게 부족한 건 두뇌야!

이런 사실을 모르고 나는 당시 세 살배기였던 조카 아담에게 바퀴벌레 왜코를 선물했다. 동생의 말에 의하면 애 아빠가 게임 시범을 보이느라 왜코의 머리를 망치로 내리치는 순간 애가 울음을 터뜨렸다고 한다. 그리고 아담은 다시는 왜코를 가지고 놀지 않았다. 철

없는 제부는 자기 것으로 하나를 더 주문했지만 말이다.

    어린이용 게임에 등장하는 곤충들이 맡는 가장 덜 공격적인 역할은 먹잇감이다. 밀튼 브래들리에서 만든 개미처럼 생긴 플라스틱 모형 생물체를 게걸스럽게 먹어대는 '바보 알바트로스Motorized Looney Gooney Bird'나 '미스터 마우스의 개구리 밥 먹이기 게임The Feed the Frog Game'('달려들어 무는 개구리의 입 속으로 파리들을 튕겨 넣으세요. 그러면 눈은 가볍게 흔들리고 머리는 빙글빙글 돕니다' 라는 문구가 적혀있다 – 물론 장려할 만한 반응은 아니다) 등이 그 예이다. 타이코에서 내놓은 '메뚜기 잡기 점핑 메뚜기 게임'은 스프링이 장착된 메뚜기가 게임 판 위로 뛰어오르길 기다렸다가 포충망으로 잡아채는 게임이다.

    이러한 절지동물 장난감 황무지에서 유일하게 품위를 지키고 있는 게임, 감수성 예민한 어린이를 위한 교육에 전념해 나의 믿음을 다시 회복시켜준 게임은 영국 리즈의 왜딩턴즈 게임사에서 나온 작품이다. '바쁘다 바빠 뒝벌Bizzy, Bizzy Bumblebees'은 '벌이 춤추면 꽃가루가 터져나오는 경주 게임Bee-Boppin' Pollen Poppin' Race Game'이다(주목: 게임 제작자들은 단어의 끝에 오는 'g'를 꽤 많이 생략하는 듯 보인다; 앞서 소개한 메뚜기 잡기 점핑 메뚜기 게임Grabbin' Grasshoppers the Jumpin' Grasshopper Game이 진열된 선반 바로 옆에는 슈퍼찰흙으로 반짝이는 나비 만들기Superdough Sparklin' Butterfly Maker가 전시되어 있었다). 이 게임은 한 번에 4명까지 함께 즐길 수 있다. 선수들에게는 각자 벌집과 색색의 머리띠가 주어지는데, 이 머리띠에는 각각에 걸맞은 자석 뒝벌이 부착되어 있다. 이 게임은 머리에 부착된 자석 뒝벌을 이용하여 흔들리는 꽃 속에서 강철로 된 꽃가루 구슬을 모두 각자의 벌집으로 옮기는 것이다. 물론 가장 많은 꽃가루 구슬을 모은 사람이 승자가 된다.

이 게임은 여러 면에서 단연 특별하다. 첫째, 게임을 진행하는 과정에서 누구도 으깨지거나, 삼켜지거나, 조각조각 부서지지 않는다. 물론 누군가 구슬을 잃어버릴 수는 있지만 말이다. 두 번째로 게임의 목표가 건설적이다. 사용설명서 ('당신이 게임을 하기 전에 Bee-4 you play')를 살펴보면, 모든 선수들은 '뒝벌 선서'를 해야한다.

　　나는 나의 뒝벌로 다른 선수의 뒝벌을 때리지 않을 것을 맹세합니다.
　　나는 나의 뒝벌로 꽃을 내리치지 않을 것을 맹세합니다.
　　나는 다 큰 어른이 이 게임을 하는 것이 우스워 보인다고 너무 크게 웃지 않을 것을 맹세합니다.

역시 입에 담기 부끄러운 단어는 사용되지 않았다. 이 '뒝벌 선서'는 곤충학계에서 일하기 위해 필요한 최선의 준비가 아닐까 싶다. 변호사, 의사 그리고 경영자가 그들의 전문적인 업무 과정에서 공공의 웃음거리가 되는 경우는 극히 드물다. 하지만 타는 듯이 무더운 날 고가 고속도로에 불법 정차를 해놓고 거의 보이지도 않는 곤충을 쫓아 포충망을 휘둘러대면서 품위를 지키기란 정말 쉽지 않다. 그럴 땐 이렇게 얘기하면 된다.

"글쎄요 경관님, 다 큰 어른도 이런 게임을 할 때는 우스워 보일 수 있답니다."

정치판의 곤충들
P. C. insects

뉴욕 시에서 주의 동물로 비버를 준비하고 있을 때,
이미 6년 전에 주의 동물로 비버를 지명한
오레곤 주의 의원은 심술을 부리며 엠파이어 스테이트 빌딩과
가장 잘 어울리는 동물로 '바퀴벌레'를 제안하며
심술을 부린 적이 있다.

캘리포니아는 문화 혁신 측면에서 스스로 일궈낸 명성을 가지고 있다. 1929년에 미국에서 처음으로 곤충을 주의 상징으로 선정했다는 점도 이와 일맥상통하는 바가 있다. 1929년에 이미 꽃과 나무를 주의 상징으로 선정한다는 이야기는 시대에 뒤진 뉴스였으며, 워싱턴, 델라웨어, 오클라호마, 메인, 몬타나 그리고 네브라스카주에서는 20세기가 되기 이전에 이미 주의 꽃을 상징으로 선정한 상태였다. 주의 새 역시 1929년 무렵에는 꽤 일반적인 이야기가 되었다. 하지만 캘리포니아는 발상의 전환을 꾀한 덕분에 주의 개(체사피크베

이 리트리버, 메릴랜드 1964), 주의 음료(토마토 주스, 오하이오 1965), 주의 채소(칠리고추와 프리홀레, 뉴멕시코 1965), 주의 술(스카치 보넷, 노스캐롤라이나 1965), 주의 말(애팔루사, 아이다호 1975), 주의 스포츠(마상창시합, 메릴랜드 1962) 등이 생겨나기 수십 년 전에 주의 곤충을 제정했다. 사실 캘리포니아 주의 곤충은 주의 동물인 '캘리포니아 그리즐리곰'보다 20년 이상 앞선다. 그건 그렇고 주의 동물은 모두 포유류다. 정계에서는 곤충, 물고기, 새, 파충류, 양서류 그리고 그밖에 멸종된 것들은 '동물'로 간주하지 않는 모양이다.

주의 곤충에 대한 아이디어는 캘리포니아 로스엔젤레스의 '로어킨 곤충학회Lorquin Entomological Society'에서 나왔다. 학회의 구성원들은 그들의 고향을 '곤충학계에서 자신들의 연구 분야를 지역의 상징으로 기록한 최초의 주'로 만들기 위해 노력했다. 그들은 '그 주에 거주하며 곤충학에 관심이 있다고 알려진 모든 사람'에게 세 종의 나비를 뽑아서 투표용지에 적어 보냈다. 놀랍게도 88개의 투표용지가 되돌아왔으며 '캘리포니아 도그 헤드' 또는 '날아다니는 팬지꽃'이라고 불리는 흰나비과의 나비 *Zerene eurydice*가 네발나비과의 '캘리포니아 자매나비(*Heterochroa californica*, 11표 획득)'와 '로어킨 제독나비(*Basilarchia lorquini*, 0표 획득)'와의 경쟁에서 77표나 얻으며 압승을 거두었다. 로어킨 제독나비가 한 표도 받지 못했다는 사실은 이 종을 후보로 꼽은 사람조차 이 종을 선택하지 않았음을 시사한다.

이런 역사적인 선거가 있었지만, 시간이 흐르면서 유감스럽게도 곤충 정치학은 안 좋은 방향으로 변질되었다. 개인적으로 요즈음에는 어떤 종류의 선거를 막론하고 '도그 헤드' 혹은 '날아다니는 팬지'라 일컫는 것들이 이기는 사례는 찾아볼 수 없다. 주의 곤충은 더 이상 로어킨 곤충학회와 같이 막강한 영향력을 가진 집단에 의해 선정되지 않는다. 대신 주 전역에 거주하는 어린 학생들의 투표에 의해 결정된다. 현재까지 미국의 27개 주가 공식적인 주의 곤충을 가지고 있고, 2개 주는 절지동물을 주의 화석으로 지정하고 있다.

미국에만 적어도 3만여 종의 딱정벌레가 있음을 감안할 때, 통계적으로 여러 주가 주의 곤충으로 같은 종을 지정할 확률은 매우 낮다. 예를 들어, 7개의 주가 주의 음료로 '우유'를 선택했다는 사실은 전혀 놀랍지 않다. 왜냐하면, 사람들이 마실 수 있는 음료 중에 건전하고 중독성 없는 것이 그리 많지 않기 때문이다. 반면에 공식적인 주의 곤충을 갖는 27개 주 가운데 12곳은 주의 상징으로 외래종 '꿀벌'을 지정하고 있다(주의 곤충은 갖고 있지 않지만 속칭 '벌집 주 Beehive State'라고 불리는 유타까지 포함하면 13곳이다). 이 주들(아칸소, 조지아, 루이지애나, 메인, 미시시피, 미주리, 네브라스카, 뉴햄프셔, 뉴저지, 사우스다코타, 버몬트 그리고 위스콘신)은 지리적으로나 정치적으로 미국의 전역에 흩어져있다. 이 주들에 거주하는 투표권자들은 주의 곤충 이외에는 어떠한 사안에 대해서도 의견의 일치를 이루지 못하는 것 같다. 델라웨어, 메사추세츠, 뉴햄프셔, 오하이오 그리고 테네시 이렇게 다섯 곳은 '무당벌레'를 선택했다(테네시는 '반딧불이' 역시 주의 곤충으로 지명하고 있지만). 앞서 언급하지 않은 주들은 반딧불이(펜실베이니아와 테네시의 다른 반쪽), 황라사마귀(코네티컷), 볼티모어바둑

판무늬나비(메릴랜드), 잠자리(미시건), 제왕나비(일리노이) 그리고 오레곤호랑나비(오레곤)를 지명하고 있다. 내가 아는 바로는 1973년에 메릴랜드에 거주하는 진보적 성향의 사람들이 볼티모어바둑판무늬나비를 주의 곤충으로 선정하기 전까지만 해도 캘리포니아의 주의 곤충이 유일한 사례였다. 그 후로 3년 동안 저마다 자기 주를 대표하는 독특하고 유일한 상징으로 모두 꿀벌을 선택한 아칸소와 네브라스카, 뉴저지, 노스캐롤라이나 거주민의 행동과 비교해봤을 때 메릴랜드 사람들의 선택이 더욱 돋보인다.

곤충을 이용하여 주의 정신을 드러내고자 했던 발상은 불행하게도 이데올로기에 의해 본래의 의미를 잃은 것처럼 보인다. 주의 곤충의 종류 가운데 익충이 급증한 사실이 이를 단적으로 보여준다. 대체로 주의 꽃들은 유용성과는 상관이 없다. 만약 그렇지 않다면, 제비꽃이 아니라 콩이 일리노이를 대표하는 꽃이 되었을 것이다. 그러나 주의 곤충은 유용성에 초점이 맞춰져있다. 왜 오직 유용한 곤충만 정치판에서 인정을 받을까? 물론 정치판에서 어려움을 겪는 동물이 곤충만은 아니다. 1975년, 뉴욕 시에서 주의 동물로 비버를 준비하고 있을 때, 이미 6년 전에 주의 동물로 비버를 지명한 오레곤 주의 의원은 심술을 부리며 엠파이어 스테이트 빌딩과 가장 잘 어울리는 동물로 '바퀴벌레'를 제안한 바 있다. 또 1987년에는 주지사 짐 톰슨Jim Thomson이 털리 몬스터 *Tullimonstrum gregarium*를 일리노이 주의 화석으로 지정하려는 법안을 거부한 바 있다. 당시 그가 제시한 거부 이유는 '어린 학생들의 투표가 과거 러시아의 선거 방식을 닮았기 때문'이었다. 그 주지사가 걱정했던 부분은 일리노이에 퇴적된 석탄층을 통해서만 알려진 3억 년 된 해양동물인 툴리 몬스터에 대해 어린아이들이 '찬성' 혹은 '반대'의 두 가지 선택지 중 하나를 골라야했던 선거방식이었다. 1987년 9월 16일자 〈샴페인-어바나 뉴스 거제트〉는 주지사의 주장을 다음과 같이 인용했다. '여기엔 툴리 몬스터에 찬성인지 반대인지의 두 가지 답밖에 없습니다. 이것은 미국적이지 못한 방법입니다. 러시아에서 선거를 할 때나 쓰는 방법이지요. 여기는 러시아가 아니라 일리노이입니다.' 그러나 툴리 몬스터는 1989년 12월에 마침내 주의 화석으로 승인을 받았고, 톰슨은 3년 뒤 재선출마를 고사했다. 주지사 톰슨이 앞으로 어떤 명목으로든 다시 후보자로 나서게 될 지는 두고 볼 일이다.

대부분의 미국인이 자신의 거주지를 대표할 종으로 유용한 곤충에 압도적인 표를 던지는 현상을 곤충학에 밝은 유권자들이 어찌해 볼 도리가 없는 일이다. 예를 들어 1985년에 위스콘신 주의 곤충을 놓고 벌어진 토론에서는 비록 낙선하긴 했지만, 모기가 수중 먹이사슬의 중요한 고리 역할을 한다는 이유로 후보로 뽑힌 적도 있다. 뉴욕 주에서는 곤충을 둘러싸고 긴 공방이 벌어지기도 했는데 게걸스럽게 진디를 먹어대는 무당벌레보다는 부전나비과의 카너푸른나비 *Lycaeides melissa samuelis*와 같은 멸종위기 종이 주의 자연 자원의 상징으로 적합하다고 주장하는 자연보호론자의 말로도 의원들을 설득하지 못했다. 그리고 1992년에 오클라호마에서 열린 주 의회에서는 한 정치인이 주의 곤충으로 진드기를 제안하면서 '꿀벌 지지자'들과 정면승부를 벌이기도 했다. 진드기가 곤충이 아니라 거미류인 것을 감안했을 때, 그의 식견이 경탄할 정도는 아니지만 그 논리만큼은 흠잡을 데가 없었다. '공식적인 주의 꽃인 겨우살이와 공통점이 있다면서 진드기 쪽에 힘을 실어주었다. 공통점이라면 둘 다 기생생물이라는 것?'이라면서 상원의원인 루이스 롱Lewis Long은 진드기를 지지했다고 〈시카고트리뷴〉이 보도했다. 하지만 벌 지지자들의 선봉장이자 애초에 법안을 제안했던 상원의원 길머 캡스Gilmer Capps가 월등히 우세했으며, 결국 만장일치로 꿀벌 법안이 통과되었다. 그 결과는 롱 상원의원조차 자기 자신이 낸 후보를 지지할 뜻이 없었음을 의미한다.

곤충이 그동안 사회적으로 좋은 평판을 누리지 못한 것은 사실이다. 하지만 그렇다고 해서 오늘날의 정치인들이 그들에게 돌을 던질 입장은 아니다. 줄 대기, 자기 선거구 이익 챙기기, 성희롱, 불법 선거 자금 그리고 그밖에 다른 모든 점들로 미루어보아 주의 곤충 다음 후보자는 '무척추 정치인'이 될 가능성이 높다.

장외거래 곤충
Over-the-counter insects

꿀벌은 부종, 벌레 물린 데, 피부 질환에 효능이 있고,
동양바퀴벌레는 기침에 좋다고 알려져있다.
청가뢰는 화상과 인후염에,
큰말벌은 메스꺼움과 화상 발진에 처방된다.

나는 대단한 스포츠 팬도 아닐뿐더러 특히 여성용 트랙이나 필드 경기 등에는 단 한 번도 매료된 적이 없다. 이는 의심의 여지없이 고등학교 시절 꼴찌로 돌아오는 사람 4명에게 낙제점을 주겠다며 운동장부터 학교 건물을 한 바퀴 돌게 했던 가학적인 체육 선생님이 내게 남겨준 유산이다.

그런데 1993년 중국에서 개최된 제7회 국가경기에서 쏟아져나온 논쟁은 나의 호기심을 자극했다. 상황을 요약하자면 다음과 같다. 9월 11일 토요일, 불과 3일 전에 팀 동료인 왕 쥔시아Wang Junxia가 여자 1만 미터 달리기에서 42초나 단축시킨 세계신기록을 작성한 데

이어 취 쉰시아Qu Xunxia도 여자 1,500미터 달리기에서도 기존 세계 기록을 2초 이상 단축시켰다. 비평가들은 즉각적으로 이 팀이 경기력 향상에 도움이 되는 약물을 복용한 것이 아닌지 추궁했다. 이에 팀의 코치인 마 쭌뢴Ma Zunren은 기자회견을 통해 자신의 팀을 변호했다. 한 신문기사에 따르면, 그가 밝은 갈색 상자를 들어올려 청중과 열띤 카메라 경쟁을 벌이고 있는 취재진을 향해 자신들의 성공 비결은 '동충하초caterpillar fungus'로 만든 강장제라고 밝혔다고 한다.

이런 종류의 스포츠 뉴스야말로 내 관심분야다. 사실 나는 중국의 약용 곤충을 직접 체험한(엄밀히 말해, 구입한) 경험이 있다. 중국 약용 곤충과 첫 번째 만남은 내 신혼여행이기도 했던 캐나다 밴쿠버에서 열린 제10회 국제곤충학회에서였다. 국제곤충학회에서 발표를 두 차례나 하는 것이 모두가 꿈꾸는 로맨틱한 신혼여행 코스는 아닐지도 모른다. 하지만 당시에는 그것도 꽤 괜찮은 것처럼 느껴졌다. 학회 일정 중 여유 시간이 생겨서 남편 리처드와 함께 밴쿠버의 차이나타운을 배회하다가 우연히 중국 차 상점을 발견했다. 그리고 창문 안쪽을 들여다보다가 잘 보이게 진열되어있던 매미의 외골격이 가득 들어있는 단지를 발견했다. 우리는 상점으로 들어갔고 영어를 못하는 상점주인에게 관심사를 전달하기 위해 온갖 몸짓과 손짓을 한 끝에 겨우 그 단지를 사서 의기양양하게 발걸음을 돌려나왔다.

이듬해 호놀룰루로의 쇼핑 원정은 그리 성공적이지 않았다. 환태평양 화학학술대회 중간에 차이나타운으로 향했고, 곧바로 중국 차 상점을 찾았다. 하지만 이번에는 창가 어디에도 매미는 없었고, 밴쿠버에서처럼 단순히 손가락으로 가리키는 대신 영어를 못하는 상점 주인에게 곤충을 찾고 있다고 설명해야했다. 셀 수없이 많은 몸짓, 날아다니는 동작과 윙윙대는 소리 끝에 주인은 우리가 무엇을 찾고 있는지 겨우 이해했고(창가에 말린 도마뱀을 전시해둔 자신은 생각지도 않고), 마치 미친 사람을 보듯 우리를 빤히 쳐다보더니 길 건너 가게로 가보라는 몸짓을 했다. 그가 경쟁 상점에 미리 전화를 걸어 우리에 대해 경고를 했는지 알 길은 없지만, 오히려 두 번째 가게에서 더 큰 어려움을 겪었다. 종이에 조잡한 곤충 그림을 그릴 때까지 주인은 그저 멍하니 우리를 쳐다보았다. 그런데 가게 주인이 그림을 보더니 공포에 질려 우리를 바라보았고, 안 좋은 내용이라 짐작되는 중국어로 소리를 지르며 우리를 문 밖으로 거칠게 밀쳐냈다. 길가에 내몰린 채 잠시 멍하니 서있었다. 고심 끝에 남편 리처드는 그 주인이 아마도 우리를 바퀴벌레를 번식시킨 죄목으로 그를 고발하러 온 보건부 직원으로 오해한 것 같다고 말했다. 결국 매미 외골격이나 동충하초는 구경도 못 해보고 호놀룰루를 떠났다. 리처드는 운 좋게도 호텔 옆에 있는 선물가게에서 뱀장어 가죽으로 된 괜찮은 지갑을 몇 개 건졌지만 말이다.

어느 날 우편함에서 '공인 동종요법Standard Homeopathic'이라는 회사로부터 온 카탈로그를 꺼내보기까지 내 '곤충 의약품 구입하기'는 답보 상태에 머물렀다. 덧붙여 말하자면 이 회사는 캘리포니아 주의 로스엔젤레스에 있는 회사였다. 달리 어디겠는가? 아마도 몹시 별스러우면서 별 도움은 안 되는 우편 수취자 명단 여러 곳에 이름이 올라있어 이런 카탈로그를 받은 게 아닌가 싶다. 나는 같은 사람에게 〈베지테리언타임즈〉(채식주의자들을 위한 잡지)와 〈오마하 스테이크스 인터내셔널〉(고급 스테이크 배달업체) 카탈로그를 배달하는 집배원이 무슨 생각을 할지 이따금씩 궁금해진다.

  동봉된 팜플렛에 따르면 동종요법의학은 19세기 초 독일의 새뮤얼 하네만Samuel Hahnemann에 의해 개발된 치료법이다. 이것은 '독은 독으로 치료하라'는 고대의 정설에 기반을 둔 치료법이다. 간단히 말해서 이것은 다량으로 사용할 경우 인간에게 질병을 유발하는 물질도 아주 적은 소량으로 투여하면 같은 질병에 대해 치료제로 작용할 수 있다는 개념이다. 좀 더 간단히 말해서, 카탈로그에 소개된 약제의 대부분이 식물 성분이었는데 식물에서 적절한 예를 찾자면, 마전자(인도산 상록 교목인 마전의 유독성 종자를 말하며 약용으로 쓰인다−옮긴이)의 사용을 들 수 있겠다. '독 열매'라고도 불리는 마전자는 사치스러운 생활과 과식 그리고 과도한 약물 사용으로 인한 위장 질환에 효과적이며 설사를 그치게 하는 효과가 있다. 대다수가 식물성이었지만 그 중에 눈에 익은 이름도 보였다. 그 중에서 꿀벌(*Apis mellifica*, 곤충학자들은 *Apis mellifera*라고 쓰므로 완전한 것은 아니지만 거의 눈에 익은 이름이라고 할 수 있겠다)은 부종, 벌레 물린 데, 피부 질환에 효능이 있고, 동양바퀴벌레 *Blatta orientalis*는 기침에 좋다고 알려져 있다. 청가뢰 *Cantharis*는 화상과 인후염에, 큰말벌 *Vespa crabro*은 메스꺼움과 화상 발진에 처방된다. 나는 하와이처럼 먼 곳까지 불편하게 여행하지 않아도 될 뿐만 아니라 그 모든 야단법석을 겪지 않고 내

집 거실에 편안하게 앉아 곤충 의약품을 주문할 수 있다는 생각에 완전히 매료되었다.

하지만 이 상품들을 주문하는 일도 차 상점의 중국인 주인과 대화하는 것만큼이나 어려웠다. 이 약들은 드링크, 알약, 환약 등의 형태로 만들어졌으며 저마다 다양한 효능을 갖고 있었다. 예를 들어, 꿀벌은 3가지 형태로 제공된다. 이 치료약들은 또한 3X(1,000분의 1 희석액)부터 30X(1,000,000,000,000,000,000,000,000,000분의 1 희석액)에 걸쳐 넓은 범위 안에서 다양한 효능을 갖고 있었다. 나는 그냥 눈을 감고 손이 가는대로 주문서를 작성했다. 80달러를 지불하고 6~7주가 지났을 무렵, 집배원의 이상한 눈초리와 함께 곤충 약들을 전해 받았다.

주문 내역 대부분이 잘 도착했지만 아쉽게도 '씨맥스Cimex'는 재고가 없었고, '칸타리스Cantharis'는 처방전이 있어야만 구입이 가능했다. 나는 아직 이 동종요법 약들을 먹어보지 않았고 앞으로도 먹을 생각은 없다. 아마 다시는 이것들을 주문하지도 않을 것이다. 실은 만약 이 동종요법 곤충 약들이 필요하다면, 이것들 중 몇몇은 구할 수 있는 가까운 곳을 이미 알고 있다. 건강식품 코너가 함께 있는 동네 슈퍼에 가면 다양한 동종요법 치료약이 잔뜩 쌓여있는데, 그 중 '벼룩 퇴치flea relief'라는 이름의 상품은 양봉꿀벌 3X와 사람벼룩 *Pulex irritans* 12X를 담고 있다. 이 약제는 닥터 굿펫 연구소Dr. Goodpet Laboratories에서 개발한 것으로 역시 캘리포니아에 있다. 달리 어디에 있겠는가.

다른 건 둘째 치고 칸타리스를 받아보지 못해 아쉬웠다. 어찌됐건 이것이야말로 약리학 실험으로 입증할 수 있는 곤충 약제였기 때문이다. 곤충학자들은 이를 청가뢰*Lytta vesicatoria*로 알고 있지만 칸타리스('가뢰'를 약학에서 일컫는 명칭-옮긴이)는 스페인파리Spanishfly로 더 잘 알려져있다. 이는 아마도 전세계적으로 가장 널리 남용되는 최음제일 것이다. 관절에서 독성을 지닌 기름 성분의 체액을 내는 습성 때문에 총칭하여 '기름 딱정벌레'라고 불리는 다른 가뢰 종들과 마찬가지로 청가뢰 역시 강력한 방어 분비물을 만들어내는데, 이 종의 경우는 무수테르펜 칸타리딘을 함유하고 있다. 칸타리딘Cantharidin은 강력한 발포제 즉, 물집이 잡히게 하는 약제이자 체내 점막 자극제다. 따라서 칸타리딘은 복용할 경우, 개인의 체질에 따라 반가운 자극 혹은 달갑지 않은 고통 등의 극단적인 생리적 현상을 유발한다. 하지만 칸타리딘을 최음제로 사용하는 것은 매우 위험하다. 왜냐하면 독성이 매우 강해서 30밀리그램의 극소량으로도 죽음에 이르게 할 수 있기 때문이다. 실제로 1772년에 악명 높은 사드 후작은 예닐곱 명의 매춘부에게 알리지 않고 청가뢰를 투여하여 중독되게 한 혐의로 기소되기도 했다. 그래서 인간에게 발기부전 치료를 목적으로 청가뢰나 칸타리딘을 투여하는 것은 19세기부터 법으로 금지되어 왔다. 피부에 난 사마귀에 대해선 아직도 관례처럼 처방되긴 하지만 말이다.

그건 그렇고, 어쩌면 나에게 청가뢰를 손에 넣을 수 있는 기회가 찾아올지도 모르겠다. 집배원이 남편 앞으로 배송된 '레저타임 프로덕트'라는 회사의 제품 카탈로그를 두고 갔다(놀랍게도 이 회사는 캘리포니아가 아니라 인디애나 주 개리에 있다). 그 책의 표지에 무슨 그림이 있는지 그리고 대부분의 지면이 무슨 내용으로 채워져있는지 말해줄 수 없지만, '섹시한'이라는 단어가 지나치게 많이 눈에 띄었다는 사실만 밝혀두겠다. 나는 남편에게 어떻게 이 카탈로그를 받게 되었는지 추궁했고, 그는 어깨를 으쓱하더니 결백하다는 표정으로 말했다. "스팸 메일이지, 뭐. 당신도 알잖아." 또 한 가지 말해줄 수 있는 건 47쪽에 '스페인파리'라는 제품의 광고가 있었다는 사실이다. 사람에게 투여할 목적으로 청가뢰를 장외 거래하는 것이 법으로 엄격하게 금지되어 있는 마당에 이것이 대체 무엇인지 궁금해하지 않을 수 없었다. 실은 이 카탈로그에 담긴 다른 많은 상품도 합법적으로 보이지는 않았다.

그저 단순히 과학적 호기심 차원에서 이 물건을 주문하고 싶지만 여러 가지로 망설여진다. 한 가지 이유는 우리 집을 담당하는 집배원이 내가 '레저타임 프로덕트'에서 무엇인가를 주문했다는 사실을 알면 뭐라고 생각할까 염려되기 때문이고, 두 번째 이유는 그런 불법적인 약제 한 병을 사기 위해 12.95달러나 지불해야하나 하는 의구심 때문이다. 하지만 무엇보다 내가 결정을 내리지 못하는 중요한 이유는 15가지 맛 중에 어떤 걸 골라야 할지 도무지 모르겠다는 거다.

바퀴 동영상과 단편 영화들
Roach clips and other short subjects

22세기가 되면 5년마다 300편 이상의
바퀴벌레 영화가 만들어질 것으로 예상된다.
조금 다르게 생각해보면 매년 60편의 바퀴벌레 영화,
혹은 매달 5편의 바퀴벌레 영화,
매주 한 편 이상의 바퀴벌레 영화가 제작된다는 말이다.

다른 많은 사람과 달리 나는 컴퓨터를 오락 기계로 보지 않는다. 컴퓨터는 끊임없이 터무니없는 요구를 하며, 자판 위에 손가락 걸칠 힘조차 남지 않을 때까지 나를 괴롭히는 폭군이다. 중력이나 마찰력 같은 물리학 법칙이 규정하는 대로 내 책상 위에 쌓을 수 있는 종이의 양은 한정되어있는 반면, 컴퓨터는 무한한 용량을 갖고 있는 듯 보인다. 심지어 전원이 꺼지고 텅 빈 검은 화면인 상태에서도 의무를 다하지 못한 나의 무능력을 일깨워준다. 보내지 못한 이메일 답장, 편지, 논문 심사 그리고 검토하지 못한 책의 단락들을 이 책을 읽고 있는 사람들 중 적어도 30퍼센트의 사람들에게 빚지고 있다.

굳이 설명하지 않아도 내가 이 정보의 고속도로를 일상처럼 내달리지 않는다는 사실쯤은 짐작할 수 있을 것이다. 내가 웹을 둘러보는 경우는 거의 대부분 일과 관련되었을 때다. 분명 웹에는 곤충과 관련한 정보가 차고 넘친다. 유명한 검색 엔진을 이용해서 '곤충'을 검색하면 대략 30만 개의 검색결과를 한 아름 안게 된다. 또 다른 고백을 하나 하자면, 나는 이러한 정보들을 책이 아니라 바이트 형태로 다루는 데 익숙하지 않다. 책은 예측이 가능하다. 만약 당신이 5년 전에 도서관에서 책을 한 권 찾았다면, 밴덜리즘(Vandalism, 다른 문화나 종교, 예술 등을 무지로 인해, 혹은 고의적으로 훼손하고 파괴하는 행위)과 예산 삭감이 없을 경우, 그 책은 여전히 예전 그 자리에 꽂혀있을 확률이 높다. 반면 웹에서는 어떤 것도 제자리에 오래 머물지 않는다. 웹에서 정보를 찾는 것은 도심 아파트에서 바퀴벌레를 찾는 것과 상당히 유사하다. 그것들이 거기 있다는 것을 알고 있어도 그것을 찾는 데 꽤 오랜 시간이 걸리지만, 찾고 나면 당신의 예상보다 더 많은 것을 찾게 되니 말이다.

그리고 보면 바퀴벌레와 인터넷이 닮았는 사실도 그리 놀라운 일이 아니다. 검색 엔진인 알타비스타Alta Vista에서 '바퀴벌레'에 대한 질문을 던지면 약 3만 개의 검색결과를 볼 수 있다. 그중에서도 돋보이는 '바퀴벌레 세상'이라는 사이트는 스스로를 '가장 구역질 나는 사이트'라고 칭하며 강심장을 위한 비디오와 소리 파일 등을 제공한다. '애완용 바퀴벌레 돌보기'라는 이름의 사이트는 가정에서 애완 바퀴벌레에게 잠자리를 마련해주고 먹이 주는 방법을 알려준다. 당신이 바퀴벌레를 정말 좋아하는게 아니라면, 오스트레일리아 시드니에 있는 졸리 스왜그먼 유스호스텔을 왜 피해야 하는지도 알 수 있고, 당신 스스로 완전한 바퀴벌레 관리 프로그램을 기획해볼 수도 있다. 게다가 유대인을 위한 면역 및 호흡기의학 국가센터로부터는 바퀴벌레 알레르기에 대한 전문가적 소견을 얻을 수도 있다. 당신이 원한다면 몬티 파이손이 정리한 바퀴벌레에 대한 모든 참고문헌도 찾아볼 수도 있다.

하지만 애초에 나를 인터넷으로 이끌었던 홈페이지는 〈조의 아파트〉였다. 〈조의 아파트〉는 동명의 영화를 홍보하기 위한 홈페이지다. 이 영화는 락 비디오, 비비스와 버트헤드(Beavis and Butthead, 90년대 MTV에서 큰 인기를 끈 마이크 저지의 만화. 미국의 사회문화를 날카롭게 풍자한 것으로 유명하다—옮긴이) 그리고 청소년들의 주의집중 시간을 3분으로 줄이는 데 기여한 것으로 유명한 MTV에서 제작한 최초의 장편영화다. 〈조의 아파트〉는 1992년에 TV에서 첫 방영된 같은 이름의 단편 시리즈의 확장판인데, 아이오와 출신의 한 남자가 뉴욕으로 건너와 그 큰 도시에서 만날 수 있는 유일한 친구라고는 자신의 집에 들끓는 바퀴벌레뿐임을 알게 되는 이야기다. 여기에 등장하는 바퀴벌레들은 당신이 알고 있는 평범한 바퀴벌레와 다르다. 뉴욕 바퀴벌레라는 설정에서 예상되는 대로 입이 거칠고, 노래, 브레이크 댄스, 수중발레의 기본 동작을 구사하며, 그밖에 여섯 개의 다리로 할 수 있는 갖가지 재주들을 선보인다. 미국 자연사박물관의

레이 멘데즈 씨가 돌본 5,000마리의 살아있는 바퀴벌레가 영화 촬영에 쓰이긴 했지만, 좀 더 복잡한 장면은 인형 조작과 애니메이션의 힘을 빌어 완성되었다.

그러나 이 홈페이지에서 〈조의 아파트〉의 제작 과정에 관한 정보는 찾을 수 없었다. MTV는 영화를 홍보하기 위해 30분 분량의 프로그램을 두세 편 정도 방송했는데, 그중 하나는 '〈조의 아파트〉 제작일기'이고, 다른 하나는 영화의 장면들, 주연 배우와 특수효과 팀과의 인터뷰, 바퀴벌레를 소재로 한 다른 영화의 주요 장면으로 채워진 '바퀴벌레 없는 MTV'다. 특히 이 프로그램의 후반부는 오랫동안 영화 속 곤충에 관심을 가져온 나의 흥미를 자극했다. 하지만 이 프로그램에서도 영화 속의 바퀴벌레나 〈조의 아파트〉 이전에 등장했던 선배 바퀴벌레들까지 공평하게 조명하진 못했다.

사실 바퀴벌레를 소재로 한 첫 번째 영화 역시 만화였다. 1971년에 개봉한 〈쉰본 앨리Shinbone alley〉는 바퀴벌레가 등장하는 만화다. 돈 마르퀴즈Don Marquis가 1927년에 발간한 시집에 기초한 이 영화는 강물에 몸을 던져 자살을 시도하지만, 영혼이 바퀴벌레 아치로 윤회하여 밤마다 신문기자의 사무실에 몰래 들어가 타자기로 시를 치는 한 시인의 이야기다. 그의 이름과 시는 모두 소문자로만 표현됐는데 그도 그럴 것이 바퀴벌레로서 그는 알파벳 키와 시프트 키를 동시에 칠 수 없었기 때문이다. 영화는 그의 모험, 도둑 고양이와의 우정, 곤충의 관점에서의 그의 철학적 묵상에 대해 자세히 이야기하고 있다. 놀라운 일은 아니지만, 이 영화는 비평가들로부터 호평을 받지 못했다. 〈뉴욕타임즈〉의 빈센트 캔비는 이 영화를 '다소 평범하다'라고 평했다. 관객들 역시 이 영화에 큰 관심을 기울이지 않았다. 몇 년 전 이 곳 일리노이대학에서 개최된 곤충 공포영화제에서 우리가 이 영화를 상영했을 때, 세 번째 필름을 채 걸기도 전에 화가 난 관중들이 '죽어라, 아치, 죽어!'를 외쳤던 기억이 난다.

그러나 지난 25년 동안 상황은 확실히 많이 변했다. 바퀴벌레들이 영화 속에서 그 어느 때보다 두드러지게 활약하고 있다는 사실 한 가지만 보더라도 말이다. 실제로 그들에 관한 영화의 제작 편수가 얼마나 빨리 불어나는지를 알면 불안해지기까지 한다. 1971년부터 1980년까지 발표된 영화 중에 바퀴벌레가 중추적인 역할을 맡은 영화는 단 두 편뿐이었다. 1975년에 제작된 〈버그Bug〉는 지진 후에 지구 내층으로부터 쏟아져나온 다혈질의 거대 식육 바퀴를 다루고 있고, 1977년 〈파멸의 뒷길〉은 다혈질은 아니지만 거대한 식육 바퀴에 의해 지배당한 종말 이후의 세계를 그리고 있다. 1980년대 초반에는 선택의 폭이 더 좁아졌다. 유일한 후보이기도 한 1982년작 〈크립쇼Creepshow〉는 극 전체의 3분의 1이나 되는 시간을 바퀴벌레에 사로잡힌 부유한 뉴요커를 연기한 배우 마샬E.G. Marshall을 그리는 데 할애하고 있다. 1980년대 후반 들어 상황이 나아지며 〈더 네스트the Nest〉(1987), 〈바퀴벌레들의 황혼Twilight of the Cockroaches〉(1987), 〈나이트메어 IV Nightmare on Elm Street IV〉(1988), 〈블루 멍키Blue Monkey〉(1988), 〈딥 스페이스Deep Space〉(1989), 그리고 〈애플게이트를 열어라Meet the Applegates〉(1989) 등의 영화들이 우후죽순처럼 등장했다.

이 영화들은 모두 바퀴벌레 혹은 헐리우드 방식으로 만들어진 바퀴벌레가 극의 흐름에 중요한 역할을 해내는 장편 영화들이다. 그 후 90년대에 들어서면서 상황은 걷잡을 수 없이 커진다. 장편 영화들〔⟨퍼시픽 하이츠Pacific Heights⟩(1990), ⟨네이키드 런치Naked Lunch⟩(1991), ⟨조의 아파트Joe's Apartment⟩(1996)〕, 만화 혹은 단편 영화들〔⟨주크 바Juke Bar⟩(1990), ⟨조의 아파트Joe's Apartment⟩(1992)〕과 더불어 바퀴벌레들은 이제 뮤직비디오에까지 빈번히 얼굴을 비추기 시작했다. 예를 들면, 바퀴벌레를 잔뜩 담고 있는 EMF의 '거짓말Lies'(1991), 줄리아나 해트필드Juliana Hatfield의 '나는 네가 보여I See You'(1992), 매튜 스위트Matthew Sweet의 '타임캡슐Time Capsule'(1992), 사운드가든Soundgarden의 '블랙홀 태양Black Hole Sun'(1994), 그리고 나인-인치-네일즈Nine-Inch-Nails의 '클로저Closer'(1994) 등이 있다.

곤충학자인 내게 이러한 상승패턴은 상당히 친숙하다. 일반 생태학을 수강하는 학생이라면, 지수증가 곡선이 환경적 제약이 없는 상황에서 개체군 증가 양상을 나타내는 도표와 유사하다는 사실을 발견할 수 있을 것이다. 실제로 만약 5년 단위로 증가하는 시간을 X축으로 두고 좌표 위에 바퀴벌레 관련 영화의 편수를 점으로 나타내면 결과적으로 이 두 항목의 상관관계는 $y=1981-1.58x+0.41x^2$라는 2차 회귀방정식으로 나타낼 수 있다. 현재의 증가 양상이 지속된다고 가정할 때, 이 곡선은 미래의 특정 시간대에 존재할 것으로 예상되는 바퀴벌레 관련 영화의 편수를 예측하는 데 이용할 수 있다. 만약 이 계산이 맞는다면, 22세기가 되면 5년마다 300편 이상의 바퀴벌레 영화가 만들어질 것으로 예상된다. 조금 다르게 생각해보면 매년 60편의 바퀴벌레 영화, 다시 말해 매주 한 편 이상의 바퀴벌레 영화가 제작된다는 말이다.

그렇게 많은 수의 영화가 바퀴벌레를 주목한다면, 다른 종류의 영화는 만들 시간이 없을 것이다. 헐리우드는 아마 바퀴벌레를 갈망하는 대중은 말할 것도 없거니와, 영화 제작자와 감독의 수요를 충당하기 위해 바퀴벌레를 먹이고 보살피는 일에 매진해야할 지도 모르겠다. 또 케이블 채널 '24시간-바퀴벌레' 같은 것이 생겨날지도 모른다. 이런 상황이 곤충학자에게는 더 많은 일자리를 의미할지도 모른다. 하지만 종합적으로 생각해봤을 때, 실현 가망성이 없는 미래의 모습이다. 누군가는 언젠가 바퀴벌레가 세상을 정복하는 날이 올 것이라고 이야기하지만, 나는 항상 그것이 돌비 사운드나 테크니컬러가 아니라 핵폭발이나 방사능 오염 같은 재앙 때문일 확률이 더 높다고 생각한다.

배드 모조
Got my mojo workin´ (badly)

아담은 곤충학자인 내가 그 게임에 대해 들어보지도
못했다는 사실에 놀랐으며, 박사학위까지 받았음에도
내가 그에게 게임을 깰 수 있는 비법을
알려줄 수 없다는 사실에 실망한 듯 했다.

나는 결코 게임을 즐기는 사람이 아니다. 게임에 대한 나의 이러한 무관심은 내가 지나치게 성실한 탓이라고 믿고 싶지만, 내 어린 시절 내내 오빠인 앨런을 모노폴리를 비롯한 다른 어떤 보드 게임으로도 이겨본 적이 없다는 사실에 기인한 결과일 확률이 높다. 하지만 적어도 12명이 넘는 사람들이 내게 새로 나온 컴퓨터 게임 '배드 모조Bad Mojo'에 대해 들어보았는지 물어오자, 어린 시절의 정신적 충격에도 불구하고 그것에 대해 조사해봐야겠다는 직업적인 의무감을 느꼈다.

당시 나는 곤충 컴퓨터 게임에 전혀 문외한은 아니었다. 1993년

1월에 여동생 가족을 방문했을 때 6살배기였던 조카 아담이 '배틀 벅스Battle Bugs'라는 게임에서 너무나 민첩하게 길을 헤쳐나가는 모습을 보면서 경외심을 갖기도 했다. 이 게임은 곤충과 문어가 출현한다는 것만 빼고는 기본적인 컴퓨터 전투 게임이다. 참가자들은 부엌 싱크대 위 혹은 피크닉 테이블 위 등의 전장에서 상대와 맞닥뜨렸을 때 '모래 폭풍'이라는 이름처럼 화려한 전투를 벌이게 된다. 아담은 곤충학자인 내가 그 게임에 대해 들어보지도 못했다는 사실에 놀랐으며, 박사학위까지 받았음에도 내가 그에게 게임을 깰 수 있는 비법을 알려줄 수 없다는 사실에 실망한 듯 했다. 말할 것도 없이 그날 아담에게 메이 이모의 주가는 몇 포인트 떨어졌다. 하지만 조카에게 실망감을 안겨줬다는 치욕도 내가 그 게임을 시도하게 만들지는 못했다. 역시 뿌리 깊은 반감은 극복하기 어려운가 보다.

하지만 때로 직업적 사명감 때문에 개인적인 취향은 잠시 접어두어야 하는 순간이 찾아오기도 하며, 나도 결국에는 어떤 곤충 컴퓨터 게임이 있나 살펴보기 위해 동네 CD-ROM 할인점을 찾을 수밖에 없었다. 내가 곤충 게임의 세계에 잠시 발을 디뎠던 예전과 비교해봤을 때 다른 점이 몇 가지 곧바로 드러났다. 첫째로 곤충 관련한 컴퓨터 게임은 전통적인 보드 게임이나 박스 게임에 비해 훨씬 더 비쌌다. 한 시간도 안 돼 식료품점 종이 가방보다도 작은 가방에 게임을 채우고 182달러가 넘는 돈을 지불했다(여기가 분명 할인점이었음을 기억하자). 또 이 게임들은 어떤 보드 게임보다도 훨씬 많은 것을 요구했다. 예를 들어, 밀튼 브래들리의 '쿠티Cootie'(정가 6.49달러)를 가지고 게임을 할 때는, 그저 탁자나 바닥만 있으면 된다. 그 외에 필요한 것들은 모두 상자 안에 들어있었으니까. 반면 헤드본 인터렉티브의 '엘로이 고우즈 버그저크Elroy Goes Bugzerk'는 33MHz의 프로세서와 8비트 컬러 모니터 그리고 2배속 CD-ROM드라이브가 필요하다.

'호환성'이라는 또 다른 문제도 있다. 쿠티는 당신의 탁자가 오크인지, 단풍나무 재질인지 혹은 당신의 카펫이 노란색인지, 베이지 색인지에 개의치 않는다. 30달러를 들여 '버그Bug'라는 게임을 사고 나서야 고성능 컴퓨터에서만 지원되는 게임이라는 사실을 발견했다. 2,000달러를 더 써야한다는 얘기다. 다행스럽게도 '배드 모조'는 내가 가진 컴퓨터로도 할 수 있었다. 두 차례나 컴퓨터가 다운되는 시행착오를 겪은 후에야 게임을 설치했다.

이쯤 되자 컴퓨터 게임과 전통적인 게임 간의 차이가 더욱 극명해졌다. 솔직히 나는 정말 그 게임을 즐기려 노력했다. 하지만 주사위, 플라스틱 게임 조각들과 함께 상자에 포장되어있던 게임보다 컴퓨터 게임에 대한 반감이 훨씬 심했다. 게다가 내가 싫어할 만한 몇 가지 새로운 점도 있었다(업데이트된 단점들이라고나 할까). 예를 들어, 유난히 멀미를 잘하는 내게 컴퓨터 스크린을 가로질러 휙휙 날아다니는 이미지는 프로펠러 항공기를 타는 것만큼이나 멀미를 유발한다는 사실을 깨달았다. 말할 것도 없이 게임에 대한 열의는 감쪽같이 사라졌다.

그 복잡성에 대해서도 나는 완전히 무방비상태였다. '쿠티' 게임을 어떻게 하는지 알기 위해서는 상자 겉면에 (알맞게 큰 글자로 인쇄되어 있는) '게임의 목적', '쿠티 하기', '이기는 법' 등의 제목이 붙은 안내문을 읽으면 됐다. 당신이 알아야 하는 거의 모든 것이 거기 적혀있으며, 무료 안내 전화에 간절히 매달릴 필요도 없었다. '배드 모조'에 관해서는 14쪽 분량의 삽화가 들어간 작은 책자를 통해 몇 가지 모호한 힌트를 얻을 수 있다. '이 따끈따끈한 최신 게임을 정복하기 위해 당신이 알아야 할 모든 힌트와 수법과 전략들!'이 포함된 《배드 모조 공식 경기 지침서》에 19.99달러를 투자하고 싶다면 그렇게 해도 되지만, 그렇지 않다면 그 후로는 당신 스스로 헤쳐나가야한다.

아무래도 '배드 모조'의 개념을 먼저 설명해야 할 것 같다. 기본적으로 이 게임은 살충제 개발의 경험을 갖고 있는 곤충학자인 로저 샘즈Roger Samms가 등장하는 롤플레잉 게임이다. 게임의 도입부에서 그는 멕시코로 떠날 준비를 하며 다급하게 가방에 많은 돈을 쓸어담는다. 그러다 오래된 로켓을 잠시 응시하던 샘즈 박사는, 카프카에게는 미안한 일이지만 놀랍게도 바퀴벌레로 변해버린다. 이 게임의 목적은 샘즈 박사가 샌프란시스코 선창가를 따라 늘어서있는 낡고 오래된 건물들 사이를 지날 수 있도록 안내하고, 바퀴벌레가 현실에서 마주칠 법한 무수히 많은 충격을 피함으로써 그가 예전의 인간성을 회복할 수 있도록 돕는 것이다. 그러한 충격들은 게임 속에서 '바퀴벌레 우리'라고 불리는 바퀴 모텔과 탐욕스러운 거미들, 장난치는 것을 지나치게 좋아하는 고양이, 끈끈이 종이, 진공청소기, 담배꽁초, 살충제 캔들, 쥐들, 쥐덫들 그리고 그밖에 도심의 다양한 즐거움을 포함한다. 이 게임은 매우 신비롭고 수수께끼 같은 느낌을 준다. 이따금씩 몸에서 분리되어 술병 안에 담긴 머리가 둥둥 뜬 채로 화면에 나타나는데, 이것은 시적이면서 동시에 암호화된 문구를 통해 선수에게 앞으로 나아가야 할 방향에 대한 힌트를 제공한다. 물론 나는 첫 번째 술병이 나타나기도 전에 포기해버렸다. 정말이지 좌절 그 자체였다.

내가 가장 받아들이기 힘들었던 점은 곤충학적으로 말해서 게임의 요소가 상식적으로 말이 안 된다는 것이었다. 바퀴벌레가 심지어는 다리 체절까지 놀랍도록 정확하게 묘사되었음은 분명한 사실이다. 그것의 움직임 또한 레오를 놀려먹기에 충분할 만큼 대단히 사실적이었다. 레오는 천부적으로 머리가 안 좋은 고양이로 바퀴벌레 이미지를 붙잡아서 먹고 싶은 마음에 종종 화면에 자신의 몸을 던져 게임을 한층 더 복잡하게 만드는 캐릭터다. 뭐니뭐니해도 이 게임의 압권은 800여 가지의 2차원과 3차원 장면과 35분 분량의 실사 비디오다. 게임 패키지에 수록된 감사의 글에 나온 목록을 보면, 적어도 2명의 곤충학자가 이 게임의 개발 과정에 자문한 것을 알 수 있다. 하지만 이 곤충학 자문위원이 게임제작 과정에서 큰 영향력을 행사했다는 증거는 찾아보기 힘들다. 화면상의 바퀴벌레들은 내가 곤충학자로서 오랫동안 바퀴벌레의 움직임이라 믿어왔던 바대로 행동하지 않았다.

실망스러운 예를 한 가지만 들자면, '배드 모조'의 규칙에 따르면 바퀴벌레들은 물을 건널 수가 없다. 바퀴벌레를 직접 물가에 데려다놓고 건네게 해봄으로써 확인하면 좋겠지만, 앞으로 움직이라는 내 명령을 수 시간째 거부하는 바퀴벌레를 가지고는 이 규칙을 절대 확인할 수 없을 것이다. 또한 의심의 여지없이 바퀴벌레도 실제로 수영을 할 수 있다고 명시한 참고문헌을 찾는 동안 나는 틀림없이 의자로 컴퓨터를 내려쳤을 것이다.

내가 뿌루퉁거리는 소리를 들은 남편이 방으로 들어왔다. 리처드는 모노폴리로 부당이득을 취하는, 형제가 없었던 외동아들로서 꽤 훌륭한 게임 선수였는데, 나를 위해 내 바퀴벌레를 인도하겠다고 자원했다. 그는 약 일주일 정도 여가시간을 활용하여 바퀴벌레를 담배꽁초와 부서진 변기들 사이에서 교묘히 조종하더니 나에게 인간다운 모습을 찾아준 지 한참 만에 마침내 샘즈 박사에게도 인간의 모습을 찾아주었다. 그는 가끔 나를 방으로 불러 그가 전략을 사용하여 다양한 상황을 교묘히 헤쳐나가는 모습을 보여주곤 했는데, 그럴 때면 나는 좀스럽게 생물학적인 의문점을 꼬치꼬치 따져물었다. 그러면 그는 내 말은 무시한 채 게임을 계속했고, 나는 으스대며 방을 걸어오면서 단호하게 말했다. 저 게임을 하지 않아 천만다행이라고.

결국 게임을 풀어낸 사람은 리처드였다. 다시 한 번 말하지만, 곤충학으로 취득한 내 박사학위는 곤충에 관한 게임을 평가하는 데 아무런 특별 혜택도 주지 못했다. 리처드에게 게임을 통해 바퀴벌레의 생태나 혹은 곤충학자에 대해서라도 어떠한 식견을 갖게 되었는지 물어보았다. 추측하건대 내가 불쾌하고 거만한 태도를 보이고 있다는 사실을 알아챈 듯 보였지만, 그는 노코멘트로 일관했다. 어찌됐건 나는 그에게 진심으로 감사하며, 이런 감사한 마음을 어떻게든 실질적인 방법을 통해 전달해야 한다고 느끼고 있다.

어쩌면 그에게 배드 모조 티셔츠(18.95달러)나 배드 모조 야구 모자(22.95달러), 배드 모조 포스터(17.95달러) 등을 선물하는 것이 좋을지도 모르겠다. 좀 더 나은 것을 찾자면 배드 모조 한정판 디자이너 손목시계(59.00달러)를 선물해줄 수 있을지도. 그래서 우리가 얼마나 오랫동안 진정한 즐거움을 잊고 지냈는지 그 정확한 시간을 알 수 있도록 말이다.

'위어드 알'―그의 음악과 나의 곤충학
Weird Al-eyrodidae? Weird Al-eocharinae?

동료들이 곤충학의 주요 사안들에 대해 토의하는 동안 나는 호텔방에서 홀로 콘서트 영상과 인터뷰를 통해 '위어드 알' 얀코빅을 마주하고 있었다.

지금으로부터 여러 해 전 신문의 부고란을 읽다가 문득 곤충학자가 얼마나 흥미로워질 수 있는지 깨달았다. 1996년 12월 21일 매릴랜드의 베테스다 해군의료센터에서 타계한 로버트 트라웁Robert Traub 박사는 벼룩 분류학에 있어 전 세계적으로 유명한 권위자였다. 1997년 1월 5일자 〈뉴욕타임즈〉에 실린 그의 부고는 생전에 쌓아 올린 성과를 자세히 열거하고 있었다. 물론 나는 그가 이룬 성과에 대해 잘 알고 있었지만 트라웁 박사가 생업 외에도 생애 전반에 걸쳐 부업에 가까운 취미생활을 가졌었다는 사실에 대해서는 전혀 알지 못했다. 그중에서도 특히, 그는 매우 열성적인 취관(Blowgun; 입으로 불어서 화살을 쏘아 보내는 남미인디언의 무기―옮긴이) 수집가였다.

감히 추측해보건대 이는 곤충학자 사이에서도 매우 특별한 부업임에 틀림없다.

    이러한 뜻밖의 발견은 같은 맥락의 또 다른 취미 생활로 인해 그 특별함이 다소 감소된다. 켄터키 주 루이빌의 호텔방에 앉아 1996년도 미국 곤충학회 전국 학술대회의 프로그램을 읽고 있던 중에 나는 그해 창립자상을 수상한 제임스 슬레이터James Slater 박사가 저명한 노린재 분류학자라는 타이틀 외에 고대 유리 제품에 있어서도 전국적으로 알려진 권위자라는 사실을 발견했다. 그는 전미 젖빛 유리 Milk Glass 수집가협회의 전직 회장이자 명예회원이기도 했다. 내 학부의 사람들을 대상으로 정중하게 탐문 조사를 수행한 결과, 거의 모든 사람들이 제2의 타이틀을 가지고 있었다. 동료 가운데에는 태권도 파란띠 보유자, 윈드서핑 선수, 그리고 유대 교회 성가대의 독창자도 있었다. 게다가 독특한 부업을 갖는 곤충학자들이 일리노이 대학에만 있는 것은 아니었다. 코넬대학의 대학원 과정에 있을 당시 나의 지도 교수님이셨던 폴 피니Paul Feeny는 대단한 선원이었으며 한때 카이유가 호수 항해선단의 선장이기도 하셨다. 졸업 논문 심사위원이었던 한 교수님은 뛰어난 피아노 연주자이자 작은 오케스트라의 지휘자셨다. 뿐만 아니라 곤충학과의 교수님 중 한 분은 품평대회 수상경력도 있는 기니피그 사육자였다.

    엄밀히 따지자면 나는 내 인생의 제2의 타이틀을 획득했다고 자부할 수가 없다. 생업이 자꾸만 선을 넘어 섞여들어오기 때문이다. 내 직업적인 의무를 만족시키는 것은 고질적으로 불가능했고, 일로부터 휴식을 정당화하기 힘든 시기를 보내면서 결과적으로는 모든 취미생활이 내 직업과 어떤 식으로든 연관을 맺게 되었다. 예를 들어 나는 우표를 모으지만, 그 우표는 꼭 곤충 그림이 그려진 것이어야 한다. 게다가 나는 그 우표들을 나라나 발행일자가 아니라 계통분류학적 기준에 입각하여 정리한다. 진정한 우표 수집가들이 보면 흥분해서 고개를 가로젓다 못해 쓰러질 일이다. 나는 그리 대단한 영화 권위자도 아니다. 방사선 돌연변이인 거대 절지동물을 주인공으로 한 영화만 빼고 말이다. 지난 번에 확인했을 때까지도 프랑수와 트루포(François Truffaut, 프랑스의 영화감독(1932~1984)으로 주요작품으로는 〈400번의 구타〉등이 있으며, 장 뤽 고다르와 함께 프랑스 누벨바그를 이끈 거장-옮긴이)와 장-뤽 고다르(Jean-Luc Godard, 프랑스의 영화감독(1930~)으로 1960년에 〈네 멋대로 해라〉를 발표하며 프랑스 누벨바그의 총아로 떠오른 감독-옮긴이)는 거대 벌레에 관한 영화를 만들지 않았기 때문에 영화계로부터 자문 의뢰가 오는 일은 드물다. 게다가 나는 숙달된 주부 소비자 반열에도 끼지 못한다. 장을 보러 가면 값이 저렴한지, 튼튼한지, 흡수력이 좋은지에 상관없이 무조건 나비가 그려진 휴지를 사기 때문이다.

하지만 이런 나도 단 한 가지, 합법적인 동시에 일과 무관한 취미를 갖고 있다. 내가 제대로 발음해낼 수 있는지부터 불확실하긴 하지만, 아무튼 나는 '위어드 알' 얀코빅Yankovic (Alfred Matthew "Weird Al" Yankovic (1959~) 마돈나, 마이클 잭슨, 너바나 등 많은 유명 가수의 곡을 패러디하여 노래하는 것으로 유명한 미국 가수)의 음악을 끔찍하게 좋아한다. 고상한 음악 취향을 가진 사람에게 나는 자랑스럽게 '위어드 알' 얀코빅을 널리 알려진 국내 최고의 패러디 팝 음악가라고 소개할 수 있다. 대중문화에 대한 놀랄 만한 식견과 굉장한 말재간과 더불어 그는 적당히 삐딱한 매력적인 유머 감각까지 가지고 있다. 나는 '위어드 알'이 누구인지 수년간 알아왔지만 당시 6살이던 내 딸 해나가 등하굣길에 차 안에서 이 음악을 듣고 즐기는 모습을 보고서야 비로소 그의 노예가 되었다. 해나는 패러디와 모방보다는 그의 재잘대는 웃긴 억양을 더 좋아했으니 나와는 완전히 다른 차원에서 좋아한 셈이다. 어찌됐건 '위어드 알' 덕분에 나는 내 딸이 그 즈음 끝도 없이 반복해서 듣던 칩멍크(Alvin and the Chipmunks; 로스 바그다사리언에 의해 1958년에 탄생한 애니메이션 밴드로 5차례의 그래미상 수상 경력을 가지고 있다. 국내에서는 2007년 〈앨빈과 슈퍼밴드〉라는 제목의 영화로 개봉되었다)가 부른 '업타운 걸Uptown Girl'로부터 벗어났으니 정말 다행스러운 일이 아닐 수 없다.

 그렇다고 해서 '위어드 알' 얀코빅과 곤충이 전혀 관련 없는 것은 아니다. 내가 세어본 바로는 '위어드 알'의 전 작품을 통틀어 곤충이 최소 12번 이상 언급된다. '용감한 바보 되기Dare To Be Stupid'에서는 스쳐 지나가듯 빈대를 언급하고 있으며, '감자 중독Addicted to Spuds'에서는 감자딱정벌레를, '저 아이 춤출 줄 아네That Boy Could Dance'와 '좋았던 지난 날들Good Old Days'에서는 파리를, '쥐라기 공원Jurassic Park'에서는 모기를, '외계에서 온 끈적끈적한 생명체들'에서는 '대단한 곤충'을, '집 개조 노래The Home Improvement Song(내가 당신을 위해 고쳐줄게요I'll Repair for You'에서는 흰개미들을, 그리고 '미네소타의 가장 큰 실타래The Biggest Ball of Twine in Minnesota'에서는 목화다래바구미 기념탑(앨라배마 엔터프라이즈에 실제로 존재한다)과 타란튤라 농장을 언급하고 있다. 또한 '그렇고 그런 날One of Those Days'이라는 제목의 곡에서 '위어드 알'은 몹시도 괴로웠던 어느 하루 동안 그에게 일어난 끔찍한 일들에 대해 이야기하고 있다. 그 끔찍한 사연은 '엄청난 메뚜기 떼'에게 쫓기고, 나치 당원들에 의해 나무에 묶인 채 온 몸이 개미로 뒤덮이는 등의 내용을 담고 있다. 또한 까미유 생상스Camille Saint Saens의 '동물 사육제'를 패러디한 곡에서는 심지어 바퀴벌레에 관한 시를 한 편 적고 있다:

>누군가는 바퀴벌레를 해충이라 생각해
>하지만 나는 제일 좋은 곤충이라 생각해
>나는 그들이 겁에 질려 뛰는 모습을 사랑해
>내가 부엌의 불을 켤 때
>내가 바닥에서 그들을 꾹 눌러짤 때
>그들은 기분 좋은 우두둑 소리를 내곤 해.

보다시피, '위어드 알' 얀코빅이 곤충학자들이 꼽는 곤충 친화적 음악인 목록에서 항상 정상의 자리를 차지하는 것은 아니다. 취미생활을 진정한 여가로 즐기기 위해서 나는 일과 놀이를 분리시켜줄 수 있는 무언가를 선택해야했다.

비장한 나의 각오에도 불구하고 1996년 어느 여름 날 나의 생업에 관련된 흥미와 부업에 따른 흥미는 교차점을 맞게 되었다. 나는 43번째 생일을 맞이하여 3시간 반 정도 차를 몰아 일리노이 주 락포드에서 열리는 '위어드 알' 얀코빅의 콘서트에 가면 더할 나위 좋을 것 같다고 남편 리처드를 설득했다. 콘서트 전에 지역 음반 가게에서 사인회를 가질 예정이라는 소식을 접했을 때 나는 또한 1시간 반 정도 기다려서 '위어드 알'을 만날 수 있다면 정말 값진 선물이 될 것이라고 역시 리처드를 설득했다. 사실 엄밀히 말하자면 나는 그를 설득하지 못했다. 남편과 해나는 사람들이 서있는 줄을 한번 흘긋 보더니 어딘가로 사라져서는 내가 그들의 자리에서 한 시간 반이나 기다리는 동안 나타나지 않았다. 기다리는 동안 주변 사람들을 둘러볼 수 있었는데, 사인을 받기 위해 떼 지어 온 락포드의 곤충학자는 눈에 띄지 않았다. 사실 관중의 대부분이 부모님과 함께 온 사춘기 이전의 남자아이인 듯 보였다. 하지만 나는 꿋꿋하게 서서 '머리 망친 날Bad Hair Day'이라는 그의 최신 음반을 손에 쥐고 차례를 기다렸다.

나도 모르는 사이에 어느새 나는 줄의 제일 앞에 서있었다. 사실 '나도 모르는 사이에'라는 표현은 적절치 않다. 내가 그렇게 오랫동안 줄을 서서 무언가를 기다려 본 적이 없기 때문이다. 그 즈음 내 남편과 아이가 돌아와 합류했으며 우리 셋은 '위어드 알' 얀코빅을 실제로 마주하게 되었다. 그는 내가 내민 '머리 망친 날' 음반에 친절하게 사인을 하고 돌려주었다. 그런데 그에게 내 책인 《곤충-인간과 곤충의 유쾌한 계약Bugs in the System)을 건네고 있는 자신을 발견했다. 내가 그로부터 얻은 것만큼이나 큰 즐거움을 내 책에서 얻기를 진심으로 바란다는 설명과 함께 그 책을 선물로 건네려고 가져갔었다. 90분간 기다리면서 그런 의미의 말을 이미 연습까지 해놓은 상태였다. 하지만 놀랍게도 내가 그토록 신경 써서 준비했던 말들이 전달하는 과정에서 두서없는 중얼거림이 되어버렸다.

솔직히 당시의 상황이 상세하게 기억나지는 않는다. 하지만 '위어드 알'이 곤충에 관한 책을 전해 받고는 조금 놀라워했던 기억이 난다. 적어도 내 기억에 그가 조금 놀란 듯 보였다. 그가 무슨 생각을 했을지는 모르겠다. 그 책이 내 손을 떠나는 순간 나 역시 무슨 생각으로 그 책을 가져갔는지 도무지 알 수 없었다. 록 스타가 그것도 90개 도시 순회공연을 하면서 곤충에 관한 책을 읽을 것이라 생각하다니. 심지어는 성적이 달려있는 대학교 학생들도 곤충 관련 책은 읽지 않는다. 게다가 그가 아주 약간이라도 곤충에 관심이 있다는 뜻을 내비치는 말을 하거나 행동을 한 적이 있는 것도 아니었다. 대체 나는 무슨 생각을 했던 걸까? 도대체 얼마나 엄청난 판단착오를 일으켰던 것일까?

그날 저녁 우리는 콘서트를 관람하고 다음날 집으로 향했다. 그때까지 내 인생에서 콘서트는 겨우 3번이었으며, 1984년에 몰트리-더글라스 카운티 박람회에서 공연한 슬림 위트먼Slim Whitman을 보러 가자는 설득에 넘어가 다녀온 뒤로 처음 간 공연이었다. 나는 내 행동으로 인해 곤충학자들이란 도무지 종잡을 수 없다는 고정관념을 더욱 악화시켰다고 자책하며 락포드를 떠나왔다. 나는 그 책이 이름 모를 호텔에 그냥 버려질 것이라고 확신했다. 만약 정말 그렇다면 그가 음반 가게 밖까지 책을 들고 나오기는 했다고 자위할 수 있을 터였다. 부디 그렇게라도 내 책이 그에게 기억되길 바랐다. 일단 집에 도착하자 나는 단순한 일차원적인 사고 체계로 편안하게 되돌아갔다. 하지만 취미는 쉽사리 바꾸기가 어려운가 보다. 곤충학적인 일을 하면서도 나는 여전히 짬짬이 '위어드 알' 얀코빅의 음악을 듣고 있다.

그리고 1996년 12월 루이빌에서 개최된 곤충학회 전국학술대회에서 내 취미 생활은 다시 한 번 생업을 밀어내고 우선순위를 차지했다. 학회 마지막 날 저녁 일정에서 일찌감치 빠져나와 묵고 있던 호텔로 돌아왔다. 그날 밤 디즈니 채널에서 그의 여름 순회공연에 초점을 맞춘 한 시간짜리 특별 방송 〈'위어드 알' 얀코빅: 집으로 돌아가는 길은 없다〉를 방영하기로 되어있었다. 동료들이 곤충학의 주요 사안에 대해 토의하는 동안 나는 호텔방에서 홀로 콘서트 영상과 인터뷰를 통해 '위어드 알' 얀코빅을 마주하고 있었다.

물론 죄책감을 느꼈다. 하지만 텔레비전을 끄고 학회장으로 돌아갈 만큼 큰 죄책감은 아니었다. 그리고 나는 내가 그러지 않았다는 것이 다행스럽다. 그때 돌아갔었더라면 지금 당신에게 이 이야기를 해줄 수 없었을 테니까. 달리는 버스 안에서 촬영한 듯 보이는 인터뷰에서 '위어드 알'은 순회공연으로 떠도는 삶이 어떤지에 대해 이야기했다.

'냄새 나는 큰 락 밴드와 한 버스를 타고 전국을 돌아다니는 것만큼 안락한 집과 가족을 그립게 만드는 건 없을 거예요.' 화면엔 나오지 않는 리포터에게 그가 털어놓았다. '길 위에서의 삶은 때때로 조금 지루해질 수 있어요. 그럴 때면 우리는 단조로움을 깨기 위해서 가는 길에 흥미 있어 보이는 여러 곳에 들러 기념품을 모으곤 합니다. 예를 들어, 바로 어제는 일리노이 주 락포드 외곽에 있는 '곤충과 잡동사니'라는 작고 귀여운 가게에 들렀지요.' 내내 프로를 주의 깊게 시청하고 있던 나는 한 문장에서 '곤충'과 '락포드'를 듣는 순간 그 자리에 못 박힌 듯 얼어붙었다. 그는 말을 이어갔다. '바로 그곳에서 이 작고 예쁜 녀석을 데려왔지요. 그들은 이걸 전갈 농장이라 부르더군요.' 말하는 동안 그는 분명 뚜껑이 비스듬히 얹어져 있는 듯 보이는, 모래와 선인장으로 꾸며져 있는 테라리움을 들어보였다. '보이죠? 이 투명한 유리 용기 덕분에 이 잔인하고 독살스러운 붉은 전갈의 일상을 쉽게 관찰할 수 있답니다.' 사육장 안에 전갈이라고는 눈을 씻고 봐도 없다는 사실을 깨달았을 때 그는 당황하여 어색하게 뚜껑을 만지작거리더니 그것을 카메라 바깥으로 치워버리고는 낮은 목소리로 중얼거렸다. '자, 그럼 계속하실까요?' 하며 그는 자신이 호텔에 묵으면서 모은 엄청난 양의 비누를 자랑스럽게 소개하기 시작했다. 그가 세인트루이스에서 가져온 비누를 보며 추억을 더듬고 있을 때 난데없는 고통에 찬 비명소리가 그의 일장연설을 방해했다. 비명을 지른 사람은 그의 드럼 연주자인 존 '버뮤다' 슈워르츠였는데, 그는 굉장히 모조품처럼 생긴 붉은 전갈을 몸에 붙인 채로 버스 뒤쪽에서 뛰어나오고 있었다.

    나는 너무나 놀라 얼이 빠진 상태가 되었다. 솔직히 말해서 평소보다 재미도 덜했던 그의 농담 때문이 아니라 그가 한 얘기의 주제가 나를 놀라게 했다. 내가 들은 내용을 어떻게 해석해야 할지 몰랐다. 앞서 얘기했던 불미스러운 상황을 빼고는 락포드에서 그럭저럭 즐거운 시간을 보내면서 나는 '곤충 잡동사니'라는 상점을 보지 못했다. 그런데 '위어드 알' 얀코빅은 지난 여름에 90개 도시를 돌며 공연했고 락포드를 '곤충 잡동사니'를 발견한 도시로 꼽고 있었다. 이건 그저 단순한 우연일 수가 없다! 궁금했다. 내가 공중파 방송을 통해 퍼져나간 대본에 영감을 제공한 건가? 이 굉장한 사건에 대해 나만큼이나 흥분할 것이라고 확신하며 떨리는 손가락으로 남편에게 장거리 전화를 걸었다. 하지만 실망스럽게도 그는 내 기쁨을 나누려고 하지 않았을 뿐 아니라, 그것은 정말 우연이었을 뿐이며, 그리 대단한 우연도 아닌데 내가 너무 과로한 탓이니 지금 당장 좀 쉬는 게 좋겠다고 나를 설득했다.

    하지만 난 잘 모르겠다. 나는 여전히 그 일이 우연일 수 없었다고 생각한다. 왜 하필 락포드였을까? 또 왜 하필 전갈농장이었을까? 따지고 보면 뱀집이나 피라니아 궁전 혹은 다른 어떤 것이 될 수도 있었을 텐데. 구태여 말하자면 전갈은 곤충이 아니다. 하지만 그것은 절지동물이고 락포드와 벌레가 우연히 연관될 확률이 얼마나 되겠는가? 왜 리처드가 이 사실을 보지 못하는지 이해할 수가 없다. 실은 그가 속으로는 내 말을 믿어도 '위어드 알'과 엮이는 것이 지겨워서

'위어드 알'—그의 음악과 나의 곤충학

혹은 '위어드 알'이 공연에 나설 경우 다시 한 번 락포드에서 주말을 보내게 될까 두려워서 그렇게 말한 것이라 생각한다.

하지만 그는 자신이 행운아인지 모르고 있다. 어찌됐건 취미 생활로써 '위어드 알' 얀코빅은 완전히 무해하지 않은가? 위험하거나 비싸거나 혹은 그에 상응하는 단점을 가진 어떤 것을 취미로 갖고 있는 것도 아니니 말이다. 무엇보다도 만일 내 취미생활을 두고 나와 남편 사이에 의견 충돌이 있었다면, 그리고 내가 취관 수집에 내 마음을 기댔다면 어땠을까?

곤충과 마약
"This is your brain on bugs…"

지적인 측면에서 나는 식충을 찬성하는 의견에
충분히 공감한다. 어찌됐건 곤충은
고품질 단백질의 완벽한 공급원이며 비타민과
미네랄 성분이 풍부하고 다양한 맛을 가지고 있기 때문이다.

아이와 함께 텔레비전을 보기 위해 일요일 아침 일찍 눈을 뜨는 것이 때로 도움이 될 때도 있다. 1998년 어느 날 아침 그 어린이 프로그램을 보지 않았더라면 나는 아마도 '마약 없는 미국 만들기 운동 연합PDFA'에서 내놓은 최신 공익광고 역시 볼 수 없었을 것이다. 이 훌륭한 단체는 텔레비전을 비롯한 대중 매체를 통해 마약 사용의 위험성에 대한 정보를 확산시켜 무엇보다도 어린이와 10대 청소년들의 마약 남용을 줄이는 데 전념해왔다. 사실 그날 아침에는 그 공익광고를 온전히 다 보지 못했다. 당시 리모콘의 소유권을 갖고 있던 내 딸 해나가 공익광고를 볼 기분이 아니라며, 내 항의에도 아랑

곳하지 않고 중간에 채널을 돌려버렸기 때문이다. 꽤 빨리 지나가긴 했지만, 나는 화면에 보라색의 곤충 삽화가 등장했다는 것과 '나는 멍청한 마약을 하느니 차라리 커다란 벌레를 먹겠다'는 문구가 표어로 따라붙는 것을 볼 수 있었다.

대중문화 속에서 곤충이 갖는 이미지에 변치 않는 관심을 갖고 있는 나는 당장 PDFA에 연락을 취했고, 이 단체는 친절하게도 내게 광고의 원문뿐만 아니라 많은 다른 정보와 함께 비디오까지 보내주었다. 알고 보니 이 광고는 PDFA가 창설된 이래 처음으로 대중매체를 통해 마약 근절 광고를 내보내기 위해 연방정부로부터 1억 9천 500만 달러라는 어마어마한 돈을 지원 받아 시행한 캠페인이었다. 새롭고 혁신적인 텔레비전 광고도 이러한 노력의 일환이었다. 내가 본 '커다란 벌레Big Ol' Bug'라는 제목의 광고는 만화로 제작된 꼬마 소년과 곤충을 주인공으로 하고 있는데, 가사는 다음과 같다.

난 차라리 커다란 벌레를 먹겠어 / 멍청한 마약을 하는 대신 말이야
마약은 멋지지 않아, 그것은 너의 학교생활을 망쳐 놓지
마약은 고통이야, 그것은 너의 몸과 머리에 상처를 입히지
못생긴 얼굴을 한 커다란 벌레 / 멍청한 마약보다 나아
그건 너를 슬프게, 너의 부모님을 미치게 해
마약은 멍청해, 널 우습도록 느리게, 둔하게 만들지
난 차라리 커다란 벌레를 먹겠어 / 벌레들 : 마약은 하지 마!
(후렴) 절대로 멍청한 마약은 하지 마!

만화 곤충의 전형적인 모습을 한 이 곤충은 특정 분류군으로 인식하기 어려우며, 막연하게나마 60년대 레이드(미국의 SC 존슨사에서 1956년에 시판하기 시작한 유명한 살충제) 광고에 등장하던 텍스 에이버리Tex Avery의 동공이 있는 눈과 교정 치료를 받아야 할 것 같은 이빨을 가진 전통적인 바퀴벌레를 연상시킨다. 이제 나는 PDFA광고가 전하는 기본 메시지의 열렬한 지지자가 되었다. 나는 향정신성 물질의 사용을 매우 싫어하며, 심지어는 알코올 성분이 들어간 음료도 마시지 않는다. 어차피 맥주, 와인 그리고 스트레이트로 마시는 위스키 같은 술은 내게 실험실 용매제 이상의 맛을 주지 못했다. 그건 그렇고, 이 광고는 몇 가지 이유로 인해 약간 어색해 보였다. 우선 광고 속의 그 꼬마 소년은 곤충의 표피 부스러기가 빵 위에 그대로 얹어져 있는 벌레 샌드위치를 기꺼이 먹으려 하고 있는데, 이는 내 딸 같은 어린이에게는 벌레 그 자체를 먹는 것보다 더 끔찍한 장면일 것이라는 기대에서 비롯된 아이디어일 것이다.

좀 더 중요하게는 나는 이 광고가 시사하고 있는 특정 메시지에 대해 약간 혼란스러웠다. 내가 받아들인 바에 따르면 벌레를 먹는 것은 심지어 더 끔찍한 경험, 예를 들어 마약을 하는 것과 비교했을 때에만 고려해볼 수 있는 굉장히 끔찍한 일이어야 했다. 그렇다면, 벌레를 먹는 것은 무시무시한 결과를 초래하는 비정상적인 행동으로 간주되어야 한다. 이 논리와 관련하여 내가 마음에 걸리는 점은 벌레를 먹는 것은 거의 전 세계적인 현상이라는 점이다. 미국과 유럽은 이상스러우리만치 별나게 먹는 곤충에 반감을 가지고 있다. 내가 정독한 〈식용 곤충 뉴스레터〉의 6년치 묵은 호들은 물론, 그 잡지 발행인과 주고받은 서신들은 45개국 이상의 나라에서 벌어지고 있는 식충에 대한 증거들을 보여주었다(앙골라, 오스트레일리아, 보스와나, 브라질, 버마(미얀마), 카메룬, 칠레, 중국, 콜롬비아, 콩고, 이집트, 가봉, 가나, 인도, 인도네시아, 이란, 코트디부아르, 일본, 케냐, 한국, 라오스, 마다가스카르, 말레이시아, 멕시코, 모로코, 나이지리아, 북아프리카, 파푸아뉴기니, 페루, 필리핀, 폴리네시아, 상투메프린시페민주공화국, 세네갈, 남아프리카, 스리랑카, 탄자니아, 태국, 튀니지, 터키, 우간다, 베트남, 자이르 그리고 짐바브웨가 여기 속한다).

비록 코카콜라를 판매하는 국가들의 목록만큼 길진 않지만(코카콜라 캔 수집가 웹사이트에서 확인한 바에 따르면, 무려 93개국이다), 여전히 매우 놀라운 숫자다. 또한 인상 깊은 점은 이 세상에 곤충은 먹지만 코카콜라는 구하기 힘든 앙골라, 콩고, 라오스 같은 곳도 있다는 사실이다. 전문가들에 따르면, 70개 과科 260개 속屬 이상, 약 500여 종의 곤충이 전 세계 각지에서 저녁 식탁 위에 오른다.

사실 나는 곤충을 먹는 사람들의 광대한 목록에 이름을 올리지 않았기 때문에 PDFA의 광고를 비판하며 스스로 위선자가 된 기분을 느꼈다. 나는 23년 이상 채식주의자로 살아왔으며 그 시간 동안 자의로 움직이는 어떤 것도 먹지 않았다. 대개의 경우 채식주의자로 산다는 것이 경력에 방해가 되지 않았지만, 식충학을 강의하는 데에는 심각한 신뢰의 문제를 겪을 수도 있다는 사실을 깨달았다. 내가 비과학도들을 대상으로 강의하는 교양 곤충학과정에는 강의뿐 아니라 세계 각지의 곤충 음식을 준비하고 함께 시식해보는 실험실 수업까지 포함되어있다. 학생들은 내가 이 잔치에 참여하지 않고 있다는 것을 금세 눈치챘다. 게다가 언제까지나 수업 조교에게 시범을 보일 수도 없는 노릇이었다. 그해 카메룬에서 온 그웬 퐁두페를 내 수업 조교로 만난 건 행운이었다. 그녀는 볶은 흰개미를 일상적으로 먹으며 커왔다고 했다. 하지만 음식에 대한 문화적인 반감은 매우 복잡한 문제로 드러났고, 흰개미는 문제될 것이 없었던 그녀가 튀긴 나방 애벌레에는 강한 혐오감을 드러내며 먹기를 거부했다. 쐐기벌레와 흰개미는 분류학상 완전히 다른 목目에 속하므로 영 앞뒤가 안 맞는 생각은 아닐지도 모르겠다. 이는 소와 다른 유제 동물들(우제목Artiodactyla)을 기쁜 마음으로 잡아먹는 포유류 소비자 대부분이 벌거숭이 뻐드렁니쥐(naked mole rat, 설치목)나 막대발 박쥐(sucker-footed bat, 박쥐목)를 먹는 것에는 곱지 않은 시선을 보내는 것과 같은 이치다. 그래서 나는 인내심 많고 놀라울 정도로 관대한 남편을 동원했다. 그를 교실로 데려와 학생들에게 비록 내가 직접 곤충을 먹을 순 없지만, 사랑하는 남편을 내어줄 수 있음을 보였다. 비록 매년 일부 똑똑하고 맹랑한 학생들은 내가 남편에게 갖고 있는 애정의 깊이를 지적하곤 하지만 말이다.

    지적인 측면에서 나는 식충을 찬성하는 의견에 충분히 공감한다. 어찌됐건 곤충은 고품질 단백질의 완벽한 공급원이며 비타민과 미네랄 성분이 풍부하고 다양한 맛을 가지고 있기 때문이다. 독실한 기독교인에게는 구약성서에서 율법에 적합한 것으로 명시한 곤충도 있다는 사실이 마음의 위안이 될지도 모르겠다. 물론 베이글 위에 훈제 연어 대신 훈제 메뚜기를 올리는 모습이 상상은 잘 안 되지만. 심지어는 어원학적 주장도 꽤나 설득력이 있다. 19세기의 미식가인 홀트V. M. Holt는 귀뚜라미야말로 매우 훌륭한 음식이라고 설명했다. "그들의 이름을 보세요. 그릴러스Gryllus(이 학명을 분해하면 Grill은 '고기, 생선등을 석쇠로 굽다', us는 '우리'이라는 뜻을 가진다. 따라서 소리나는 대로 '우리를 구워주세요'라는 표현이다)야말로 자기를 요리해달라는 요청이 아니고 뭐겠습니까." 하지만 동시에 나는 '커다란 벌레'의 작곡가를 포함하여 곤충에 반감을 갖는 사람들의 입장에도 공감할 수 있다.

그렇긴 하지만 곤충을 먹는 것으로 위협하는 것이 그들의 대의에 적합하지 않을지도 모른다는 사실을 그들이 깨닫고는 있는지 의문스럽다. 곤충에게는 그것을 먹음으로 해서 당신의 몸이나 두뇌가 손상을 입을 수 있다든지, 당신을 슬프게 하거나 당신의 부모님을 미치게 할 수 있다든지, 혹은 근육이 경직되거나 감각을 잃거나 둔감해진다든지 하는 염려가 없다. 이 점과 관련하여 1993년 9월 11일 AP통신은 다음과 같이 보도했다.

심지어는 미천한 개미까지도 색다른 '흥분'을 찾는 페르시아만 십대들로부터 안전하지 못하다. 두바이 유흥가에 모인 젊은이들은 작은 곤충으로 담배를 피우거나 곤충을 부술 때 나는 독기를 흡입하고 있다고 영문판 걸프 뉴스가 보도했다.

금요일에는 두바이 법의학연구실의 하메드 알 카피프의 진술이 인용되었는데, 그에 따르면 다수의 젊은이가 개미를 흥분제로 사용한 뒤에 마약복용혐의로 체포되었다고 한다. 이러한 행위는 이제 너무나 널리 퍼져있어 아부다비에서는 작은 주머니 하나 정도 분량의 '사마심(아라비아 말로 개미를 뜻함)'이 135달러에 거래된다고 한다. 1970년대에 석유로 인한 벼락 경기 이후로 페르시아만은 불법 마약 거래의 주요 시장 역할을 해왔다. 하지만 일간신문에 실린 두바이 경찰과의 인터뷰에 따르면 젊은이들이 요즘 들어 대체 물질을 시도해보고 있으며 이는 그들이 주로 사용하던 환각제나 헤로인, 해시시 등을 구입할 여력이 없거나 혹은 개미를 이용해 환각 상태에 빠지는 것으로는 기소되지 않을 것이라 믿기 때문인 것으로 보고 있다.

추측해 보건대 미국에서는 이 통신 뉴스를 접한 사람이 PDFA의 광고를 시청한 사람보다 훨씬 적을 것이다. 개미가 향정신제로 작용한다는 기사가 널리 퍼진다고 해도 나는 벌레들이 길거리 마약의 새로운 메뉴가 될 것이라곤 생각하지 않는다. 하지만 어쨌든 이 사실 역시 마약 금지 캠페인을 위한 새로운 아이디어가 되었으면 한다.

곤충 축제와 먹을거리
Is Paris buzzing?

크라울리의 축제에서는
모기 많이 물리기 세계 챔피언대회와 함께
모기 요리 경연대회가 진행되는데,
3연승에 빛나는 무스조식
'눈물 찔끔 매콤 모기 날개 튀김' 같은 요리들이 선보인다.

    미국과 전 세계 각지의 여러 나라에서 벌어지고 있는 축제는 공동체의 자긍심을 쌓고 여행객을 불러모을 수 있다는 점에서 지역의 재원을 축적하는 방법 중 하나다. 이러한 축제들 중 상당수는 음식에 초점이 맞춰져 있다. 여러 가지 이유가 있겠지만, 무엇보다도 음식과 관련한 축제가 사람들의 적극적인 참여를 이끌어내기 때문일 것이다. 일리노이 주에도 곡식에 관련된 몇 가지 축제가 있다. 슈가그로브의 콘 보일, 후프스톤, 멘도타 그리고 어바나에서 개최되는 사탕옥수수축제, 케이시의 팝콘축제 등이다. 하지만 주 내에서 경작

되는 농작물의 종류는 대부분 사람들의 예상보다 다양하며, 이는 다음과 같은 축제로 잘 증명된다. 디케이터와 모먼스의 약초축제, 뉴튼, 엘음우드 그리고 칸카키의 딸기축제, 콥든의 복숭아축제, 왓세카의 구스베리축제, 그리고 콜린스빌의 양고추냉이축제 등이 있다. 물론 더운 날 바깥에 오랜 시간 내놓는 문제가 있긴 하지만 가공음식도 한 몫을 한다. 애트우드의 사과경단축제, 아서의 치즈축제, 맷툰과 그에 인접한 인디아나의 베이글잔치와 위팅의 피에로기축제 (폴란드식 만두인 피에로기Pierogi를 주축으로 갖가지 볼거리와 먹을거리를 제공하는 축제로 매년 7월 말에 인디애나 주의 위팅에서 열린다-옮긴이), 프랑크포트의 핫도그축제 등이 그러한 예다.

축제에 참여할 기회가 여러 차례 있었음에도, 나는 1997년이 되기까지 축제에 참가해 본 적이 단 한 번도 없었다. 몇 년 전 시어머니께서 살고 계신 일리노이 주 콜린스빌을 방문했을 때에는 일주일 차이로 양고추냉이축제를 놓치기도 했다. 지나가던 길에 운 좋게 트레일러에 실려 있던 6미터 높이의 양고추냉이 풍선만 언뜻 보았을 뿐이다. 1996년 맷툰 베이글잔치에서 수천 명의 관중이 지켜보는 가운데 세계에서 가장 큰 블루베리 베이글이 분쇄되는 모습을 놓친 것은 지금까지도 가슴을 치며 후회하고 있다. 지금까지 나의 바쁜 일정을 고려하면 이러한 기회들을 놓친 것이 이해 못할 일은 아니다. 하지만 이번에도 기회를 놓쳐버린다면 스스로를 절대 용서할 수 없을 축제가 딱 하나 있었다. 전국적으로 몇 개 있지도 않은 곤충 관련축제 가운데 하나로, 개최지가 내가 사는 곳에서 차로 한 시간도 안 되는 곳이라는 사실은 더할 수 없는 축복이었다. 일리노이 주의 파리Paris는 미국에서 가장 오래된 꿀벌 축제의 고향이다.

오늘날 곤충을 전면에 내세우는 축제는 매우 드물다. 무엇보다도 중요한 이유는 역시 먹을거리에 관련된 문제다. 대부분의 곤충은 타지 사람에게 억지로 시간을 내서 방문해 맛을 보게끔 그들을 유혹하지 못한다. 두 번째로 대부분의 곤충은 과일, 야채, 과자와 달리 다루기가 쉽지 않다. 하지만 그럼에도 불구하고 그런 축제가 존재한다. 털북숭이 쐐기벌레(불나방과 Arctiidae의 애벌레)를 주제로 하는 축제가 두 곳에서 열린다. 켄터키 주 베이티빌(리 카운티)의 털북숭이벌레 축제는 1987년에 처음으로 개최되었으며, 다른 것보다 털북숭이 벌레 공주 선발대회가 볼거리이다. 그러나 전국에서 가장 긴 역사와 전통을 자랑하는 털북숭이 쐐기벌레축제는 노스캐롤라이나 주의 배너 엘크에서 열린다. 이 축제는 1977년부터 매년 10월 셋째 주 주말에 개최되는데, 마을에서 가장 빠른 털북숭이 쐐기벌레를 가리기 위해 한번에 40회 이상의 경기가 며칠이고 계속되는 '벌레 경주'가 주요 볼거리다.

그리고 골치 아픈 해충도 자기들 몫의 축제를 챙기고 있다. 텍사스 주의 마셜에서는 매년 불개미축제를 개최하며, 아칸소 주의 북동쪽 모서리에 위치한 크라울리에서는 매년 여름 모기축제(엄밀히 말하자면 모기 조심 축제)가 열린다. 크라울리의 축제에서는 모기 많이 물리기 세계 챔피언대회와 함께 모기 요리 경연대회가 진행되는데, 3연승에 빛나는 무스조(Moose Jaw, 캐나다 서스캐추원 주 남부에 있는 도시)식 '눈물 찔끔 매콤 모기 날개 튀김' 같은 요리들이 선보인다. 유타 주의 캐시 계곡을 여행했던 관광객은 랜돌프 시티에서 5년 동안 개최되었던 '모기의 유혹Mosquito Daze('Daze'가 '하루, 축제일' 등의 의미를 갖는 단어 '데이Day'와 발음이 비슷하기 때문에 '모기의 유혹Mosquito Daze'은 '모기 축제의 날'이라는 이중적인 의미도 갖고 있다-옮긴이)'이 1995년부터 중지되었다는 소식을 접하면 실망할 것이다. 이는 모기 관련된 활동에 대한 지역 주민의 인내가 한계에 다다랐음을 말해준다. 근처 프로비던스 마을에서는 지금도 매년 9월 '샤워크라우트의 날'을 개최하고 있는 것과 대조적이다.

세계 여행을 준비하는 사람을 위해 소개하자면, 1982년부터 지금까지 매년 9월 스페인의 산뜨 사두르니 다노이아Sant Sadurni D'Anoia에서는 100년 전 그 지역의 포도밭을 쑥대밭으로 만들었던 식물 기생충을 기리는(아니면 적어도 상기하는) 포도나무뿌리진디축제가 열린다. 그 침략을 기념하기 위해 포도덩굴의상을 입은 어린이들이 포도나무뿌리진디와 물결치는 포도주로 분한 마스크를 쓴 어른들과 짝을 지어 마을 한복판을 행진한다. 행진의 하이라이트는 종이를 이용해서 작은 자동차 크기로 제작된 밝은 노란색의 기생충이 행진을 구경하는 관람객을 향해 이따금씩 불을 뿜는 모습이다. 스페인의 이 지역은 특히 프레시네트 포도주 양조장이 있는 것으로 유명하다. 이 지역 수입의 상당 부분이 이 축제와 관련되어있는데, 이것이 다 큰 어른들이 진딧물로 분장하고 이와 같은 행동하도록 만드는 데 중추적인 역할을 한다는 사실은 의심의 여지가 없다.

파리가 벌꿀 축제의 유일한 개최지는 아니다. 조지아 주의 하히라 또한 매년 벌꿀 축제를 개최한다. 하지만 역시 파리의 축제가 역사적으로 훨씬 오래되었다. 이 축제를 위한 법안을 통과시키기 위해 온갖 노력을 기울인 이 지역의 주민이자 양봉장 관리 총책임자 칼 킬리언Carl Killion씨의 공헌을 빼놓을 수 없다. 또한 그는 서양꿀벌Apis mellifera을 기념하는 우표를 발행하도록 미국 정부를 설득하기 위해 지루하고도 힘든 여정을 걷기도 했다. 1980년 10월 그 우표가 발행되었을 때 킬리언의 노력을 기념하기 위해 파리에서 초일커버(발행 첫날의 소인이 찍힌 우표가 붙은 봉투―옮긴이) 기념식이 열렸으며, 매년 파리의 시민들은 벌꿀 축제를 통해 그 날을 기념하고 있다. 어쩌다 보니 16년이나 그 축제를 놓쳤던 나는 1997년이 되어서야 꼭 이 축제에 참석하리라 굳게 마음을 먹었다. 한 가지 이유는 이제 그 축제에 참석하는 것이 직업적 자존심과 결부된 문제가 되어버린 탓이었고, 다른 이유는 상공회의소가 축제 개최 권한을 키와니스 클럽에 양도하기로 결정하면서, 1997년이 상공회의소가 축제를 운영하는 마지막 해가 될 거라는 뉴스 때문이었다. 주최 기관이 바뀌면서 축제의 성격이 변할 것이라는 소문도 돌았다. 그래서 전형적인 가을 날씨에 걸맞게 밝고 화창했던 9월 26일, 내가 아니면 나들이 장소로 꿀벌 축제를 절대 고르지 않았을 테지만, 정말 놀랍도록 다루기 쉬운 남편과 뇌물에 금방 넘어가는 6살짜리 딸을 데리고 축제에 참석했다.

우리가 도착해 보니, 꿀벌축제라고 해서 일리노이 중부에서 일반적으로 열리는 다른 축제와 별반 달라 보이지 않았다. 먹을거리만 봐도 어느 지역 특산물 품평회를 가더라도 볼 수 있는 꽈배기 튀김과 코끼리 귀 과자, 레몬 칵테일 등이 판매되고 있었다. 타조 햄버거는 좀 색달랐지만 축제의 주제에 딱 맞는 음식이라고 할 순 없었다. 주요 볼거리는 광장의 남쪽을 차지하고 있던 키와니스에서 준비한 '파리 속의 작은 독일' 천막이었다. 이곳에는 독일식 가라오케가 꾸며져 있었고, 사워크라우트와 브라트부르스트(석쇠에 구운 독일식 흰 소시지) 등을 팔고 있었다. 이 천막으로부터 몇 구획 내에는 미술 공예품 전시장과 벼룩시장, 놀이기구들이 줄지어있었다.

 하지만 자세히 살피자 이내 축제의 주제에 맞는 볼거리가 드러나기 시작했다. 마을로 들어서는 길가에 늘어서 있던 거위 조각상들에서 눈치를 챘어야했는데, 도시 중심부에 위치한 거의 모든 집의 마당에 있는 플라스틱 거위들은 검고 노란 줄무늬 의상을 입고 머리에 한 쌍의 안테나를 달고 있었다. 중심 광장에서 판매되고 있는 공예품들 중에서 이 거위벌 의상을 발견하고서야 우리는 이것이 밴덜리즘이 아니라는 사실을 깨달았다. 그 밖에도 벌꿀 밀랍 조각과 꿀을 이용한 다양한 상품도 판매되고 있었다. 길을 따라 내려가자 역사학회에서 설치해놓은 양봉 전시관도 보였다. 그런데 바로 옆에는 어울리지 않게 19세기의 수술복과 함께 고문에 효과적일 것으로 보이는 범상치 않은 다양한 금속 도구들이 전시되고 있었다. 지역 우체국은 축제의 정신에 입각하여 기념 커피잔과 원반, 모자를 판매하고 있었는데, 이상하게 중앙광장의 작은 트럭에서도 팔던 우표와 편지지는 찾아볼 수가 없었다. 그 날 오후에 열린 모터쇼에서는 60~70년대에 만들어진 자동차인 슈퍼 비(Super Bee, 1968년부터 1971년까지

크라이슬러사의 닷지Dodge 전담부서에서 한정 모델로 생산한 고성능 자동차) 선발 대회가 진행되었다. 이 고성능 자동차들은 3미터 높이의 거대한 검고 노란 벌 풍선을 장착하고, 광장 동쪽에 주차되어있던 노란색의 컨버터블과는 비교할 수 없을 정도로 멋있었다.

파리에서 머문 시간은 비록 짧았지만, 꿀벌축제 티셔츠(15달러), 꿀벌축제 야구모자 2개(20달러), 1985년 꿀벌축제 배지(1.50달러), 그리고 기념 편지지 몇 통(1.25달러)을 챙겨가지고 돌아왔다. 아울러 특별 무료 소식지도 하나 집어왔는데, 여기에는 제17회 꿀벌 축제의 모든 행사와 활동들이 자세히 소개되어있었다. 집에 돌아와서 잠시 쉬면서 이 소식지를 읽었는데, 나는 축제의 중요한 기능을 하나 더 깨달았다. 그것은 재미없는 말장난을 쏟아내기 위한 공동체의 주요 배출구 역할이었다. 파리 축제의 경우에는 소식지에 실린 광고 중에 시티즌내셔널 은행 파리 지점의 다음과 같은 간곡한 권유를 들을 수 있다. "'허벌라게' 아름다운 파리의 꿀벌과 가을 축제를 품에 안으세요." 이는 아멜리아의 빅토리아식 선물 가게와 패러그래프라는 이름의 잡화점에서도 마찬가지였다. 게다가 파리 굿윌은 '꿀맛 같은 세일'을 홍보하고 있다.

사흘이나 곤충들과 어울려 지낼 수 있었으니 그 정도 억지스러운 농담은 참아줄 만하다. 게다가 약간 부자연스럽긴 해도 이 농담들 중 대부분은 구수한 매력을 지니고 있다. 그러나 인디애나 프랑크포트 핫도그축제를 홍보하기 위해 사람들이 어떤 농담을 들고 나올지는 생각도 하기 싫다.

내야 플라이와 스포츠 광들
Infield flies and other sporting types

경기에 집중할 수가 없었죠.
코에 내려앉고, 귀에 들어가고,
아마 12마리쯤 삼켰을 거예요.
전형적인 클리블랜드식 환영인사를 받은 거죠.

지금까지 곤충과 운동 사이에 유사점이 있다고 생각해본 적이 없다. 곤충들이 나타날 때마다 찢어지는 비명 소리와 함께 예상치 못한 정지 상태가 나타난다는 점을 감안하더라도 둘 사이에는 분명 근본적으로 어울리지 않는 점이 존재한다.

예를 들어, 시카고 화이트삭스는 1982년 8월 24일 클리블랜드와의 원정경기에서 14대 7로 진 것에 대해 곤충학적 '인필드플라이(야구에서 무사나 원 아웃에서 주자가 1·2루 또는 만루 찬스에 타자가 친 타구가 내야에 뜬 공을 의미하지만, 직역하자면 '구장 내의 날벌레'로 해석할 수 있다)'로 책임을 돌렸다. 때마침 불어온 폭풍으로 이리호Lake Erie의 셀 수 없이 많은 모기가 시합 중인 경기장 안에 난입해 선수들이 방충 스프레이를 뿌리느라 경기가 수차례 지연되는 결과를 낳았다. 화이트삭스의 구원투수인 짐 컨Jim Kern은 경기 중 특별한 어려움을 겪었으며, 경기 후 가진 인터뷰에서 '전 제가 (삐익~, 부적적할 방송용어) 살충제 광고를 찍는 줄 알았어요. 경기에 집중할 수가 없었죠. 코에 내려앉고, 귀에 들어가고, 아마 12마리쯤 삼켰을 거예요. 전형적인 클리블랜드식 환영인사를 받은 거죠. 1만 마리의 (삐익~) 날파리들 말입니다'라고 말했다.

아마 이 모기들은 원정팀뿐 아니라 홈팀 선수들도 똑같이 괴롭혔을 것이다. 컨의 얘기는 지역 팀인 클리블랜드의 투수들은 날벌레들을 삼키는 데 익숙할 것이라는 의미였다. 패배에 날벌레가 얼마나 영향을 끼쳤는지는 얘기하기 어려운 문제다. 당시 화이트삭스는 클리블랜드 경기 전에도 8번의 경기에서 내리 7번을 패했으니 그 모든 경기가 날파리 때문이라고 보긴 힘들다. 야구 선수들이 유독 곤충에 대해 분개할 만하기는 하다. 그러고 보면, 야구는 곤충이 제일 번성하는 시기인 여름에, 야외에서 주로 시합을 한다. 축구도 야외에서 하긴 하지만, 자신을 아낄 줄 아는 곤충들이 휴면 상태에 돌입하여 긴 타임아웃을 즐기는 겨울에 주로 시즌이 진행된다. 농구는 겨울에 실내 경기장에서 진행되며, 곤충에게 얼어붙을 듯 추운 온도라는 넘기 힘든 장애가 있기는 아이스하키도 마찬가지다. 겨울강도래, 눈톡토기, 귀뚜라미붙이 등은 이런 얼어붙는 추위도 극복해낼 수 있을지 모르지만, 이 곤충들이 사람들을 혼란스럽게 할 만큼 떼로 모여 아이스링크를 덮칠 가능성은 매우 낮다. 특히나 열광적인 아이스하키 팬들의 시선을 사로잡긴 더더욱 힘들다.

이쯤 되면 곤충을 멸시하는 분위기가 프로야구 내에 퍼져 있을 거라고 생각할 수 있다. 하지만 이상하게도 다른 어떤 형태의 스포츠보다 야구에서 곤충을 팀의 마스코트로 삼는 경우가 많다. 하지만 이런 마스코트들이 주로 등장하는 곳이 메이저리그는 아니다. 절지동물로부터 착안한 이름을 가졌던 마지막 메이저리그 팀은 놀랍지만 결코 부럽지 않은 20승 134패의 성적으로 시즌을 마감한 1899년 클리블랜드 스파이더즈다. 사실 이 팀의 이름은 경기 연맹의 한 관리가 선수들을 가리켜 '꼭 거미처럼 삐쩍 마르고 호리호리하다' 라고 한 것에서 유래했다고 한다. 첫 경기에서 지역라이벌이었던 세인트루이스에 10대 1로 지면서 시즌을 시작했고 《스폴딩 공식 야구 가이드》 1900에 따르면, 6월까지 32경기를 치르면서 영원한 '시궁창 팀'이 되었다. 낙심한 팬들이 구장을 거의 찾지 않았기 때문에 스파이더즈는 시즌 후반부에는 34번의 원정경기를 해야했고 그 가운데 33번을 패했다.

그런데 이 우울한 사례는 마이너리그 팀들과는 아무 상관이 없어 보인다. 절지동물 마스코트가 갖는 분류학적 다양성은 꽤 주목할 만하다. 예를 들어, 남동부 싱글A 리그의 14개 팀 가운데 세 팀이 곤충을 딴 이름이다. 어거스타 초록말벌(조지아), 피드몽 목화다래바구미(노스캐롤라이나), 사바나 모래각다귀(조지아)가 바로 그들이다. 만약 절지동물문의 모든 강을 포함한다면 히코리 가재(노스캐롤라이나)까지 총 4개의 팀이 있는 셈이다. 중동부 지역에는 벌링턴 꿀벌(아이오와)이 있다. 트리플A 서부지구에는 솔트레이크시티 버즈(벌들이 윙윙거리는 소리를 나타내는 말)가 있고 남서부 지구에는 러박 귀뚜라미(텍사스)와 스캇츠데일 전갈(아리조나)이 있다.

야구 팀들이 왜 팀의 상징으로 절지동물의 이미지를 선택하는지 모르겠다. 어쩌면 그들은 곤충을 경쟁 상대에게 공포를 심어줄 수 있는 존재로 인식하는 것 같기도 하다. 그래서 무섭게 쏘아대는 벌이 황소(더럼, 노스캐롤라이나), 곰(야키마, 워싱턴), 코브라(키씨미, 플로리다), 방울뱀(위스콘신), 악어자라(벨로이트, 위스콘신), 상어(호놀룰루, 하와이), 흑돼지(윈스톤-세일럼, 노스캐롤라이나) 그리고 프레리도그(애벌린, 텍사스)와 계속해서 경쟁하는지도 모르겠다(프레리도그를 이 부류에 넣는 것을 의아하게 생각하는 독자도 있을지 모르겠지만, 프레리도그도 굉장히 고약하게 물 수 있으며 감염되기라도 하면 심각한 문제를 일으킬 수 있음을 다시 한 번 상기시키는 바이다). 어쩌면 야구 팀들은 곤충을 전국 각지에서 벌어지는 멈출 수 없는 자연의 힘 가운데 하나로 인식한 것일 수도 있다. 가령, 눈사태(세일럼, 오레곤), 천둥(트렌튼, 뉴저지), 사탕수수밭의 불(오아후, 하와이), 지진(란초 쿠카몽가, 캘리포니아) 그리고 여행객(애쉬빌, 노스캐롤라이나) 등에 맞설 수 있을 것으로 기대하고 말이다. 아니면 다른 지역에서는 무관심의 대상이지만 진심 어린 지역적 애정이 담겨져있는 경우일 수도 있다. 랜싱 대형 너트(lugnuts, 아리조나)나 시더래피즈 낟알들(kernels, 아이오와) 같은 팀은 이런 것이 아니라면 달리 설명할 방법이 없다.

그것이 무슨 이유에서 선택되었건 간에 점점 늘어가는 팀들을 다음 세기까지 대표하기에도 부족함이 없을 만큼 세상에는 많은 절지동물이 있다고 생각할 것이다. 하지만 꼭 그렇지만은 않다. 마스코트로 쓰기에 적합하다고 판단되는 절지동물은 분명 부족하다. 1998년 4월 3일 조지아 공과대학은 '버즈'라는 단어를 사용한 것과 작은 말벌처럼 보이는 이미지를 사용한 혐의로 미네소타 트윈즈의 이진 팀인 솔트레이크시티 버즈를 고소했다. 대학 총장의 행정 대변인이었던 마크 스미스 씨는 '버즈'라는 이름의 남발은 야구 팬들로 하여금 조지아 공대와의 혼란을 야기할 수 있으며, 대학은 1988년에 이미 트레이드마크로 등록을 해놓은 상태이기 때문에 '버즈'라는 단어의 독점권이 대학에 있다고 주장하며 다음과 같이 말했다. '버즈는 이제 조지아 공대와 동의어나 다름없으며, 우리는 우리의 이미지를 지켜야 할 의무가 있습니다.' 이 법적 분쟁은 사실 조지아 공대의 대변인이 아틀란타에서 우연히 솔트레이크시티 버즈의 야구모자를 보면서 일어났다.

이에 대해 솔트레이크시티 버즈도 당연히 가만히 있지 않았으며 맞고소를 했다. 구단주인 조 버자즈Joe Buzas 씨는(이름만 봐도 이 주제에 대해 할 말이 있어 보인다) 조지아 공대에서 팀의 존재를 인식하기 3년 전부터 '버즈'라는 명칭을 사용해왔음을 지적했다. 버자즈는 또한 지난 3년 동안 조지아 공대의 관리들이 혼란스러움을 느끼지 못했다면 미래의 예비 동창생들이 헷갈릴 확률도 매우 아주 낮을 것이라고 지적했다. 게다가 버자즈는 솔트레이크 시티의 마스코트는 정확히 말해 '버즈Buzz'가 아니라 '버지Buzzy'이기 때문에 전혀 문제될 것이 없다는 입장이었다. 그건 그렇고 이 논의에 등장하는 어느 누구도 지금까지 용케 이 소송을 피해있는 벌링턴 벌들Bees(아이오와)의 마스코트 이름이 '버즈'라는 사실을 눈치 채지 못한 것 같다.

조지아 공대 측은 이러한 주장에도 아랑곳하지 않고 마스코트가 '매우 비슷하다'고 지적했다. 나는 우연히 버즈 팀과 조지아 공대의 야구 모자를 둘 다 갖게 되었는데, 전문가적인 식견으로 말하건대 공통점을 찾을 수 없었다. 두 마스코트 모두 날개, 침, 그리고 안테나를 갖는다는 점에서는 닮았지만 이러한 특질들은 침이 있는 벌목의 곤충이라면 모두 갖고 있으므로 논의의 대상이 될 수 없다. 그렇다면 참치 통조림 브랜드인 범블비(*Bumblebee*, 뒁벌) 역시 소송을 준비해야 할지도 모른다. 실제 자연의 것과는 차이가 있는 색깔을 우선 살펴보자. 조지아 공대의 말벌은 짙은 감색과 노란색의 줄무늬가 번갈아 둘려있는 반면 솔트레이크시티 버즈의 벌은 줄무늬가 거의 없이 전체적으로 진한 청색을 띠고 있다. 게다가 조지아 공대의 말벌은 주먹(부절跗節이라고 해야 하나?)을 불끈 쥔 채로 화난 듯 얼굴을 찡그리고 있는(벌링턴 아이오와 벌팀의 버즈도 다르지 않다) 반면, 솔트레이크시티 버즈의 것은 다리를 거의 내보이지 않은 채 평온한 표정을 짓고 있다. 게다가 조지아 공대의 말벌은 장갑을 끼고 있다.

내가 갖고 있는 얄팍한 법학 지식을 바탕으로 생각해볼 때 법원은 만약 이 장갑이 솔트레이크시티 버즈의 손에 맞지 않으면 무죄(미국을 떠들썩하게 했던 심슨O.J. Simpson의 살인혐의에 대한 공판 현장에서부터 비롯되어 당시 유행어처럼 번졌던 표현)를 선고해야 할 것이다. 곤충학자인 내 눈에는 두 마스코트가 자연 속의 말벌과 벌처럼 많이 달라 보인다. 비록 일반 대중의 눈에는 차이가 없어 보일 수도 있지만 말이다. 실제로 〈솔트레이크트리뷴〉은 1998년 4월 16일자 신문에서 말벌 마스코트를 '말벌' 대신 '벌'이라 지칭하기도 했다.

조 버자즈는 이 문제의 요점을 가장 잘 정리하고 있다. 1998년 4월 16일자 〈솔트레이크트리뷴〉에서 그는 '벌이 하는 일이 뭐지요? 윙윙(Buzz)대는 겁니다. 곤충의 행동을 소유하는 건 불가능한 일입니다. 우리는 전국적으로 버즈로 알려져 있습니다. 그들은 말벌이지 버즈가 아닙니다'라고 말한다. 이제 솔트레이크시티가 재판을 유타주로 옮겨가기 위해 덴버에 위치한 미국 지방법원에 상고하는 사이 조지아 공대 측은 조지아 주의 연방법원으로 소송을 이어가고 있다. 이번 사건은 누가 보더라도 앞으로도 상당히 오랫동안 법적 공방이 오갈 것처럼 보일 것이다.

나는 '벌의 행동을 누가 소유할 것인가'하는 문제에 대해 법적 소송이 제기될 수 있는 곳은 오직 미국뿐이라고 얘기하려 했지만, 사실 이건 부분적으로만 옳은 얘기다. 이는 영국이나 또는 다른 영어권 국가에서도 능히 일어날 수 있는 일이다. 하지만 그 밖의 다른 많은 곳에서는 일어날 수 없다. 왜냐하면 벌들이 모든 곳에서 윙윙대는 것은 아니기 때문이다. 독일에서는 벌들이 '숨멘summen', 스페인에서는 '줌바르zumbar', 이스라엘에서는 '짐쩜zimzum', 에티오피아에서는 '아네뻬베anebbebe', 중국에서는 '웽웽wengweng', 일본에서는 '분bun', 네

덜랜드에서는 '브롬멘brommen'(이는 오직 뒝벌에만 해당할 뿐 꿀벌은 해당되지 않는 소리다), 프랑스에서는 '부흐도네bourdonner' 그리고 폴란드에서는 '젠통brzecza' 하는 소리를 낸다. 인도어에는 벌들이 윙윙대는 소리가 신화 속의 바벨탑처럼 실재한다. 힌디어를 사용하는 북부 인도에서는 벌들이 '빈비나나bhinbhinaanaa' 하며, 다른 인도 어파인 마라티어로는 '군잔 까르나ghunjan karne', 카슈미르어로는 '기기 까룬giigii karun' 댄다. 이 용어들 중 어떤 것을 골라써도 굉장히 멋진 야구 팀의 이름을 지을 수 있을 것이다. 관중석에 앉은 사람들 중 이를 제대로 발음할 수 있는 사람이 단 한 명도 없다면, 열정적인 응원도 힘들 테지만. 게다가 발음부호들은 야구 모자에 새겨넣기도 힘들 것이다. 추측하건대 여기서 우리가 배울 점이 있다면, 처음부터 내내 얘기한 대로, 버즈워즈(buzzwords 이 책의 영어 원제목-옮긴이)는 사람들에게 정말 중요한 문제라는 사실이다.

작전명 '모기 소집해제'
Sounding off

'이 기계에서 발생하는 음파의 진동은
사람과 애완동물에게 무해합니다.
하지만 소리에 지나치게 예민한 고객께서는
가까이에서 지속적인 사용에 주의해주십시오'

　　곤충학 관련 주제에 대한 대중 강연 제의가 종종 들어오는데, 과학의 대중화를 위해 언제나 열심인 나는 그 제안을 거절하는 법이 거의 없다. 한번은 일리노이대학의 동창 재단으로부터 강연 제의가 들어왔는데, 캠퍼스에서 그리 멀지 않은 공원에서 단합대회 중인 동창이 그 대상이었다. 재단 측은 내 강연에 대한 보상으로 경비 환급과 감자 샐러드를 제안했다. 때가 때인 만큼 나는 그 제안을 덥석 받아들였다. 나중에 정신을 차리고 보니 완전히 낯선 사람에게 둘러싸인 채 긴 탁자의 끝에 앉아있는 나를 발견했다. 이들은 지난 세기 어느 시점엔가 일리노이대학에서 수업을 들었다는 사실 말고는 아무런 공통점도 갖고 있지 않았다. 내 옆 자리에 앉아있던 남자는 내가 그날 저녁의 특별 연사라는 사실을 알아차리고 매우 들떠서 "그럼 당신은 이것에 대해 굉장히 잘 아시겠네요!" 하더니 탁자 밑으로 손을 찔러 넣어 자신의 바지 벨트를 붙잡고 낑낑대기 시작했다. 정말 너무나 다행스럽게도, 그는 그저 작은 손전등 모양의 관 도구를 꺼내서 나에게 자랑을 하려던 것이었다. 그는 내 멍한 눈을 보더니, 매우 실망스럽다는 어투로 그것이 전자 모기 퇴치기라고 일러주었다. 이 시점에서 곤충학자로서의 나의 입지는 의심받게 되었으며, 그는 어색함을 메우려는 듯 내게 피클을 건네달라고 부탁했다.

그 전까지 나는 전자 모기 퇴치기를 한 번도 본 적이 없었다. 사실 이 기계가 작동하는 기본 원리, 즉 다시 말해 특정한 종류의 소리를 이용하여 모기를 쫓을 수 있다는 생각은 이미 오래 전에 허위로 증명된 것이라 생각했다. 그래서 집으로 우편 배송된(언제나 너무 많이 와서 탈인) 카탈로그들을 가볍게 훑어보는 것만으로 시중에서 팔고 있는 모기 퇴치기가 12가지나 된다는 사실을 발견했을 때 놀라지 않을 수 없었다. 그것들은 꽤 멋져 보이는 것에서부터 우스꽝스러운 것까지 매우 다양했다. '전자 모기 퇴치기'계의 캐딜락으로는 뭐니뭐니해도 '스위스제 벌레 방패' 몰트론Ⅲ를 꼽을 수 있을 것이다. 카탈로그에 적힌 바에 따르면 '몰트론 벌레 방패는 알을 밴 암컷들이 싫어하는 수컷 모기의 소리를 전기적으로 재생함으로써 당신을 보호한다'고 한다. 몰트론Ⅲ(몰트론Ⅰ과 Ⅱ는 기획 단계를 벗어나지 못했음이 분명하다)의 가격은 19.95달러로 매겨져있는데, 비슷한 기계들 중에는 이 제품만이 유일하게 조정 가능한 다이얼과 3개 국어(영어, 스페인어와 프랑스어)로 지원되는 사용설명서와 환불신청서를 제공하고 있다(미국에만 최소 67종의 모기가 서식하는 것으로 알려져있으며, 그 모든 종이 기계에서 제공하는 범위의 파장에 반응하리라는 보장은 없다). 제작자는 겸손하게도 '다른 많은 사람이 그랬듯이 당신도 몰트론Ⅲ의 뛰어난 효과를 확인하실 수 있길 바랍니다'라고 막연한 소망을 내비치고 있었다. 한 가지 기억해야 할 것은 열심히 피를 찾는 모기들은 대부분 아직 발달하지 않은 난자를 가진 교미 전의 암컷이라는 점이다. 교미에 성공한 암컷은 알을 낳을 장소를 찾느라 바빠서 보통은 피를 갈망하지 않는다. 그것이 산 것이든 녹음된 것이든 간에 처녀 모기는 수컷 모기의 소리에 반응하지 않을 것이라 생각하는 편이 낫다. 그렇지 않다면 애초부터 쫓아내야 할 모기가 그렇게 많지도 않았을 것이다.

'모기 안녕~'은 몰트론Ⅲ와 동일한 원리로 작동하지만 훨씬 싼 가격에 같은 일을 한다. 4.98달러라니, 전자 모기 퇴치기 세계의 유고Yugo(정식명칭은 자스타바 코랄Zastava Koral로 세르비아의 자스타바 회사에서 출시한 극소형 자동차)나 다름없다. 이것은 중국제이며 사용설명서는 오직 한 가지 언어로 쓰여있는데, 거기에는 엉터리 영어로 설명이 붙어있었다. 그리고 작동에 필요한 배터리조차 포함되어있지 않다.

'모기 안녕~'은 전자 모기 퇴치기의 진정한 보물 창고인 해리엇 카터 카탈로그를 통해 구입할 수 있다. 그 카탈로그에는 향기 나는 화장실 휴지걸이, 뱃살 제거 속옷, 무선 전자 안전 털 제거기(볼썽사나운 코털, 귓속 털 그리고 눈썹을 멋지게 제거해드립니다!)와 '고양이 요강'(이제 당신의 고양이도 화장실을 이용할 수 있습니다!) 등의 제품들 틈에 끼어 초음파 목걸이 모기 퇴치기(6.98달러), 고정식 '모기 안녕~' 그리고 나일론 끈이 달려있어 편한 위치에 매달 수 있는 '모기 추격자'(7.98달러) 등이 실려있었다. 고정식 제품은 중국에서 만든 것이었지만 목걸이와 박스는 대만 제품이었다. 목걸이의 제작자는 뭔가를 감추는 듯한 말투로 이 상품은 '우리에게는 거의 들리지 않지만 모기가 싫어하는 소리의 파장을 전송하여 모기들을 쫓아냅니다'라고 소개하고 있다. 흥미롭게도 상품설명서에서는 '이 기계에서 발생하는 음파의 진동은 사람과 애완동물에게 무해합니다. 하지만 소리에 지나치게 예민한 고객께서는 가까이에서 지속적인 사용에 주의해주십시오'라고 경고하고 있다. 이 물건이 오직 모기만을 쫓는 게 아님이 분명하다. '거의 들리지 않는다'는 부분에 있어서도 모든 것이 주관적일 수밖에 없긴 하지만, 나는 누군가 아슬아슬하게 정신이상의 경계에 서있는 사람이 한두 시간 정도 목에 걸고 다니다가 한 순간 미쳐버리는 모습을 상상해볼 수도 있다. 그건 그렇고, 모기 추격자에는 '정지' 버튼이 없다.

    이 시장에는 산란 중인 모기가 그들의 짝이 칭얼대는 소리를 못 견딘다는 점을 믿지 못하는 회의론자를 위한 제품 또한 적어도 하나 존재한다. '러브 벅(12.95달러)'이란 제품은 '모기의 천적인 잠자리의 날개 퍼덕임 진동을 전기적으로 모방하여 모기를 쫓는다!' 광고는 아기 유모차에 부착되어 있는 이 기계를 보여주며 다음과 같이 설명한다. '로션이나 스프레이처럼 유효하며 반경 6~9미터 내의 모기들을 쫓아냅니다.'

　나는 분명 그 제품이 자외선 차단 로션이나 오븐 청소용 스프레이처럼 효과가 전혀 없을 것이라고 생각한다. 왜냐하면 그 제작자들은 이 기계가 전기적으로 복제해내고 있는 날개 퍼덕임 진동이 어떤 잠자리 종의 것인지 명시하고 있지 않기 때문이다. 전국에 흩어져있는 모든 모기 종이 잠자리목 전체를 대표하도록 선택된 단 한 종의 잠자리의 날개 퍼덕임을 인식할 확률은 매우 낮다.

　이러한 기계를 만든 제작자들은 엄격한 심사를 거친 과학 논문에서는 찾아볼 수 없는 그런 정보를 갖고 있는 듯 하다. 전자 모기 퇴치기의 효능에 대해 내가 찾을 수 있었던 유일한 논문은 그런 것은 없다고 강력히 주장하고 있었다. 만약 이렇듯 파렴치하고 잠재적으로 위험하기까지 한 물건이 소비자를 갈취할 목적으로 만들어진 것이 아니라면, 우리는 배워야할 게 아주 많다. 만약 모기가 실제로 생태학적으로 특정한 소리를 피해 도망간다면, 새로운 전기 퇴치기의 가능성은 그야말로 무궁무진하다. 예를 들면, 손으로 찰싹 내려치는 소리와 피를 잔뜩 빨아먹은 암컷 모기가 터져 죽는 소리를 내는 장치를 당장 시험해보면 좋을 듯싶다. 아니면 모기 퇴치 스프레이의 캔이 분무되는 소리는 어떨까? 이 방법은 오존층에 피해를 주지도 않는다. 혹은 '새'라는 제목의 영화의 배경음을 계속해서 재생하는 기계나 이제 DDT의 국내 사용 금지법이 철폐되었다는 소식을 계속해서 발표하는 기계는 어떨까? 이 방법이 모기를 쫓는 데 효과적일지 누가 알겠는가? 연방 정부는 어쩌면 심지어 그런 연구를 진행하는 데 유리한 입지를 이미 선점했는지도 모른다. 무엇보다도 그들은 파나마에서 교황청 대사관 밖으로 마누엘 노리에가Manuel Noriega를 끌어낼 때 사용했던 록큰롤 카세트 테이프를 아직 가지고 있을 것이다(1989년 12월 20일 미군이 민주헌정을 회복시키고 국제 마약거래 혐의자인 노리에가 대통령을 미국 법정에 세우기 위해 파나마를 침공한다. 단 하루 만에 27개의 공격목표를 성공적으로 접수한 미군은 파나마 주재 교황청 대사관으로 피신한 노리에가를 포위하는데, 대사관 건물에 틀어박혀 나오지 않는 노리에가를 압박하기 위해 미군은 대형 확성기로, 24시간 내내 시끄러운 록음악을 틀어댔다. 결국 1990년 1월 3일 노리에가가 투항함으로써 종결되었다.-옮긴이). 그 때처럼 암컷 모기에게도 이 방법이 효과적으로 먹힐지 누가 아는가?

곤충학자가
바라보는
곤충학자

곤충학자의 발품 팔기
Entomological legwork

델코민 박사는 20년간 곤충의 운동을 연구하면서
셀 수도 없이 많은 바퀴벌레의 다리를 떼어냈으며
그로 인해 그 분야의 권위자가 되었다.

어느 날 나는 책장을 훑어보다가 〈헥사포드 헤럴드Hexapod Herald〉 모음집을 발견했다. 〈헥사포드 헤럴드〉는 일리노이대학의 곤충학과 대학원 학생들에 의해 1983년부터 1986년까지 비정기적으로 발간됐던 회보이다. 폭 넓은 주제를 다루던 이 출판물은 곤충과 관련한 뉴스와 낱말 맞추기 퍼즐, 요리법, 시, 우스갯소리와 수수께끼 그리고 그 밖에 잡다한 이야기들을 싣고 있었다. 1986년에는 당시 편집장이었던 제임스 니타오James Nitao가 당시 교수와 학생들을 대상으로 수행한 설문조사의 결과를 발표했다. 그가 던진 질문은 직업 흥미와 계발 그리고 개인적인 관심사와 취미 생활에 관한 것이었다. 유년기의 경험에 대한 질문에 교수 응답자 15명 중 12명은 곤충 수집을 한 적이 있다고 밝혔고, 3명은 개미 농장을 가졌던, 3명은 돋보기로 개미를 태워본, 그리고 6명은 파리의 날개를 떼어본 적이 있다고 대답했다. 대학원 학생들의 경우에도 상황은 크게 다르지 않았다. 총 31명의 대학원생들 중 12명은 돋보기로 개미를 태워보았으며 17명이나 되는 학생들이 파리의 날개를 떼어본 적이 있다고 답했다. 그 밖에도 응답자들이 보고한 기타 활동으로는 '거미 싸움, 장님거미daddy longlegs 다리 떼기, 테러 수준의 학대, 불로 벌레 태우기, 캡슐에 개미 담아 폭발시키기, 말파리 몸에 실 감기' 등이 있다. 파리의 배 끝에 지푸라기를 이용하여 치는 장난도 있지만, 파리의 체면을 고려하여 여기서는 자세히 다루지 않기로 한다.

이 정보들은 곤충학자들이 비정상적이 아닌가 생각해보게 한다. 빈센트 드치에Vincent Dethier는 그의 책 《파리 제대로 알기To Know a Fly》에서 다음과 같이 적고 있다.

> 파리의 다리나 날개를 잡아 뜯는 것을 금기시하는 문화는 없는 것 같다. 하지만 대부분의 어린이가 결국에는 이러한 행동을 하지 않는다. 그렇지 않은 어린이는 좋지 않은 결말을 맞거나 생물학자가 된다.

드치에게는 이 두 가지 결말의 차이가 매우 분명해 보였겠지만, 짐작하건대 일반 대중의 눈에는 이 두 결말이 동일한 것으로 비쳐질지도 모른다. 일리노이대학의 곤충학과는 과학이라는 미명하에 곤충의 부속지를 제거하는 데 있어 유구한 역사를 가지고 있다. 고트프리드 프랭켈Gottfried Fränkel은 이곳 일리노이대학에 부임하기 전인 1932년에 파리의 평균체(halter, 한 쌍의 날개 뒤에 위치한 균형 기관)를 자른 뒤 비행 반응에 나타나는 결과를 관찰했다. 그래서 그는 업민스터 교회의 목사 더럼W. Derham이 1716년도 〈물리신학지Physico-Theology〉에 '만약 둘 모두를 자르면, 파리는 매우 불안정하고 이상하게 날 것이며, 이는 필수적인 부분이 손실되었음을 명백히 드러내는 것'이라고 보고했던 시점까지 두 세기나 거슬러 올라가는 길고 긴 곤충학 역사의 일부가 되었다. 현재 나의 동료인 프레드 델코민Fred Delcomyn 박사는 파리의 다리나 날개, 평균체를 떼어내지 않는다. 하지만 그는 20년간 곤충의 운동을 연구하면서 셀 수도 없이 많은 바퀴벌레의 다리를 떼어냈으며 그로 인해 그 분야의 권위자가 되었다. 델코민 박사는 과학적인 곤충 다리 뜯기의 역사가 칼렛G. Carlet이 〈과학학술원 회보Comptes Rendu de L'Academie de Science〉에 'De la marche d'un insecte rendu tetrapode par la suppression d'une paire de pattes'라는 제목의 논문을 게재했던 1888년까지 거슬러 올라간다고 보고 있다. 그는 바퀴벌레를 위한 인공 다리의 디자인과 사용 분야를 개척한 몇 명 가운데 한 사람이라는 점에서 부속지를 제거하기만 했던 대부분의 동료들보다 한 수 위다(이 방법은 폰 버든브로크W. von Buddenbrock에 의해 약 70년 전쯤 시작되었다). 델코민 박사의 바퀴벌레 의족에 대한 관심은 순수하게 학구적인 것이었다. 다시 말해 이 바퀴벌레 의족은 금전적 성공을 목적으로 만들어진 것이 아니다.

곤충의 다리나 날개를 제거하는 것이 운동에 미치는 영향에 관한 논문이 많다는 사실도 그리 놀라운 일이 아니다. 그리고 아마도 이러한 논문이 '곤충도 고통을 느끼는가?'라는 질문을 던지는 논문보다 많다는 것 또한 그리 놀라운 일이 아니다. 실제로 나는 이 주제를 다루고 있는 논문을 단 두 편밖에 찾을 수 없었다. 하나는 위글즈워스V. B. Wigglesworth가 1980년에 게재한 '곤충도 고통을 느끼는가?'라는 제목의 논문이고, 다른 하나는 그로부터 4년 후에 아이스만C. H. Eisemann과 공동 저자가 함께 발표한 '곤충도 고통을 느끼는가에 관한 생물학적 관점'이라는 제목의 논문이다. 단정적으로 얘기하긴 어렵지만, 두 논문의 저자들은 모두 곤충이 우리가 정의하는 방식으로 고통을 느끼지는 않는 것 같다고 결론지었다. 이러한 결론을 뒷받침하는 증거로 다음과 같은 예시 하나가 인용되었다. '다리에 부상을 입은 후에 상처 입은 신체 부위를 보호하려고 절뚝거리며 걷기는커녕, 관찰을 통해 알아본 바에 의하면 곤충들은 심각한 부상을 입거나 신체 기관의 일부가 소실된 후에도 정상적인 활동을 계속하려는 모습을 보인다. 예를 들어 다 부서진 부절로 기어가고 있는 곤충은 계속해서 다친 다리를 이용하려고 한다.'(Eisemann et al., p.166) 반면에 인간은 으스러지기는커녕 훨씬 못 미치는 경미한 부상에도 다 큰 어른조차 절망적으로 흐느낄 수 있다. 얼마 전 남편은 살을 파고든 발톱 때문에 응급실에 실려갔다.

곤충의 고통 반응에 대한 생각은 내가 대학원생이었던 1980년에 코넬대학에서 헨리 헤이지던Henry Hagedorn 교수의 곤충생리학 수업에서 진행했던 실험을 통해 상당히 굳어졌다. 곤충의 심장에 관한 실험이었는데, 우리는 지시 받은 대로 바퀴벌레를 마취시켜 해부 접시 위에 등이 아래로 오도록 놓고 핀으로 고정시켰다. 그리곤 민첩하면서도 정확하게 머리와 다리를 잘라내고 복부 체벽을 제거한 뒤 내장을 걷어내고 지방층을 후벼 파내 등혈관(Dorsal vessel, 개방혈관계를 갖는 곤충에서 유일한 통로관으로 배면 체벽 안쪽으로 흉곽과 복부를 가로질러 존재한다. 복부의 혈림프를 모아 뇌 쪽으로 보내주는 기능을 하며, 복부 쪽 등혈관에 있는 근육으로 펌프 작용을 한다. 그래서 이 부위를 곤충의 심장이라 부른다)을 노출시켰다. 그리고 난 뒤 우리는 차가운 식염수를 주입하면서 온도가 떨어짐에 따라 심장박동이 어떻게 변하는지를 관찰했다. 또한 다양한 종류의 생리 식염수를 떨어뜨리면서 심장 박동이 멈추는지를 지켜보았다. 이 시점까지도 심장이 멈추지 않은 바퀴벌레를 가진 실험 조들은 니코틴, 아세틸콜린, 카페인 등의 신경 자극성 물질이 심장 박동에 미치는 영향을 시험해 보기로 되어있었다. 내 실험 파트너였던 학부생 스티브 파소아와 나는 두 시간 반 만에 주어진 과제를 모두 끝마칠 수 있었다. 그리고 스티브가 바퀴벌레를 제자리에 고정하고 있던 핀을 뽑았는데, 그러자 뭐라 형언할 수 없을 만큼 공포스럽게도 그 바퀴벌레는 잘려나간 제 몸의 조각들을 흔들면서 미친 듯이 헤엄쳐 도망가기 시작했다. 바로 그 순간 나는 바퀴벌레들이 우리와 다르다는 사실을 확실하게 깨달았다.

이런 이유 때문에 만약 곤충이 고통을 느낀다고 하더라도 그건 내가 절대로 엮이고 싶지 않은 방식의 것이라고 혼자 결론을 내리고 더 이상 이 문제에 대해 이야기하지 않으려 한다. 하지만 나를 심란하게 했던 문제가 아직 한 가지 남아있다. 나는 1994년 4월에 위스콘신 공중파 라디오의 유명한 퀴즈 프로그램인 '당신이 아는 모든 것'에 초대 손님으로 출연한 적이 있다. 나는 늘 받던 대부분의 질문에 대답할 준비가 되어 있었다(예를 들어, '모기의 이로운 점은 뭔가요?' 등의 질문 말이다). 하지만 진행자였던 마이클 펠드먼Michael Feldman은 내게 곤충이 자유의지를 갖고 있는지를 물어 나를 매우 당황하게 만들었다. 이는 분명 20세기를 뜨겁게 달구었던 질문이었음에도 컴퓨터에서 '자유의지'와 '곤충'으로 검색한 자료 중에는 쓸 만한 대답이 하나도 없었다. 그러니 이에 대해 의견이 있으신 분은 어떤 것이든 주저 없이 얘기해주시기 바란다.

이름이 뭐길래
"What's in a name? That which you call Eltringham's gland…"

곤충학계에서 사용되는 명칭의 어원에는
한 가지 이상한 공통점이 있다.
생식 기관에 누군가의 이름을 딴 신체 부분 중에
이상하리만치 높은 비율로 집중되어있다는 점이다.

나는 가끔 어원학과etymology 앞으로 발송된 우편물을 받곤 한다. 곤충학entomology이나 어원학이나 일반 대중에게 널리 알려진 전공이 아니기도 하고 사전을 펼쳐보면, 너무나 가까이 붙어있어서 놀랄 정도니 그리 이해하기 힘든 실수도 아니다. 물론 개미충학과antomology로 된 우편물을 받을 때도 있는데 이 역시 충분히 이해할 수 있는 실수다. 한번은 내분비학과endocrinology로 발송된 우편물을 받은 적도 있다. 물론 어원학은 단어의 기원에 관해 연구하는 학문이고, 곤충학은 곤충에 대해 공부하는 학문이다. 하지만 때때로, 특히 곤충의 각 부분이 알맞게 붙여진 명칭을 갖고 있을 때, 곤충학자는 그들의 연구 대상을 어원학적으로 볼 수 있는 기회를 갖는다.

인체의 각 구조와 생리 작용 가운데는 사람의 이름에 그 어원을 둔 것이 많다. 인간의 몸은 말하자면 성명학계의 축구 선발대표 목록인 셈이다. 우리 몸의 세포, 분비기관, 인대, 피막, 고리, 도관, 관, 결절, 기관, 골관 등이 처음으로 그것을 보고한 사람을 기리는 뜻에서 발견자의 이름을 딴 명칭을 갖고 있다(푸르킨예Purkinje, 글레이Gley, 베리Berry, 보우먼Bowman, 헨리Henle, 뮬러Mueller, 유스타키오Eustachios, 랑비에Ranvier, 골지Golgi 그리고 하버스Havers가 각각 그 예라 할 수 있겠다). 사람의 이름을 따서 명칭을 짓는 경향은 대륙과 산봉우리들의 명칭이 발견자의 이름을 따서 지어진 것과 같은 이유일 것이다. 집에 틀어박혀있는 내과의사에게 그들의 해부학적 모험을 조금 더 전통적인 형태의 모험 이를테면, '랑게르한스 섬 찾아가기', '하버스 운하에서 뱃놀이' 혹은 '루이의 각을 돌아 항해하기' 등으로 비교하는 것은 그저 가벼운 논리의 전환에 불과한 것이다. 루이의 각은 흉곽의 두 번째 공간에서 늑골이 이루는 각을 말한다. 이는 안트완 루이 Antoine Louis(1723~1792)의 이름을 따서 붙여진 명칭인데 사실 그는 기요틴J. I. Guillotin [프랑스 혁명 중에 처음 등장한 단두대(Guillotin)를 만든 사람으로 무슨 운명의 장난인지 자신의 발명품에 의해 죽는다−옮긴이]과 함께 단두대의 공동개발자로 더 유명하다.

곤충학자 또한 자신의 이름을 영원히 남길 수 있는 이러한 기회에 매료되어있다. 매우 많은 곤충의 부분이 이런 식으로 붙여진 이름을 가지고 있지만 불행하게도 그중 극히 일부만이 전문가 그룹 바깥까지 알려져있다. 예닐곱 개 대학의 해부학 교수이자 교황 이노센트 12세의 담당의사였던 위대한 말피기Malpighi는 17세기에 누에를 가지고 해부 실험을 해서 크게 한 건 터뜨렸다. 결국 말피기관으로 불리게 된 그가 묘사한 관 구조물은 신장과 비슷한 역할을 하는 기관으로 진디와 함께 대세를 거스르고 있는 몇몇 곤충을 제외하고 거의 모든 곤충에게서 발견된다. 말피기와 마찬가지로 내과의사였던 크리스토퍼 존스톤Christopher Johnston은 1855년에 운 좋게도 모기의 안테나 기부에 있는 '청각 피막'을 발견하고 이를 보고했다. 아마도 그는 이 존스톤 기관이 곤충에 널리 존재한다는 사실을 까맣게 몰랐을 것이다. 이제는 모기 전문가만 이 기관의 존재를 아는 것이 아니라 수십 년간 곤충 해부학 수업의 단골 퀴즈 문제로 등장하는 이것을 맞추기 위해 학부생들도 이것에 대해 배우고 있다.

하지만 일반적으로 당신을 기리기 위해 당신의 이름을 딴 곤충의 부위를 갖는 것이 영속적인 명성을 얻는 길은 아니다. 그의 이름을 딴 풀잠자리목 곤충의 분비 기관을 하나도 아니고 두 개나 갖고 있는 엘트링검H. Eltringham의 경우를 생각해보라(사마귀붙이Mantispa styriaca의 분출성 복부 분비기관과 명주잠자리Myrmeleon nostras의 뒷날개 속에 위치한 취선臭腺이 그것이다). 심지어 위대한 말피기조차도 본인의 이름을 딴 곤충의 기관을 두 개나 갖지는 못했다. 하지만 지금 엘트링검의 입지는 어떠한가? 또한, 오래전에 세상을 떠난 곤충 해부학 교재의 저자 스노드그래스Snodgrass와 임즈Imms를 제외하고, 바이스만의 고리, 셈퍼의 늑골, 라트레일리의 체절, 두포어의 샘이나 토모

201
이름이 뭐길래

스배리, 게이브, 한스트룸, 슈나이더, 혹은 내이버트의 기관을 아는 사람이 얼마나 되겠는가?

영속적인 명성의 측면에서 생각했을 때 심지어 더 우울하게도 누군가가 그 기관의 위치를 짚을 수 있다고 해도 그 사람이 그 기관이 가진 명칭의 기원까지 알고 있으리라는 보장은 없다. 내가 일리노이대학의 동료 교수들을 대상으로 누구든 필리피Philippi 분비기관(송충이의 견사선과 연관된 부수적인 분비 기관)의 명칭의 기원이 된 사람을 아는지 물었던 비공식적인 설문조사는 늘 '필리피라는 이름을 가진 어떤 사람 아닐까?'라는 식의 별 도움도 안 되는 반응만을 얻었다. 스노드그래스에 따르면 '벌과 개미류의 안테나에 있는 플라스크 모양의 홈 혹은 함몰 부위'라는 힉스의 바틀Hicks' bottle(bottle은 술병을 의미하기도 한다-옮긴이)이 누구의 이름을 딴 것인지, 또 이 힉스라는 사람이 알코올 중독증 같은 것을 앓고 있었던 것은 아닌지 나 또한 알지 못한다.

이러한 종류의 문제들은 전혀 비밀스럽거나 난해하지 않다. 당신이 동굴에 서식하는 생명체의 생물학을 다루는 학술지인 〈동굴생물학연구Memoires de Biospeologie〉의 지난 호를 급히 읽다 놓쳤을까봐 말하는 것이지만, 스테나셀리드 아이소포드(stenasellid isopods, 등각류의 일종-옮긴이)에서 처음으로 벨론치의 기관이 발견되었다는 보고가 있었다. 이 기관은 지금까지 예닐곱 종의 갑각류에서 보고되었지만 스테나셀리드에서는 1991년에 핏잘리스Pitzalis와 그의 동료들에 의해 '두부의 주둥이 모서리 근처'에 숨어있던 것이 처음으로 발견되었다. 나는 벨론치가 이 일을 두고 얼마나 자랑스러워 했을지 상상할 수 있었다. 그리고 또한 도대체 이 벨론치라는 사람이 누군지 너무나 궁금했다.

    그에 대한 정보를 찾기 위해 무던히 노력했지만 그러한 나의 노력은 완전히 실패로 돌아갔다. 벨론치의 이름은 《곤충학자들의 약력 일람표Compendium of the Biographical Literature on Deceased Entomologists》에도 나와있지 않았다. 그렇다. 세상에는 그런 책도 있다. 이것은 대영박물관의 곤충학 사서인 파멜라 길버트Pamela Gilbert가 편집하여 엮은 책이다. 당신은 의분에 차서 '당연히 벨론치의 이름은 그 책에 없지! 그는 곤충이 아니라 갑각류의 기관을 발견한 것인데 그가 왜 곤충학자 일람표에 올라있겠어?'라고 반문할지도 모르겠다. 하지만 매우 개방적인 사고의 소유자인 파멜라 길버트는 돌아가신 곤충학자들을 모신 그 책에서 '나는 제한보다 포용이 더 유용하다고 생각한다. 사실 누구도 곤충학을 규정짓는 오만을 범할 순 없으니까'라고 적고 있다. 하지만 그처럼 넓은 견지로도 벨론치는 일람표의 7,500개 이름에 포함되지 못했다. 그의 이름이 실리지 않은 다른 이유가 실은 그가 아직 죽지 않았기 때문일 수도 있다는 생각을 해본다. '죽음'을 정의하는 조건이 '곤충학자'를 정의하는 기준보다 훨씬 덜 모호하긴 할 것이다.

    의학계와 곤충학계에서 사용되는 명칭의 어원에는 한 가지 이상한 공통점이 있다. 누군가의 이름을 딴 신체 부분 중에 이상하리만치 높은 비율이 생식 기관에 집중되어있다는 점이 그것이다. 인간(특히나 여성)의 생식계는 영원히 기억될 명성의 한 귀퉁이라도 잡아보고자 겨루는 의사들로 꽤나 빽빽하게 채워져 있다. 팔로피오는 나팔관Fallopian tube을 찾았으며 바르톨린은 바르톨린샘을 보고했고, 그라프는 그라프 여포를 발견했다. 누군가는 브랙스턴 힉스J. Braxton Hicks도 여기에 포함시킬지 모른다. 브랙스턴 힉스는 1853년부터 1859년까지 〈런던린네학회보고서〉에 여러 목의 곤충 종의 안테나와 날개의 다양한 구조를 설명하는 여러 편의 논문을 연이어 게재했다. 하지만 브랙스턴 힉스가 산부인과 의사로서 임신 중 가성 진통 시에 일어나는 자궁 수축을 보고하는 논문을 발표하면서 불멸의 명성을 얻기 전까지 곤충학은 그의 부업에 불과했다.

　곤충에 관해서는 남성 곤충학자들이 암컷 곤충의 생식 구조에 많은 족적을 남겼다. 적절한 표현은 아니지만 그대로 옮기자면, '충격적인 수정' 과정 중에 수컷의 삽입 기관이 들어오며 발생하는 충격을 흡수하는 기능을 하는 암컷 빈대의 특수한 조직의 명칭은 하나가 아니라 두 개의 어원을 갖고 있다. 이것의 이름은 리바가Ribaga 기관과 베를리스Berlese 기관이다. 후자는 토양 속에 서식하는 절지동물 포획할 때 사용하는 깔때기를 고안해냄으로써 곤충학자에게 그의 이름을 각인시킨 베를리스에서 따온 것이다. 왜 곤충학자들은 고약한 냄새를 풍기며 피를 빠는 기생충의 괴상한 교미 행동에 쓰이는 구조물에 자신의 이름을 달지 못해 안달일까 하는 점은 내가 가진 상식으로는 대답하기 힘든 문제다. 내가 생각해낼 수 있는 것 중 인간과 곤충 해부학자 모두에게 똑같이 적용될 만한 유일한 설명은 해부학자들이 스스로 자신을 미지의 영역에 놓인 탐험가로 간주하는 것이다. 이렇듯 명칭의 어원이 되는 탐험가의 대부분이 남성이었고 지금도 남성의 비율이 높다는 점을 감안할 때, 어쩌면 이들은 여성 생식계가 숨겨진 위험이 곳곳에 도사리고 있는 수수께끼 같은 곳이라 생각하는지도 모른다. 그럼에도 불구하고 내게는 아직도 이런 상황이 우습게 보인다. 다른 건 차치하고 베를리스 부인과 리바가 부인은 그들 남편의 은밀한 기관이 곤충학 교재에 누구나 볼 수 있게끔 버젓이 묘사되어있는 것을 어떻게 받아들일까?

학명도 재미있게
Apis, Apis, Bobapis

동물학회의 회원 가운데 누군가가 이 속명들을
소리내어 말하기까지, 이 일련의 속명들이 키스를
뜻한다는 사실을 깨닫기까지 8년이라는 시간이 걸렸다.

나는 정말이지 이름 짓기에 소질이 없다. 입양한 고양이 두 마리를 꽤 오랫동안 키우고 있었는데, 한 마리는 비록 터무니없이 허구적으로 보일 수도 있지만 나름 논리적으로 '푸신즈Pussins'라 불렀고, 다른 한 마리는 반대로 너무 논리적일지 모르지만 나름 허구적으로 '누너스Nooners'라고 불렀다(Puss는 고양이를 뜻하는 말이며 Nooner는 점심시간에 짧은 섹스를 즐기는 사람들을 일컫는 속어다). 우연히 나에게 붙들려 이름 붙여진 애완동물은 푸신즈와 누너스뿐만이 아니다. 2학년 때는 녹색 플라스틱 야자수 한 그루가 심어져있는 섬으로 꾸며진 플라스틱 사발에 담겨 판매되던 붉은귀거북을 여러 마리 키웠던 적이 있다. 내가 모두 알파벳 'T'로 시작하는 이름(타미Tommy, 테리Terry, 티미Timmy, 테디Teddy 등)을 지어줬던 것으로 기억되는 그 거북이들은 모두 3주 이상 살지 못했다. 아마 나는 거북이 키우기에도 소질이 없었나 보다.

　이름 짓기와 관련해서 내가 안고 있는 이런 문제는 일상처럼 종명을 생각해내야 하는 계통분류학자들을 존경과 감탄의 눈길로 바라보게 만들었다. 내가 거북이들에게 지어준 이름과는 달리 이 이름들은 분명 3주보다는 오래 쓰일 것이다. 이론적으로 이 이름들은 영구히 지속되어야 한다. 웃어야 할지 울어야 할지 모르겠지만 나는 곤충을 연구하면서 신종을 보고할 기회를 거의 갖지 못했다. 한번은 창주둥이바구미과의 바구미 한 종을 발견했는데, 내가 동정을 의뢰한 스미소니언의 한 전문가에 따르면 그때까지 보고된 바가 없는 종이었다. 나는 아직도 훗날 분류학자가 과학 출판물에서 후대의 자손들에게 이 종을 설명할 때 내 이름을 딴 명칭을 쓸 것이라는 두려움 속에 살고 있다. 몸 길이의 절반이나 되는 긴 주둥이를 가진 딱정벌레가 '베렌바움Berenbaum 바구미'로 알려지는 건 상상하는 것만으로도 끔찍하다.

　어찌됐건 분류학자들은 계속해서 새로운 종을 찾아내고 있다. 린네Carl Linnaeus(1707-1778, 스웨덴 출신의 식물학자, 동물학자인 동시에 내과의사. '근대 계통분류학의 아버지'라 칭송 받는다)가 살아있는 모든 것에 이름을 붙이는 작업을 끝내지 못했기 때문이 아니라 두 세기 전에 알려졌던 것보다 무수히 많은 종들이 이름을 기다리고 있기 때문이다. 오늘날에는 아마도 과거 1758년에 린네의 이름을 따 지어진 딱정벌레보다 더 많은 바구미종이 존재할 것이다. 곤충명은 말 그대로 알파벳 A(*Aaages*, 1926년 바로브스키Barovkskii가 보고한 딱정벌레)부터 Z(*Zyzzyva*, 1922년에 케이시가 보고한 또 다른 딱정벌레)까지 전 범위에 걸쳐있다. 명명해야 할 생물종이 너무나 많다는 사실을 생각해봤을 때 분류학자들 특히 곤충 분류학자들이 이따금 정신을 놓아버리는 것도 무리는 아니다. 예를 들어 키어풋W.D. Kearfoot은 1907년에 잎말이나방과의 나방 여러 종을 기술하면서 알파벳의 거의 모든 자음을 써서 각운을 맞춘 이름을 지었는데 여기에는 보바나*bobana*, 코카나*cocana*, 도다나*dodana*, 포파나*fofana*, 호하나*hohana*, 고가나*kokana*, 로라나*lolana*, 모마나*momana*, 포파나*popana*, 로리나*rorana*, 소사나*sosana*, 토타나*totana* 그리고 보바나*vovana*가 속한다. 같은 맥락에서 판다나*fandana*, 간다나*gandana*, 한다나*handana*, 칸다나*kandana*, 만다나*mandana*, 난다나*nandana*, 판다나*pandana*, 란다나*randana*, 산다나*sandana*, 탄다나*tandana*, 반다나*vandana*, 완다나*wandana*, 크산다나*xandana*, 얀다나*yandana*, 그리고 잔다나*zandana*도 생각해볼 수 있다. 그는 단조로움을 덜기 위한 노력으로 몇몇 다른 종들에는 박시아나*boxeana*, 카나리아나*canariana*, 플로리다나*floridana*, 아이다호아나*idahoana*, 미스카나*miscana*, 노마나*nomana*, 소노마나*sonomana*, 보모나나*vomonana*, 우머나나*womonana* 그리고 도무지 무슨 말인지 모를 서브인빅타*subinvicta* 같은 이름을 붙여주었다.

대부분의 분류학자들은 키어풋이 했던 것보다 좀 더 창의적인 방법으로 이러한 난국을 헤쳐나간다. 몇몇은 너무 뛰어난 창의력 때문에 국제곤충학회로부터 질책을 받기도 했다. 국제곤충학회는 명명법과 관련하여 일련의 표준화된 규정을 마련하고, 1901년 이래로 계속해서 정기 모임을 가지면서 지침서와 의견서 등을 발행하고 있다. 나는 이 지침서를 읽고 '역시 난 분류학자가 될 운명이 아니었구나' 하는 더욱 큰 확신을 갖게 되었다. 그 규정들은 소득세 납입 증명서를 정리하는 것만큼이나 애매하고 복잡했다. 규정이 영어와 프랑스어로 매 쪽마다 번갈아 가며 설명되어있다는 점도 크게 도움이 되지는 못했다. 게다가 47쪽 분량의 2개 국어 용어 설명집도 프랑스어 용어 설명 부분이 영어로 된 부분보다 왜 2쪽 반 정도 더 길까 궁금해하며 잠 못 든 것 외에는 별 도움이 되지 못했다. 혹시, 차마 번역하지 못할 정도로 외설스런 부분이 있는 건 아닐까?

약 예닐곱 명의 분류학자들이 명명 과정에서 과도한 창의력을 발휘한 나머지 고위 간부의 화를 돋우기도 했다. 예를 들어, 커칼디G. W. Kirkaldy는 일련의 반시목 혹은 반시류 곤충들에게 오키스미*Ochisme*, 폴리키스미*Polychisme*, 나니키스미*Nanichisme*, 마리키스미*Marichisme*, 돌리키스미*Dolichisme* 그리고 플로리키스미*Florichisme*라는 속명을 부여했다는 이유로 1912년에 런던동물학회로부터 경박스럽다는 비판을 받았다. 동물학회의 회원 가운데 누군가가 이 속명들을 소리내어 말해서 이 일련의 속명들이 키스를 뜻한다는 사실을 깨닫기까지 8년이라는 시간이 걸렸다. 페이트V. S. L. Pate는 굼벵이벌과tiphiid wasp의 새로운 속을 랄라파*Lalapa*로 이름 붙인 뒤에 그 속에 속한 한 종을 랄라파 루사*Lalapa lusa*라고 명명하려 1947년에 검열관들에 의해 제지를 당한 바 있다. 미국 국립자연사박물관의 곤충분류연구실에 있는 아놀드 멘키Arnold Menke 박사는 아하Aha라는 이름의 속을 세우고 대상 종을 아하 하Aha ha로 명명하려 했다. 이러한 일 때문에 메이틀랜드 에멧A. Maitland Emmet은 그의 책 《영국의 나비목 곤충의 학명: 역사와 의미The Scientific Names of British Lepidoptera: Their History and Meaning》에서 다음과 같이 적었다. '학명은 낱말 맞추기 퍼즐과 굉장히 유사하다. 명명자들은 퍼즐 제작자이며, … (중략) … 만약 그가 동료 곤충학자들을 당혹하게 한다면, 그는 그렇게 함으로써 가학적인 즐거움을 만끽하게 될 것이다.'

분명 '사람들을 어리둥절하게 만들기'가 목표가 아닌 경우도 있다. 〈새로운 메인Maine 주 리파리드liparid 속에 대한 기술〉에서 노이모겐B. Neumoegen은 그 속을 '헌신적인 동료이자 친구인 다이어H. G. Dyar'에게 헌정하며 유포니어스 다이어리아euphonious Dyaria라 명명했다(끝에서 두 번째 음절을 강조하며 소리 내어 읽어보라. 설사를 뜻하는 '다이어리아diarrhea'와 발음이 유사하다.). 아마도 이러한 시도들 때문에 '학명 구성에 대한 권고문'에 다음 문구가 포함된 것 같다.

> 동물학자는 불렸을 때 이상야릇하거나 우스꽝스럽거나 혹은 다른 불쾌한 의미를 연상시키는 이름을 제안해서는 안 된다.

그럼에도 불구하고 분류학자들은 용케도 검열자들을 피해 괴상하고 우스운 이름을 꽤 많이 지어왔다. 앞에서 이미 언급한 멘키 박사는 그 방면에 있어 독보적인 대가다. 럼펠스틸트스킨(Rumpelstiltskin, 그림 형제의 동화 〈럼펠스틸트스킨〉에 등장하는 도깨비)조차 그의 상대가 안 된다. 그는 내게 그가 직접 지은 100가지도 넘는 별난 학명들의 목록을 보내주었다. 그리고 이 보고서는 1993년 4월 만우절날 〈보거스〉(생물학적인 것과 그 밖에 일반적으로 무시된 주장들Biological and Other Generally Unsupported Statements) 학술지에 게재되었다. 멘키 박사의 목록을 보고 나는 웃기는 수필 쓰는 일을 그만둬야겠다는 생각을 심각하게 했었다. 그 학명들 중 단 몇 가지라도 생각해낼 수 있는 사람이라면 재미있는 글을 나보다 훨씬 잘 쓸 것이기 때문이다. 목록에 실린 이름 중 몇 가지를 예로 들어보자면, 말총벌braconid wasp인 타우네실리투스 Townesilitus, 딱정벌레carabid beetle 아그라 베이션Agra vation, 나방 카스타니아 인카 딘카도Castanea inca dincado 그리고 두 종의 나방 라 쿠카라차 La cucaracha와 라 팔로마La paloma, 말파리 크라이솝스 발자피레Chrysops balzaphire, 딱정벌레 콜론 렉텀Colon rectum, 고치벌과의 말벌 히어즈 룩인엣챠Heerz lukenatcha, 히어즈 투야Heerz tooya, 파나마 카날리아Panama canalia 그리고 베리 피큘리어Verae peculya, 명나방 레오나르도 다빈치Leonardo davincii 등에 프띠리아 렐라티비티Phthiria relativitae, 말벌 파이슨 아이비Pison eyvae, 말파리 타바누스 니폰턱키Tabanus nippontucki와 타바누스 라이즌샤인Tabanus rhizonshine 그리고 빼먹을 수 없는 딱정벌레 이투 브루투스Ytu brutus 등이 있다. 확신할 순 없지만 나는 멘키 박사라면 어렸을 적에도 거북이에게 '타미Tommy' 같은 단조로운 이름을 지어주지는 않았을 거라는 데 꽤 많은 돈을 걸 용의가 있다.

이와 같이 계통분류학자들은 재담꾼과 학자의 경계를 아슬아슬하게 넘나들며 곡예를 한다. 그들의 노력 덕분에 학명은 재미있는 읽을거리가 되었다. 그 중에서도 특히 문화와 관련된 이름들이 특별히 재미있는 것 같다. 사실 이번 에세이는 뉴욕주립 환경관리부의 수자원 개발 전문가인 마가렛 노박Margaret Novak 박사로부터 받은 편지 한 통에 영감을 받아 쓰게 되었다. 그녀는 '이상야릇하고 뭔가를 숨기고 있는 듯한 종명'에 대한 에세이가 재미있을 거라 생각하고, 내가 글을 쓸 수 있도록 1987년에 에플러J. H. Epler가 쓴 《1913 신북구 검은꼬리갈래깔따구(쌍시류, 깔따구과)》의 개정판 88쪽의 사진 복사본을 함께 보내주었다. 이런 종류의 일에 낯선 이들을 위해 설명하자면 88쪽은 새로운 날벌레 종인 다이크로텐디피스 타나토그라투스*Dicrotendipes thanatogratus*에 대한 내용을 담고 있었는데, 그리스어로 '타나토스 thanatos'는 '죽음, 생명이 없는'이란 뜻이고, 라틴어로 '그라투스 gratus'는 '감사의, 고마운'이란 뜻을 가지고 있다. 다시 말해 이 종은 '고마운 죽음Grateful Dead'이란 이름을 갖고 있는데, 이는 지난 20년간 내 인생의 배경 음악이 되어주었던 그룹의 이름이기도 하다. 나는 이어서 문화적 관련성을 갖는 다른 절지동물의 학명을 검색하면서 어느 정도 성공을 거두었다. 개리 라슨Gary Larson의 만화책 《저 먼 선사시대A Prehistory of the Far Side》를 보면, 데일 클레이튼Dale Clayton이 만화가에게 보낸 편지의 복사본이 수록되어있다. 편지 속에서 클레이튼은 '당신이 당신의 만화를 통해 생물학에 쌓은 막대한 공헌'을 기리는 뜻에서 새로운 종의 참새털이과의 이owl louse에 스트리지필루스 개리라스나이*Strigiphilus garylarsoni*라는 이름을 붙이길 제안하고 있다.

그렇다고 해서 문화적 관련성을 갖는 학명이 모두 사람의 이름을 딴 것은 아니다. 질 야거Jill Yager와 동료들이 1986년에 바하마의 동굴에서 세계에서 가장 큰 요지강 갑각류를 발견했을 때, 그들은 근대 영화 역사에서 뭍으로 올라왔던 가장 큰 파충류를 기리는 뜻으로 그 과를 고질리디*Godzilliidae*라 이름 짓고 후보 속은 고질리우스*Godzillius*라 이름 붙였다. 3년 뒤 같은 과의 새로운 속을 기술해야 했을 때 야거는 난국에 잘 대처하여 새로운 속을 플리오모스라*Pleomothra*라 이름 붙였다. 그는 '첫 번째로 명명했던 고질리드*godzilliid*의 정신을 이어받아 이번에는 일본 공포 영화 스타인 '모스라Mothra'에서 착안하여 이름 붙였으며 그리스어로 '플리오pleo'는 '수영하다'라는 뜻'이라고 이름 붙인 배경을 설명했다. 그건 그렇고 나는 이 학명에 군더더기가 붙어있다는 점을 지적하고 싶었다. 실제 영화 속에서 모스라는 텔레파시를 이용하여 자신과 소통하던 어린 두 소녀가 무자비한 정부관리에 의해 잡혀가자 몬스터섬에서 도쿄까지 모충의 상태로 헤엄쳐 가긴 했다. 하지만 그건 어디까지나 그냥 영화 속의 이야기다.

문화에 연관된 이름이 가질 수 있는 한 가지 문제점은 문화적 가치가 때로 변할 수도 있다는 점이다. 예를 들어, 멸종된 팔리오딕티옵테란palyodictyopteran 화석 생물종은 1934년에 거톨P. Guthorl에 의해 그 시대의 떠오르는 정치계 스타를 기리는 뜻에서 '로클린지아 히틀러라이*Rochlingia hitleri*'라 이름 붙였다. 이에 이어서 현재 명칭은 속의 별칭으로 하고 종을 '스케파스마 유로피아*Scepasma europea*'로 다시 명명하려는 노력은 1949년에 허만 하웁트Hermann Haupt가 히틀러라 이를 무자격으로 선언하면서 함께 이루어졌다. 이는 아마도 히틀러란 이름 앞에 붙어온 수식어들 중 그나마 괜찮은 명칭이 아닐까 싶다. 하지만 내 동료인 엘리스 매클리오드Ellis MacLeod 박사에 따르면 하웁트는 분명 규정을 잘못 이해했으며 히틀러의 팔레오딕티옵테란은 '적당한지는 모르겠으나 어쨌든 가능은 하다'고 한다. 이때까지 매크리오드 박사를 봐왔지만 신나치주의나 백인우월주의를 드러낸 적은 단 한 번도 없었으므로 나는 그의 분석이 순수하게 명명학의 관점에서 이루어진 것이라 확신한다.

이보다는 덜 악랄하지만 문화적 가치가 어떤 식으로 이름을 궁지에 몰 수 있는지를 보여주는 또 다른 예로 1992년 2월 25일자 〈내셔널 인콰이어러〉지에 '부시라는 이름의 벌레?'라는 기사가 있었다.

과학자들은 새롭게 발견된 종의 이름을 사랑하는 사람 혹은 적의 이름을 따서 짓길 원한다! 게다가 이는 자연에게 이로운 일이란다. 새로운 생명체를 분류하는 작업을 선도하는 과학자들은 꽃과 새, 벌레, 그리고 물고기 신종을 명명할 수 있는 권리를 경매에 붙임으로써 '서식지 살리기' 기금을 마련코자 하고 있다. 최근에는 연방증권시장에서 사기를 친 혐의로 실각한 월스트리트의 한 증권거래원의 이름을 따서 코스타리카 말벌Costa Rican wasp의 학명이 지어진 사례도 있었다.

기사들을 검색해본 결과 나는 월스트리트 사기꾼인 존 구트프로인트John Gutfreund가 실존 인물임은 확인했지만, 이 말벌의 실존 여부는 확인할 수가 없었다. 〈인콰이어러〉지가 사실 여부를 확인하기 힘든 이야기를 게재한 것은 분명 이번이 처음은 아닐 터다. 하지만 내가 내용 확인에 어려움을 겪고 있다는 소식을 들은 플로리다 게인즈빌의 미국 곤충학연구소의 데이빗 월David Wahl 박사가 내가 거트프로인트라 이름 붙여진 코스타리카 말벌을 찾는 데 실패한 이유는 내가 참고한 〈내셔널 인콰이어러〉지에 속명이 잘못 기재되었기 때문이란 사실을 짚어주었다. 얼가Eurga가 아니라 에루가 거트프로인다이(Eruga gutfreundi, 사람들에게 재물운을 가져다 준다고 여겨지는 돈거미 money spider의 등에 알을 낳는 기생곤충)는 맵시벌과의 폴리스핑타이니 Polysphinctini족에 속한 납작맵시벌로 1991년에 골드I. D. Gauld에 의해 기재되었다. 그러나 다른 한편에서 보면, 틀린 철자를 제외하면 〈내셔널 인콰이어러〉지의 이야기가 모두 사실이었다. 이는 가판대 신문에 실리는 곤충 관련한 기사들에 대한 나의 생각을 재고할 필요가 있다는 걸 의미했다.

어쩌면 1993년 11월 30일자 〈주간 월드 뉴스〉에 실렸던 기사 역시 사실일지도 모르겠다. 그 기사는 '600볼트 상당의 전기 충격을 줄 수 있는' 5센티미터 크기의 반딧불이들이 지난 2년 동안 중앙아메리카와 멕시코 등지에 거주하는 수십 명의 시민을 죽였다는 내용이었다. '그것들은 단 한 번의 충격으로 성인 남성을 바닥에 쓰러뜨릴 수 있으며', '약 20만 마리가 니카라과의 마나구아에 위치한 일급비밀연구소에서 탈출한 뒤로' 미국 국경을 향해 끊임없이 이동하고 있다고 한다. 이 기사는 또한 그것들의 이동 속도로 봤을 때 '3월이면 미국 국경에 도달할 것'이라고 적고 있었다. 아직 미국 근처도 못 왔을테지만, 그래도 혹시 편의점에서 엘비스를 만나면(타블로이드계의 제왕으로 군림하는 〈주간 월드 뉴스〉는 엘비스 프레슬리가 살아있다는 기사와 함께 그가 버거킹에서 나오는 모습을 담은 사진을 싣기도 했다) 조심하라고 일러줘야겠다.

곤(경에 빠진)충학과
Department of Ant-omology?

전임 교수 각각에게 보르네오 섬으로 가는 편도 항공권을
끊어주고 그들이 거기 머물며 나비나 채집하게 함으로써
다른 생명과학 분과의 사람들에게 폐를 끼치지 못하게 한다.

 이따금씩 내가 대학원에 첫발을 들여놓은 날을 회상하곤 한다. 곧 내 논문 지도교수가 될 예정이었던 코넬대학의 폴 피니Paul Feeny 교수님은 매우 친절한 분이었다. 하루는 나를 그의 차에 태우고 대학원 기숙사에서 약 1.2킬로미터 정도 떨어진 그의 연구실까지 데려갔다. 그의 연구실은 거의 대부분의 곤충학자들이 기거하고 있던 두 채의 빌딩인 컴스탁관과 콜드웰관에 있지 않았다. 대신 그는 곤충실험실이라고 불리는 쓰러질 듯한 건물로 차를 몰았다. 건물의 정면에 새겨진 '곤충학과 육수학'이라는 글자가 내 눈에 들어왔다. 미심쩍어하는 내 표정을 본 교수님은 얼른 '육수학과는 오래 전에 이 건물을 떠났네' 라고 얘기해주었고 우리는 안으로 들어갔다.

오늘날까지도 나는 곤충학과 육수학이 무너져내리고 있는 한 지붕 아래 묶이는 학과라고 생각하지 않는다. 그리스어 림노스(limnos, 저수지, 습지 혹은 호수를 뜻함)에 어원을 둔 육수학Limnology은 호수를 연구하는 학문이고, 곤충학은 곤충을 연구하는 학문이다. 물론 호수에도 곤충들이 빈번히 발견된다. 하지만 또 생각해보면 아마도 곤충들은 시리얼 상자 속이나 의자 방석 아래서 더 자주 발견될 텐데, 그렇다고 해서 곤충학과 식품과학 또는 곤충학과 가구학 등이 적절한 조합이라고 말할 수는 없을 것이다.

가장 최근에 나로 하여금 1993년의 그 운명 같았던 하루를 회상하게 한 것은 일리노이대학에 돌고 있는 문리과대학과 농업대학의 재편성을 위한 각종 기획안이었다. '문리과대학에서 가장 작은 규모의 학과' 자리를 아주 근소한 차이로 신학 연구 프로그램에 내어준 우리 학과는 총 8명의 전임교수가 꾸려가고 있으며, 이번 기획안에서도 다양한 항목에 이름을 올리고 있었다. 그 중 몇 가지를 살펴보면 다음과 같다.

- 식물학과와 통합하여 식물학 및 곤충학과를 구성한다.
- 생태·행동·진화학과와 통합하여 (임시 명칭인) 생태·행동·진화, 곤충학과(the department of Ecology, Ethology, Evolution and Entomology)를 구성한다(영문학과English, 경제학과Economy, 전기공학과Electrical Engineering도 이 뻔한 철자 끼워 맞추기 운동에 참여하는 쪽으로 의견을 모으고 있다.)

- 현재 농과대학 소속의 농업곤충학 연구실과 통합한 뒤, 원래 이 연구실이 합병을 고려하고 있었던 예닐곱 개의 다른 학과들과 통합하여 천연자원학과 혹은 식물보전학과를 구성한다.
- 8명의 전임 교수 각각에게 보르네오 섬으로 가는 편도 항공권을 끊어주고 그들이 거기 머물며 나비나 채집하게 함으로써 다른 생명과학 분과의 사람들에게 폐를 끼치지 못하게 한다.

앞서 언급한 우리 8명의 전임 교수를 제외하고는 아무도 독립적인 곤충학과를 남겨두는 것이 의미있는 선택이라고 생각하지 않았다. 우리의 미래를 고심하다가 나는 미국의 거의 모든 곤충학 프로그램들의 주소가 명시되어 있는 1992년판 미국 곤충학회회원 명부를 넘겨보며 미국의 곤충학 프로그램에 대한 비공식적인 조사를 수행했다. 그 목록에는 총 40개 곤충학과의 주소가 기재되어있었다. 그중에서 곤충학부(아이다호대학)와 곤충학 연구센터(플로리다농업공업대학)는 각각 한 곳뿐이었다. 다른 시설에서는 곤충학이 다음과 같이 다양한 종류의 분과들과 섞여있었다. 곤충학 및 선충학과(플로리다대학), 곤충학 및 응용생태학과(델라웨어대학), 농업경제학, 원예학 및 곤충학과(텍사스공과대학), 곤충학 및 식물병리학과(테네시대학), 곤충학, 식물병리학 및 잡초과학과(뉴멕시코주립대학), 식물, 토양 그리고 곤충과학과(와이오밍대학) 그리고 목록에는 실리지 않았지만 동물학 및 곤충학과(콜로라도주립대학)가 있었다. 또한 곤충학은 불분명하게나마 세 곳의 생명과학과, 세 곳의 식물과학과, 한 곳의 작물보호학과, 두 곳의 식물 및 토양과학과 그리고 한 곳의 동물학과에도 포함되어있었다.

    맹목적인 애향심을 배제하고 말하지만, 일리노이대학은 곤충학자들에게 연구장소를 제공함에 있어 전국에서 으뜸가는 혼란을 야기하고 있다. 재편성에 대한 논의가 이루어지고 있는 시점에서 우리 학교 실정을 살펴보면, 문리과대학 소속의 곤충학과가 하나 있고, 농과대학 소속의 농업곤충학 연구실이 하나 있으며 또한 일리노이 자연사 사무국(사실 이 기관은 대학으로부터 독립적이지만 지리적으로는 매우 가깝게 묶여있는 자율적으로 운영되는 주립 연구소다) 소속의 경제곤충학 연구소가 있다. 게다가 자연사 조사국의 생물다양성 연구소에는 세 명의 곤충학자가 있고, 수의과대학에도 최소 한 명의 곤충학자가 있으며, 소문이 맞는다면 응용미술대학의 도시계획학과에도 곤충학자가 한 명 명민하게 숨어있다고 한다.

    그렇다면 대학의 행정관들은 왜 곤충학자들을 앉힐 공간을 찾는데 그리도 어려움을 겪는 것일까? 곤충학자들이 나머지 과학분과 집단에서 따돌림을 받는 것은 분명 아니다. 만약 그랬다면, 50여 개의 독립적인 곤충학과가 있어야 마땅하지, 응용생태학자, 식물과학자, 선충학자들이 곤충학자와의 연대를 공언하는 일은 없었을 것이다. 내 생각에 대학 당국은 곤충을 어디에 둘까 하는 것에 어려움을 겪는 것 같다. 심지어 곤충강Class Insecta에 무엇이 속하는지 알아보는 것도 항상 쉽지만은 않은데, 하물며 넓디 넓은 교실 어디에 곤충을 둘 것인가 하는 문제가 쉬울 리 없다. 약 100만 종 가량의 곤충이 존재한다는 사실을 생각할 때, 사람들이 수 세기 동안 그것을 어디에 둘지 고민해왔다는 점은 그렇게 놀랍지 않다. 확장해서 생각해보면 100만 가지의 어떤 것을 순서대로 차곡차곡 쌓아둘 수 있는 장소를 찾는 것은 분명 굉장히 어려운 문제다.

분류학자들은 수 세기 동안 특히 이 문제를 붙잡고 씨름해왔다. 일례로, 서기 1230년경에 바르톨로메이우스 앵글리쿠스Bartholomaeus Anglicus는 천지만물 모든 것을 완전히 기술할 목적으로 19권 분량의 일람표인 《사물의 성질에 관하여De Proprietatibus Rerum》(영문판은 On the order of things라는 제목으로 발간되어있다- 옮긴이)를 저술했는데, 여기서도 곤충은 작품 전체를 통틀어 여러 곳에서 모습을 보이고 있다. 예를 들어 12권에서는 공중 생물을 그리고 있는데, 날아다니는 곤충들과 새들이 한데 뭉뚱그려져있다. 새들과 마찬가지로 벌들은 다소 시적으로 '창공의 장신구'라고 표현되어있다. 제18권은 '기어다니는 벌레, 살모사와 뱀'을 앞세워 육상동물을 다루고 있다. 심지어 바르톨로메이우스도 곤충이 일반적인 분류 체계에 잘 들어맞지 않는다고 인정했다. 예를 들어, 꿀벌을 '많은 발을 가진 약간은 짧은 짐승이다. 날아다니는 생물로 분류되긴 했으나 그것은 발을 매우 많이 사용하므로 육지 동물에 속한다고 봐도 무방하겠다'고 기술했으니 말이다.

하지만 바르톨로메이우스가 특별히 꿀벌을, 일반적으로는 곤충을 분류하는 데 있어 혼란을 야기한 점은 충분히 용서받을 만하다. 그가 활동했던 시기인 중세 시대에는 아직 '곤충'이라는 단어조차 만들어지지 않았던 때이기 때문이다. 그러나 심지어 과학혁명조차도 모든 곤충 종에게 세상 속의 올바른 자리를 찾아주는 데 별다른 도움을 주지 못했다. 예를 들어, 뛰어난 분류학자였던 쉬퍼뮬러Schiffermüller도 1776년에 《파필리오 코카주스Papilio coccajus》를 기술할 때에 큰 착오를 범했다. 그는 그 종을 나비라 생각하고 자신만만하게도 다른 나비와 나방 종들과 함께 나비목으로 분류했는데, 그것은 실은 완전히 다른 종류의 동물인 뿔잠자리과의 곤충ascalaphid neuropteran이었다.

19세기에 들어서도 상황은 크게 나아지지 않았다. 체계를 완전히 비켜간 대표적인 분류학적 실수 한 가지는 개미꽃등에Microdon 속에 속한 꽃등에의 미성숙 단계와 관련이 있다. 꽃등에과의 개미꽃등에 성충은 당당한 꽃등에의 형태를 띤다. 하지만 유충은 약간 다르다. 개미꽃등에 유충은 다리가 없으며 방호 기관을 두른 채 이상야릇하게 장식되어있지만, 다른 한편에서 보면 별 특색이 없는 작은 생물체다. 이같은 신체는 성난 개미들의 침과 물어뜯기를 피하기에 이상적이다. 하지만 기존에 알려진 생명체의 특징과 비교하며 유사성을 찾는 분류학자에게는 그다지 이상적이지 못하다. 이 생물체들이 초기에는 달팽이로 분류되었다는 사실조차 그리 놀랍지 않다.

1912년 안드리에스Andries에 따르면,

> 스픽스Spix는 스타렌베르그Starenberg 호수의 아머랜드Ammerland 근처의 땅에 뿌리를 내리고 있는 참나무와 가문비나무 그루터기에서 개미꽃등에 유충을 발견했는데, 항상 불개미아과의 개미*Formica herculanea*

와 홍개미*Formica rufa*와 함께 있었다. 그의 말을 빌리면, 그 유충들은 첫눈에 보기엔 거미줄 혹은 다리 없는 곤충의 유충처럼 보이기도 하고 심지어는 거북이 비슷한 작은 동물처럼 보이기도 한다. 그는 또 다음과 같이 말했다. '자세한 관찰로 그 독특한 형체를 밝혀냈고, 착각을 걷어내는 만큼 그에 대한 놀라움은 커졌다. 그리고 그 유충이 다리 없는 헐벗은 배를 바닥에 깔고 거의 지각할 수 없을 만큼 미세하게 기어가는 모습과 통통한 촉수를 빠르게 수축하고 이완해가며 주변의 물체들을 탐색하는 모습을 관찰하면서 나는 이 기묘하게 생긴 작은 생물체가 일반적으로 관절이 있는 촉각 돌기와 부속지를 갖는 곤충에 속하는 것이 아니라 달팽이강綱에 더 가깝다는 확신이 점점 커지는 것을 느꼈다.' 그리고 그는 아름다운 달팽이 종을 새롭게 발견한 속屬에 추가하게 된 기쁨을 표현했다.

개미꽃등에의 올바른 분류에 대한 논쟁은 그 이후에도 계속되었다. 1839년 슐럿하우버Schlotthauber는 깍지진디로 기술되었던 파뮬라 콕시포미스*Parmula cocciformis* 역시 '아름다운 달팽이'의 경우와 마찬가지로 개미꽃등에의 유충이라는 사실을 밝혀냈다. 그는 심지어 퍼몬트에서 개최된 자연학자 학술대회에서 이에 관한 상세한 논문을 발표하기도 했는데, 이는 상당히 길고 열정적인 제목을 갖고 있었다(Über die Identität der Fliegenmaden von Microdon mutabilis Meig. mit den vermeintlichen Landschnecken Scutelligera(Spix) und Parmula (v. Heyden) sowie morphologische, anatomische und physiologische Beschriebung und Abbildung ihrer Verwandlungsphasen und ausfuhrliche Naturgeschichte derselben. Zur Kenntnis der Organisation, der Entwicklungs- und Lebensweise aller zweiflügeligen Insekten überhaupt-그건 그렇고 안드리에스의 이 번역물은 고맙게도 라이너 쟁걸Rainer Zangerl 박사가 나에게 제공해준 것이다. 그는 윌리 헤니히Willi Hennig의 유명한 저서인 계통분류학Phylogenetic Systematics을 실제로 이해한 매우 드문 사람 중 한 명이며 심지어는 그 책을 영어로 번역까지 한 주목할 만한 훌륭한 사람이다. 그 덕분에 분류학계의 후대 학자들은 그 책에 대해 다른 언어로 논의할 수 있게 되었다). 그의 지나치다 싶을 정도로 철저하고 자세한 연구는 달팽이 이론을 거의 파괴해버렸지만, 불행하게도 이 논문을 학술지에 게재할 기회는 얻지 못했다. 아마도 제목을 짓는 과정에서 그의 모든 에너지를 소진해버린 탓이 아닌가 싶다. 헥트Hecht는 1899년이 되어서야 개미꽃등에가 외양은 달팽이와 비슷해도 심장만은 여전히 곤충의 그것이라는 잠정적인 결론에 도달할 수 있었다.

 이런 이유로 나는 개미꽃등에와 공감하는 바가 많다. 위에서 내려다보고 있는 이들에게는 전혀 익숙하지 않겠지만, 이곳 일리노이대학의 우리 학과는 높은 지위를 이용해서 우리를 물어뜯으려는 성난 잔인한 약탈자 무리에 둘러싸여 있는 작고 낯선 존재와 너무나 닮아있다. 언젠가 일리노이대학의 고등교육 위원회에서 너무 '전문적'이라는 이유로 학부과정의 곤충학 교과과정을 폐지하려했던 것 때문에 내 견해가 다소 편향되었다는 점을 밝혀둔다. 셀 수도 없이 많은 곤충과 함께 살고 있으면서 어떻게 그런 발상을 갖게 되는지 모르겠다(천문학과의 경우만 생각해봐도 그렇다. 하늘에 떠있는 별의 개수를 한번 생각해보라). 이곳 문리대학의 영문학과에는 60명 이상의 전임 교수가 있다. 중요한 점은 영어 단어를 다 합쳐도 곤충의 종 수에는 미치지 못한다! 영국 문학 한 분야에 배정되어있는 교수의 수만 헤아려도 우리 학부 전체의 교수와 맞먹는다. 미국 고전 문학도 아니고 영국 문학에 말이다. 셰익스피어는 전쟁과 대규모 전투에 대해 글을 쓸 줄만 알았지, 병을 매개하는 곤충이 발진티푸스나 말라리아, 페스트 그리고 그로 인한 재앙만큼의 영향은 주지는 못했다. 또 영국의 시인 워즈워스Wordsworth는 수선화에 대해 아름다운 시만 쓸 줄 알았지 단 한 송이의 수선화도 수분시키지 못했다. 사람들이 중요한 무언가를 직시하지 못하고 있다는 건 분명한데 나는 정말이지 이 문제를 어떻게 해결해야 할 지 모르겠다.

　어쩌면 개미꽃등에로부터 영감을 얻을 수 있을지도 모르겠다. 개미들의 화학신호물질인 페로몬을 흉내낸 물질을 생성해서 문제를 일으키지 않고 개미집에 남아있으면서 개미들의 보살핌 속에서 행복하게 개미들이 차려준 밥상을 받고 사는 구더기들에게서 말이다. 만약 같은 방식으로 학장에게도 통하는 방법을 찾아낸다면 당신에게도 살짝 일러주도록 하겠다.

아! 험버그 Humbug!
Ah! Humbug!

호수를 가로질러 거대한 그림자를 드리우고 있는
8미터 길이의 잠자리 그리고 진정한 웃음은 시대를
초월한다는 증거로 당시보다 지금 더 유명해진
181킬로그램짜리 메뚜기가 등장한다

    학생들이 제출한 곤충 표본에 점수를 매겨본 경험이 있는 사람이라면 누구나 합성 표본을 마주한 적이 있을 것이다. 곤충 계통수의 여러 갈래에서 모은 다양한 종의 작은 조각들을 너무나 고생스럽게 이어붙인 그런 표본 말이다. 곤충학자의 길에 들어선 지 얼마 안 되었던 시절, 코넬대학에서 곤충학212 강의 수업 조교를 하면서 처음으로 그런 표본을 접했다. 수업 조교로서 맡은 바대로 표본들에 점수를 매기다가 분명 자연의 것으로는 보이지 않는 표본 한 점을 발견했다. 그 정체를 밝히는 데 엄청난 공력을 들일 뻔했지만, 그 학생은 사려 깊게도 'Humbug'라고 표기해 둠으로써 우리의 수고를 덜어주었다. 내가 기억하기로 우리는 그 학생에게 동정을 제대로 한 것에 대한 대가로 만점을 주었던 것 같다.

곤충학의 관점에서 볼 때 'humbug험버그'라는 용어는 다소 실망스럽다. 옥스포드 영어사전에 따르면, 이 단어는 예닐곱 가지의 의미를 가지고 있지만 그중에서 곤충과 관련된 것은 단 한 가지도 없다. 이 단어의 가장 잘 알려진 뜻은 '골탕먹임, 익살 혹은 우롱하는 장난'이나 '날조하여 속이기'다. 하지만 험버그는 또한 '사탕과자의 한 종류(특히 페퍼민트 맛 계피사탕)'와 '황소를 비롯한 다른 다루기 힘든 소과 동물의 코 부분 연골조직을 집는데 사용하는 집게'를 의미하기도 한다. 하나의 제목, 'humbug', 아래에 엮인 이야기를 읽으면서 나는 옥스포드 영어사전의 편집자들이 그들 나름의 '익살 혹은 장난'을 치는 것이 아닌가 하는 생각이 들었다.

곤충학자들에게 이 용어의 어원은 그 의미보다도 더 실망스럽게 다가온다. 옥스포드 영어사전에 따르면 '험버그'의 어원은 다음과 같다.

> 1750년대에 유행하기 시작한 속어 혹은 은어(다른 몇몇 사전은 프레드 킬리그루Fred Killigrew가 1735년부터 1740년 사이에 저술한 속어 사전인 《만국공용의 농담Universal Jester》에 이 단어가 나온다는 이유로 이 단어가 1750년대 이전에 만들어졌다고 주장하기도 한다). 험버그의 어원에 대해서는 많은 추측이 있어왔다. 하지만 이와 비슷한 경우의 다른 좀 더 최근의 단어들과 마찬가지로 이 단어의 유래에 대한 정보는 이

단어가 보편화되기도 전에 이미 잊혀진 듯하다. 다시 말하면, 어느 누구도 'humbug'에 왜 'bug'가 들어갔는지, 심지어는 우리가 생각하는 곤충이라는 의미의 그 'bug'가 맞는지도 알지 못한다.

그렇다고 해서 절지동물 험버그가 없다고는 할 수 없다. 절지동물 험버그의 역사는 사실 이미 밝혀져있는 어원의 역사보다 앞선다. 약 2000종의 곤충을 명명하고 지금까지도 사용되고 있는, 그의 이름을 딴 명명 체계를 고안해낸 카롤루스 린네도 위조에 속아넘어간 적이 있다. 린네는 그의 저서 《자연의 체계Systema Naturae》의 12번째 개정판에서 그가 새로 발견한 종인 파필리오 에클립시스 *Papilio ecclipsis* 와 이미 잘 알려져 있던 유럽멧노랑나비 *P. rhamni (Gonepteryx rhamni)* 를 비교하면서 전자의 날개 위에 있는 독특한 검은 반점과 뒷날개에 새겨진 초승달 모양의 푸른색 반점에 주의를 기울여야 한다고 주장했다. 하지만 이 반점은 린네도 모르게 그려넣은 것이었다.

피터 댄스Peter Dance는 다른 많은 것과 더불어 이 믿기지 않는 위조를 그의 책 《동물의 위조와 사기Animal Fakes and Frauds》에서 비교적 좋은 방향으로 기록하고 있다. 댄스는 곤충에 있어서 눈속임 사례가 비교적 적은 것은 '그러한 눈속임이 상대적으로 적은 수의 곤충학자와 이른바 하등동물을 채집하고 연구하는 데서 즐거움을 찾는 소수의 사람만을 대상으로 이루어지기 때문'이라고 지적했다. 곤충 사기가 적은 이유는 단순하게도 우리 곤충학자들이 속아넘어가기에는 너무나 기민하고 눈치가 빠르기 때문이라는 꽤 그럴듯한 또 다른 설명은 전혀 염두에 두지 않았다.

그가 설명하고 있는 위조 곤충의 첫 번째 사례는 마리아 시빌 메리언Maria Sibylle Merian의 〈수리남 곤충의 변태Metamorphosis Insectorum Surinamensium〉에서 찾아볼 수 있다. 이 책의 두 번째 개정판의 그림 49는 매미Diceroprocta tibicen의 몸에 상투벌렛과 매미Fulgora laternaria의 머리를 한 매우 눈에 띄는 곤충을 담고 있다. 이런 그림이 어떻게 그려지게 되었는지 의문이다. 하지만 비틀린 유머와는 거리가 멀어 보였던 그녀가 오히려 누군가의 장난에 놀아났을 확률이 높다.

일찍이 절지동물을 논하는 자리에서 '험버그'라는 단어 자체가 그대로 언급된 적도 있다. 1828년에 라우든J. C. Loudon은 '자연사에 대한 일반독자들의 심미안을 키울 목적'으로 〈자연사매거진Magazine of Natural History〉을 창간했다. 더불어 자연사에 대한 대중의 호감을 돈벌이로 이용하지 못해 안달이 난 협잡꾼들로부터 대중을 보호하고자 하는 취지도 품고 있었다. 예를 들어 창간 호에는 '진짜 인어를 가려낼 수 있는 확인법'이란 제목의 기사가 실리기도 했다. 1829년 제2호에 실린 M.C.G.라는 서명이 담긴 한 편지는 마르게이트Margate 부근에서 한 어부의 그물에 걸린 기묘하고도 신기한 타란튤라 바다거미를 묘사하고 있다. 편지의 내용에 따르면 그 거미는,

> 마디가 없는 8개의 다리를 갖고 있으며, 그리고 또 … (중략) … 하지만 살아있을 때 초록색으로 반짝이던 두 개의 눈은 흉곽의 뒤쪽에 자리하고 있다. 머리가 없으며, 촉수 또한 눈에 띄지 않는다. 입은 배 아래

쪽에 있는데 그 속에는 거의 50센티미터에 달하는 나선형으로 꼬인 혀가 있고 혀의 말단은 한 쌍의 집게 같은 구조로 되어있다. 실젖은 그 크기가 매우 커서 이 거미를 보관하고 있는 주인이 실제로 실을 뽑기도 했지만 불행히도 그걸 이미 버렸다고 한다. … (중략) … 이 곤충의 색은 피클에 절인 혀의 색 같았는데, 그건 아마도 주인이 이 거미를 보존하고자 피클 단지에 담아 보관했기 때문인 것 같다. … (중략) … 무게가 약 2.4킬로그램이라는 것을 밝히면 당신이 이것의 크기를 짐작하는 데 도움이 될지도 모르겠다. 살아있을 당시에 이것에 대해 여러 가지 놀라운 이야기들이 회자됐는데, 경주마의 속도로 달릴 수 있다는 것과 매 순간 몸의 색이 바뀐다는 것 등이 그것이다.

이 거미의 소유주인 헤이스팅스의 머레이Murray 씨는 연말 즈음에 전시회를 계획하고 있다. 소금물에 절인 혀는 분명 거미의 볼에 단단히 고정되어있을 것이다. 머레이 씨의 사업에는 안 된 얘기지만, 이 기사는 일전에 머레이 씨가 전시한 18센티미터 크기의 들소가 거짓임을 밝혀냈던 주의력 깊은 독자 V의 눈에 또다시 띄었다. 이번 타란튤라 바다거미에 대해 V는 다음과 같이 신랄하게 비판했다. '만약 당신이 내가 4개월 전에 피그미들소에 대해 쓴 기사를 읽어보았다면, 타란튤라니 바다거미니 하는 것을 전시하는 그런 부당한 방법으로 많은 사람의 돈을 가로채려는 사람에게 두 번이나 사기를 당하는 굴욕은 겪지 않을 것이다.'

다행스럽게도 현대적인 분석 방법들 덕분에 이제는 이러한 눈속임을 들키지 않기가 예전보다 훨씬 어려워졌다. 오늘날에는 실질적인 이득을 위해서라기보다 재미를 위한 경우가 많다. 20세기 들어 나온 가짜 곤충 예술의 숱한 예들 중에서 가장 유서가 깊은 것은 바로 '거대 벌레 그림엽서'다. '믿기 힘든 그림엽서'라고도 불리는 이것은 마차 크기만 한 수박이라든지, 라디오 송전탑만큼이나 큰 옥수수 등의 사진을 내걸며 그 당시로서는 대단했던 특수 효과의 신기술을 보여주었다. 이 엽서들은 필연적으로 '미주리, 오레곤에서 나는 옥수수는 이 정도입니다', '네브라스카의 오마하에서 우린 이렇게 합니다' 혹은 '미네소타의 오사지에서 키운 이것들의 크기를 보세요' 등의 문구를 함께 싣고 있었다. 네브라스카 테이블락의 아처 킹Archer King은 혁신적인 거대 벌레 그림 엽서 제작 분야의 진정한 선구자이다. 대부분의 웃기는 그림 엽서 제작자들이 그저 크게 만드는 데에 만족한 데 반해 킹은 거대 토끼, 거대 물고기, (때때로 거대 옥수수를 먹고 있는 모습으로 묘사된) 거대 돼지 그리고 그밖에 좀 더 도전적인 동물을 찾는 데 열중했다. 일례로 그는 엽서 제작자로서는 최초이자 아마도 유일하게 거대 매미를 만들어냈다.

하지만 누가 뭐래도 거대 벌레 그림엽서의 명백한 대가는 캔자스 가든시티의 콘라드F.D. Conard이다. 거대한 것을 담는 그림엽서 업계에 비교적 뒤늦게 뛰어든 그는 1935년에 처음 이 사업을 시작했다. 어느 면에서 보나 그의 사업은 정말 거대했다. 그는 첫 해에는 6만 장이던 매출물량이 그로부터 2년 후 35만 장을 넘어섰다. 진정한 명인의 한 사람으로서 그는 거의 독점적으로 거대 메뚜기를 다루었다. 이 메뚜기들은 그의 엽서 속에서 쟁기를 끌거나('저 늙은 회색 암말은 이제 예전 모습을 잃어버렸다'), 석유굴착장치를 기어오르고 있거나('시찰자'), 다리를 건너고 있거나('메뚜기에게도 통행권이 있다'), 말 위에 앉아 고삐를 쥐고 있기도 하고('어서 올라타 카우보이'), 심지어는 라디오에서 인터뷰를 하는('라디오에서 허풍 떠는 메뚜기') 등 다양한 모습으로 등장한다.

콘라드의 기업가 정신은 이제 거대 벌레 그림엽서 업계의 제왕이라 해도 손색이 없는 모펫Don Moffet에게로 이어지고 있다. 캘리포니아 레이크빌리지 서부에 위치한 그의 회사 참 크래프트는 수십 년 전에 이 일을 시작한 그림엽서의 원조 제작사 존 하인드 커트라이크 주식회사를 인수했다. 커트라이크사와 함께 일리노이 주 와우콘다에 위치한 그림엽서 박물관은 물론 커트라이크사의 모든 자료를 손에 쥔 모펫은 전혀 새로운 종류의 거대한 것들을 담은 엽서를 제작할 준비를 했다. 여기엔 호수를 가로질러 거대한 그림자를 드리우고 있는 8미터 길이의 잠자리(이것은 들짐승과 어린 아이들을 낚아채간다고 알려져있다), 모텔의 간판을 덮어버린 4미터 길이의 바퀴벌레(이 표본이야말로 진정한 최고다!) 그리고 진정한 웃음은 시대를 초월한다는 증거로 당시보다 지금 더 유명해진 181킬로그램짜리 메뚜기가 등장하는(진기한 시합인 메뚜기 사격은 위험하지만 동시에 자극적이다) 거대 벌레 엽서 등이 포함된다. 이 이미지들은 전과는 비할 수 없을 만큼 매끈해졌으며, 모펫과 사진작가인 그의 아들 버디Buddy는 컴퓨터의 도움을 빌어 이 이미지들을 만들고 있다. 그 엽서들은 여전히 잘 팔린다. 모든 엽서의 앞면에는 그들의 슬로건인 '미국에서 가장 크고 좋은'

이 크고 굵은 글씨로 새겨져 있다. 그리고 엽서 뒷면 아래에 알아보기도 쉽지 않은 작은 글씨로 '아일랜드에서 인쇄되었음'이라고 적혀있다. 이것으로 보아 험버그는 여전히 건재하며 다른 많은 온갖 이상한 것들과 함께 캘리포니아에 살고 있는 듯 보인다.

꼬부랑 곤충학자들
Grumpy old entomologists

1685년 독일 브레슬라우의
곤충학자들의 수명은 당시 34세를 기록한 일반 남성 수명의
거의 두 배에 가까웠다.

대다수의 곤충학자들이 증언하는 대로 직업으로 곤충학을 택해서 따르는 이득은 당장 눈앞에도 보이지 않을 뿐만 아니라 설명하기도 쉽지 않다. 곤충학 박사학위가 즉각적인 명성, 부, 사랑을 보장해주리라 생각한다면 큰 오산이다. 놀라울 정도로 많은 사람이 곤충학자가 무얼 하는 사람인지도 모르며, 곤충학자가 무얼 하는 사람인지 아는 사람들 가운데도 매우 많은 사람이 곤충학자entomologist의 철자를 정확하게 적어내지 못한다. 하지만 우습게도 이 직업을 선택함으로써 얻을 수 있는 가장 큰 이점은 대부분의 곤충학자들 자신조차도 알지 못하는 그런 것이다. 그들이 자신의 전공 때문에 겪어야 하는 모욕감이 얼마나 크건 간에, 적어도 곤충학자라면 자신이 비범한 참

을성을 가졌다는 사실에 만족해야 한다.

　나는 그날도 가장 흥미로운 주제를 찾느라고 여러 가지 자료를 검색하던 중에 뜻하지 않게 곤충학자의 수명에 관한 놀라운 사실을 발견했다. 그때 나는 1945년에 필 라우Phil Rau가 작성하고 곤충학 뉴스 학술지에 게재한 바퀴벌레의 포식 선호도에 관한 논문을 찾고 있었다. 학술지의 페이지를 넘기던 나는 같은 호에서 우연하게도 와이스H. B. Weiss가 쓴 '곤충학자들은 얼마나 오래 사는가?'라는 제목의 흥미로운 논문을 발견했다. 이는 같은 해에 카펜터M. M. Carpenter에 의해 쓰여진 116쪽 분량의 《곤충학자들의 일대기 목록집》을 자세히 분석하고 쓴 것이었다. 카펜터의 책에는 기원 전 372년부터 1920년까지 활동했던 곤충학자 2,187명의 출생일과 사망일이 죄다 실려있다. 와이스의 분석에 따르면 이 집단의 평균 사망 나이는 65.48세였다. 놀랍게도 이 집단을 각 세기 별로 나누어 다시 계산한 기대수명도 크게 다르지 않았다. 1605년에도 곤충학자들의 평균 기대수명은 65.48세 정도로 높았고(예를 들어 이 해에 타계한 분류학자 울리쎄 알드로반디Ulysse Aldrovandi는 사망 당시 83세였다) 이는 1905년에도 다르지 않았다(예를 들어 이 해에 타계한 진딧물학자 조지 보우들러 벅튼 George Bowdler Buckton은 사망 당시 88세였다).

　와이스가 지적한 대로 곤충학자들은 수 세기 동안 동시대 사람들을 큰 격차로 따돌리고 오래 살았다. 1685년 독일 브레슬라우의 곤충학자의 수명은 당시 34세를 기록한 일반 남성 수명의 거의 두 배에 가까웠다. 한 세기 후 영국에서 조사한 일반 남성의 평균 수명은 겨우 40세로 동시대 곤충학자의 그것에 25년이나 못 미쳤으며, 1910년 미국에서는 일반 남성의 평균 수명이 50세까지 증가했음에도 여전히 곤충학자에 비해 15년이나 짧았다. 그 즈음 와이스는 논문을 하나 게재했는데, 여기에서는 미국인 남성의 평균 수명이 62.94세까지 증가했지만, 이는 전형적인 곤충학자의 수명보다 2.54년 정도 적은 수치라고 적고 있다.

와이스는 스스로의 발견에 대해 놀라울 정도로 무미건조한 태도를 보였다. 그는 수명에 크게 영향을 미치는 것은 유전형질이므로 '오래 사는 것에 대한 감사한 마음은 곤충학자의 부모님에게 돌려야 한다'고 간단하게 결론 지었다. 하지만 나는 그가 정리한 이 패턴이 영 맘에 들지 않았다. 내 귀에는 곤충학자와 일반인의 수명 사이의 구분이 무너지면서 나는 경고의 소리가 들리는 듯했다. 17세기에는 동시대 일반인의 평균 수명의 두 배였던 곤충학자의 수명이 와이스가 논문을 썼던 1940년에는 그에(계산대로라면 125.88세) 미치지 못했다는 사실이 나를 불안하게 만들었다. 곤충학자로서 얻을 수 있는 딱한 가지 이점이 사라져버릴 위기에 처했다는 피할 수 없는 사실에 직면하고 나는 와이스의 논문이 게재된 뒤로 지금껏 그 경향이 유지되고 있는지 확인하기 위해 논문을 검색하기 시작했다.

나의 노력에도 불구하고 곤충학자들의 수명을 주제로 한 논문을 단 한 편밖에 찾지 못했다. 이는 1976년에 거의 알려진 바가 없는 〈곤충 세계 다이제스트 Insect World Digest〉라는 학술지에 게재된 것이었다. 이 논문에서 메서스미스 Messersmith는 《인간 Man》이라는 제목의 책에서 발견한 하나의 도표를 보고했는데, 이 책은 1969년 해리슨R. J. Harrison과 몬타냐W. Montagna에 의해 출간된 것으로서 직업으로 나누어 본 '저명인사'들의 수명을 다루고 있다. 그 도표의 저명인사 목록에는 곤충학자도 끼어있었다. 물론 그 밖에 철학가, 역사 소설가, 주지사, 교회 찬송가 작사가, 교향악과 실내악 작곡가 등도 있었지만 말이다. 해리슨과 몬타냐에 따르면 1969년에 곤충학자들의 수명은 70.89세로 미국 대통령자문위원회의 위원을 제외하곤 다른 모든 직업군의 수명을 뛰어넘는 수치였다. 실제로 곤충학자들은 동료 식물학자(68.36년), 화학자(69.24년), 지질학자(69.79년) 그리고 수학자(66.62년)보다 더 긴 수명을 누렸다. 완벽하게 해두기 위해서 몇 자 더 적자면 가장 짧은 수명을 갖는 직종은 '유럽의 세습 군주'로서 겨우 49.14년 정도를 살 뿐이었다.

이건 다른 얘기지만, 이 책에는 약간 이상한 구석이 있다. 남성 해양생물학자와 남성 영장류학자들로 구성된 팀이 저술한 일종의 교과서 같은 책이다. 그게 뭐가 이상하냐고? 내가 이해하기 힘든 점은 인간(Man, 포괄적으로 '인간, 인류'를 의미하지만 일반적으로는 '남성'에 한정 지어 사용된다)이라고 이름 붙여진 책에 여성의 가슴 사진이 왜 그렇게나 많이 실려있는가 하는 점이다(내가 세어본 바로는 총 16장이나 실려있다).

좀더 최근의 또 다른 자료를 찾고자 했던 나의 노력은 실패로 돌아갔다. 우리가 갖고 있는 이 상대적인 이점이 현재 어떤 상황에 있는지 파악하기 위해 나는 미국 곤충학회의 공식 출간물인 〈미국곤충학자American Entomologist〉로 눈을 돌렸다. 이 학술지의 한구석에 실린 부고란도 내게 큰 위안을 주진 못했다. 1983년부터 1996년 사이에 이 학술지의 부고란에 사망 소식이 실린 총 172명의 남성과 1명의 여성의 평균 수명은 72.5세였다. 이는 1994년에 출생한 모든 인종의 남성과 여성의 출생 당시 기대 수명인 75.7세에 못 미치는 것이다.

전 세계 사람들이 우리 곤충학자들을 따라잡고 있다는 사실이 그리 놀라운 일은 아니다. 사실대로 말하자면, 그 오랜 기간 동안 어떻게 우리가 그 긴 수명을 기록했는지가 더 의문이다. 특히 곤충학자가 된다는 것이 곧 책상에 앉아 작디 작은 표본을 핀으로 고정하고 알아보기도 힘든 글씨로 라벨을 기록하는 일에 엄청난 시간을 쏟아야 함과 야외 현장에서 흠뻑 젖은 채로 혹은 신경계 회로를 차단하거나 체지방과 모유를 축적시킬 목적으로 만들어진 독한 유기화합물을 들이마셔가며 작업해야 함을 의미하는 요즈음 같은 상황에서는 더더욱 그렇다. 이 중 어떠한 활동도 수명 연장에 도움이 될 것 같아 보이진 않는다. 하지만 직업과 수명에 대한 연구는 모순투성이인 경우가 많다.

직업 건강과 의학 분야의 선구자인 윌리엄 타크라William Thakrah (1795~1833)는 이러한 모순들을 잘 알고 있었다. 영국인 외과의사이자 약제사였던 그는 1832년에 직업과 질병의 관계에 관한 연구의 최초이자 결정판이라 할 수 있는 《전문직, 생업, 직업, 사회적 지위와 생활 습관이 건강과 수명에 미치는 영향The effects of arts, trades, and professions, and of civic states and habits of living, on health and longevity)을 펴냈다. 예상할 수 있듯이 그가 연구했던 직업군은 지금의 것들과는 다르다. 그가 의복산업으로 분류한 직종에는 양모빗질 하는 사람, 옷감 시방공, 방적공, 직조공, 보풀세우는 직공, 자투리 천 절단사, 천에 붙은 먼지 제거하는 사람, 옷감 제도사 그리고 덮개 제작자 등이 있는데, 이들 대부분은 요즘 신문의 구인광고란에서 찾아보기 힘든 직업이다. '곤충학자'라는 이름은 찾지 못했지만, 책을 읽어 내려가다가 만약 그가 곤충학자들을 마주쳤더라면 그들을 분류해넣었을 것 같은 항목을 발견했다. 그는 책의 180쪽에는 '사회의 마지막 계층 – 갇힌 공간에서 하루의 대부분을 한 자리에 붙박인 채로 운동은 거의 하지 못하고 이따금 찾아오는 흥분 속에 사는 사람. 이 부류의 사람들은 몇 가지 직업군에 흩어져 있으며, 그중에는 과학에 종사하는 사람도 있다'라고 적혀있다.

타크라는 곤충학자들의 수명이 긴 이유에 대해서는 어떠한 견해도 제시하지 않았다. 질병에 대한 그의 장황한 설명은 오히려 우리로 하여금 정반대의 생각을 품게 할 수도 있겠다. 그가 관찰한 바에 따르면,

> 학생들은 위험에 처해있다. 앞으로 구부정하게 앉은 자세에서 그의 근육 대부분이 완전한 비활성상태에 머물며 불완전하고 때론 불규칙적이기까지 한 호흡을 유지한다. 완전한 숨은 그가 한숨을 쉴 때에만 가능하다. 그는 대체로 오염된 환경에서 생활하며 보편적인 방법의 휴식도

잘 취하지 않는다. 혈액순환이 잘되지 않아 가끔 발이 차가워진다. 적당하건 과도하건 간에 식욕은 언제나 소화할 수 있는 수준을 능가하며 소화가 필요로 하는 신경 에너지를 삼켜버린다. 위는 더부룩하고 담즙의 분비는 감소하거나 멈추며 창자의 기능이 약화되어 점차 악마 같은 변비가 발생한다. 정신 장애도 동반되는데, … (중략) … 종종 신경계의 과도한 흥분 상태가 나타나기도 한다. 신경과민, 이유 없는 불안감과 걱정 등이 일상 속의 사소한 일, 성적, 사람들과의 관계로부터 생겨나며 … (중략) … 뇌 세포막의 만성적 흥분 상태와 뇌연화증 혹은 다른 유기적 변화가 자리를 잡는다. 그리곤 그는 죽음을 맞이하거나 간질을 일으키거나 정신이상자 혹은 저능아가 되어 세상의 동정을 받으며 주변 사람에게 고통을 안겨주는 존재가 되어버린다.

내 질문에 대한 답을 찾은 것 같다. 나는 장수가 곧 길고 건강한 삶이라고 생각했었다. 물론 결과적으로 봤을 때, 우리 곤충학자들은 길게 살지도 모른다. 예민한 변비환자로 주위 친척들에게 마음의 짐을 안겨주면서 말이다. 어쩌면 이것이 우리 직업이 가진 장점인지도 모르겠다. 비록 우리가 명예나 재물, 건강을 얻진 못하더라도 그런 것을 모두 갖춘 사람에게 불쾌감을 안겨줄 수는 있다.

그건 그렇고, '곤충학자들은 최근까지 다른 대부분의 사람들보다 오래 살았다'는 이 글의 전제는 태어난 날로부터 계산해야 하는 기존의 방법을 지키지 못한 채 인구 통계학의 왜곡에 의해 만들어진 것이다. 태어난 순간에 그 사람이 곤충학자가 될 운명인지를 판가름

하는 것은 불가능한 일이기 때문에 이를 절충하여 평균 수명이 계산되었다. 확연하게 단명하는 유럽 군주들과 다르게 곤충학자는 날 때부터 정해지는 것이 아니니까. 구태여 변명을 하자면, 나는 이 글에 영감을 준 1945년도 논문에서 해리 와이스가 사용한 논리를 그저 조금 확대했을 뿐이다. 그가 쓴 논문을 몇 편 더 읽고 나서 가진 느낌에 기초해서 생각해보았을 때, 와이스 박사 역시 그 논문들을 쓸 당시에는 약간이나마 곤충학자로서의 삶에 회의를 가지고 있지 않았나 싶다. 다행히도 그의 작업은 그의 삶에 아무런 해를 주지 않은 것 같다. 그는 91세까지 살았다. 하지만 내가 애초에 찾고 있었던 바퀴벌레 관련 논문의 저자인 필 라우는 그렇지 못했다. 그는 심지어 〈미국 곤충학회 연보〉에 '동물 세계에서 고도의 정신작용은 긴 수명의 결과로 나타난다'는 생각을 제안한 '정신 진화의 요소로서의 수명'이라는 제목의 논문을 발표하기도 했는데, 이렇듯 수명에 깊은 관심을 가지고 있었음에도, 전혀 곤충학자답지 못한 53세의 젊은 나이에 세상을 떠났다.

곤충학자의 이미지
Images of entomologists-moving and otherwise

그의 주 연구종인 딱정벌레를 닮았다. 52세의 그는
짧은 키에 불룩한 가슴과 우람한 체격을 하고 있었다.
목은 거의 없는 것이나 다를 바 없었는데 둥근 머리는
그의 비스듬한 어깨 위에 그냥 얹혀있는 듯 보였다.

고정관념을 갖고 사람을 평가하는 것은 옳지 않다는 데 모두 동의할 것이다. 하지만 이런 사회적인 통념으로도 보호받지 못하고 규정되는 사람들이 있다. 물론 곤충학자도 여기에 포함된다. 나는 몇 번의 우연한 기회에 뉴스, 잡지 등 다양한 유형의 매체를 통해 얼굴을 내비친 적이 있다. 그리고 그럴 때마다 사진가들은 내게 다음의 세 가지 중 한 가지 동작을 요구하곤 했다. 그 세 가지는 바로 '현미경 앞에 앉아있기', '얼굴에 곤충(주로 바퀴벌레) 올려놓기' 아니면 '포충망을 들고 서있기'다. 현미경을 가지고 포즈를 취하는 것은 그런대로 괜찮다. 하지만 비단 곤충학자뿐만 아니라 전 분야의 생명과학자에게 현미경 작업은 이미 손을 떠난 지 오래다. 그리고 나는 단언하건대 종류를 막론하고 어떠한 곤충도 내 얼굴에 올려놓고 싶지 않다. 사진가에게도 매번 설명하지만, 어떠한 곤충학자에게도 사람의 모낭에 사는 진드기인 모낭충 Demodex folliculorum을 제외한 여타의 절지동물을 얼굴 위에 얹은 채 돌아다닐 아무런 이유가 없다. 만일 이 글을 읽고 있는 사진가가 있다면 공식적으로 말해둔다. 나는 더듬이 머리띠, 날개, 그리고 나를 곤충처럼 보이게 만들기 위해 디자인된 어떠한 소도구도 착용하길 거부한다. 포충망을 들고 포즈를 취하는 것은 이해할 수 있다. 하지만 다시 한 번 말하지만, 대부분의 경우 이 사진가들은 실내에서 촬영을 하는데, 연구실 안에서 포충망을 휘두를 일은 거의 없다. 또 한 가지를 기록으로 남겨두자면, 나는 헬멧 모자나 사파리 점퍼 혹은 대부분의 사진가들이 모든 곤충학자들의 옷장에 걸려있을 것이라 마음대로 상상하는 그런 종류의 옷을 입고 포즈를 취할 생각이 앞으로도 전혀 없다.

내가 사진가들에게 이런 시련을 주는 이유는 지극히 당연한 일이지만 기본적으로 스스로 우스꽝스러워 보이고자 하는 욕구가 없기 때문이다. 그들은 곤충학자라면 우스꽝스러워 보여야한다고 생각하는지 이런 반응은 보통 그들을 놀라게 만든다. 그런 인식이 어디서부터 생겨났는지 알아내는 것은 어려운 일이 아니다.

곤충학자들은 학문이 생겨난 이래 지금까지 그러한 이미지의 문제를 겪어왔다. 잘 알려진 대중문화 속의 많은 예들이 이를 증명하고 있다. 소설 속에 등장하는 곤충학자에 관해 내가 찾을 수 있는 가장 오래된 예는 1895년에 웰스H. G. Wells가 쓴 《나방 The Moth》에서 나온다. 이 이야기는 '그 유명한 해플리, 페리플라네타 해플리아Periplaneta Hapliia의 해플리, 곤충학자 해플리Hapley'와 퍼킨스Pawkins 교수 사이의 반목을 다루고 있는데, 그 불화는 다음과 같이 시작된다.

> 아주 옛날 퍼킨스는 미세나비목Microlepidoptera(이게 뭔지는 잘 모르겠지만 아무튼)을 개정하면서 해플리가 발견했다고 보고한 신종을 삭제했다. 싸우기 좋아하는 해플리는 이에 대해 퍼킨스의 분류 업적 전체를 신랄하게 비난하는 것으로 응수했다. 퍼킨스는 그에 대한 대답으로 해플리의 현미경은 그의 관찰 능력만큼이나 모자란 것 같다고 말하며 그를 '무책임한 참견자'라고 불렀다. … (중략) … 해플리는 이에 대해 '서투른 수집가' 운운하며 퍼킨스의 개정판은 '어리석음의 기적'이라고 반박했다.

결국 '박물관에서 임시직으로 일하는 것으로 추측되며 존재감도 없고 달변과는 거리가 먼 물통 몸매의 남자'로 묘사된 퍼킨스는 해골나방의 '중배엽'에 대한 그의 연구를 신랄하게 비판한 해플리에게 대꾸조차 하지 못하고 돌연사하고 말았다. 그의 갑작스런 죽음은 해플리에게서 삶의 목적을 앗아갔다. 그리고 해플리는 환각 증세를 보이기 시작했다. 다른 사람들에게는 보이지 않는 이상한 나방에 쫓기는 자기 자신을 상상하곤 했는데, 이 나방은 섬뜩하게도 죽은 퍼킨스를 닮아있었다. 이 이야기는 해플리가 '정신병원에서 아무에게도 보이지 않는 나방을 걱정하며 여생을 보내는 것'으로 끝맺는다.

이와 같이 소설 속에 등장하는 곤충학자의 이미지는 시작부터 순조롭지 못했다. 그리고 불행하게도 그 후로도 상황은 크게 나아지지 않았다. 심지어 독자들이 호감을 느낄 수 있는 캐릭터로 등장할 때에도 곤충학자는 늘 별난 외양을 갖고 있거나 괴상한 행동을 하는 모습으로 그려진다. 1974년에 아서 허조그Arthur Herzog가 살인 꿀벌에 대해 쓴 소설 《벌떼Swarm》에는 셸리 허바드Shelly Hubbard가 곤충학자 증인으로 등장한다.

> 허바드는 그의 주 연구종인 딱정벌레를 닮았다. 52세의 그는 짧은 키에 불룩한 가슴과 우람한 체격을 하고 있었다. 목은 거의 없는 것이나 다를 바 없었는데, 둥근 머리는 그의 비스듬한 어깨 위에 그냥 얹혀있는 듯 보였다. 두 갈래의 검은 머리카락은 마치 더듬이처럼 머리 양 옆에서 위로 곧게 솟아있었다. 그의 딱정벌레 캐릭터와 딱 맞아떨어지게도 그는 습관적으로 양 손을 맞대고 비벼댔는데 그럴 때면 옷자락 스치는 소리가 났고, 가끔은 손바닥 사이에 진공 공간을 만들어 공기를 빨아들이는 소리를 만들어내기도 했다.

이 이야기에는 흥미롭게도 또 한 명의 과학자가 등장한다. '양봉업자는커녕 곤충학자도 아니'라고 매우 강하게 묘사된 이 환경생물학자는 그의 동료와는 대조적으로 '35세에 183센티미터의 훤칠한 키, 날씬한 몸매, 오똑한 코에 푸른 눈, 마른 양 볼, 상냥하지만 말을 아낄 줄 아는 입과 떡 벌어진 어깨를 갖고 있다. 그는 여자들이 좋아할 만한 외모'를 지니고 있었다. 여자들은 아마 허바드에게도 반응을 보였을 것이다. 비명을 지르며 도망가는 것이 대부분이었겠지만 말이다.

그리고는 토마스 해리스Thomas Harris의 1988년 작품인 《양들의 침묵》에 등장하는 노블 필쳐Noble Pilcher가 있다. 그는 특수요원 클래리스 스탈링을 도와 살인 현장에 곤충을 남겨두는 연쇄살인범을 추적하는 스미소니언 박물관의 곤충학자다. 필쳐의 인상은 친근했으나 그의 검은 두 눈은 서로 너무 가까웠고 약간은 마귀 같은 느낌을 주었다. 게다가 한 쪽 눈은 약간 사시여서 이미지를 따로따로 받아들이는 듯 했다. 특수요원 스탈링이 필쳐를 그의 사무실에서 처음 만났을 때 그는 투구벌레와 체스판을 이용한 게임에 완전히 심취하여 동료 곤충학자인 앨버트 로든과 규칙을 놓고 격한 논쟁을 벌이고 있었다.

《양들의 침묵》이 영화로 만들어졌을 때 노블 필쳐는 영화의 긴장을 잠시 풀어주는 존재 그 이상도, 이하도 아니었다. 할리우드는 특히 곤충학자들을 보조 캐릭터로 출연시킬 때, 문학작품에서보다 훨씬 더 혹독하게 다룬다. 물론 곤충학자들에 대한 긍정적인 묘사, 남 앞에 내보이기 흉하지 않을 정도의 꽤 정상적인 외모를 가지면서 인류를 대상으로 곤충 전염병을 전파시키지 않는 곤충학자 캐릭터도 있지만 그런 영화는 극히 드물다. 그보다는 두꺼운 안경을 쓰고 옷 입는 센스라고는 찾아볼 수 없는 곤충학자의 사례를 찾는 것이 훨씬 더 쉽다(내가 우연히도 두꺼운 안경을 쓰고 옷 입는 센스가 부족하다고 해서 사람들이 그런 고정관념을 갖는 것에 대해 화가 나지 않는 건 아니다). 존 클리즈John Cleese가 주연을 맡은 영국의 어느 동물원에 관한 영화 〈와

일드 사파리Fierce Creatures〉에서 에이드리언 멀론은 마우드 곤충관의 관리인으로 등장했으며 재치 있는 말솜씨로 인기를 얻었다. 그는 예전에 어리석은 생각으로 '벅시'라는 별명을 혐오한다고 밝혔다가 내내 그 이름으로 불리며 세상에 알려졌다. 아무튼, 벅시에게 인생은 그저 한 편의 긴 독백이었다. 그리고 그 독백은 주로 곤충에 관한 것이었다. 그냥 이렇게만 말해두자. 아무도 그를 좋아하지 않았다. 좋아해주는 사람 없기로는 〈바이오돔Biodome〉의 곤충학자 로뮬러스T. C. Romulus 박사도 마찬가지다. 그는 봐주기 힘들 정도로 두꺼운 안경과 헬멧 모자에 어처구니없게도 낚시꾼들이 입는 조끼까지 입고 있었다(독자에게 밝혀둔다. 영화에 곤충학자가 나온다는 이유 단 하나만으로 나는 실제로 그 비디오를 구입했다. 1993년 골든라즈베리 시상식에서 최악의 신인상을 수상한 이후로 각종 '최악'과 관련된 상을 다수 수상한 폴리 쇼어Pauly Shore가 출연하는데도 말이다).

당신은 어떻게 생각할지 모르지만, 실제로 텔레비전은 곤충학자들에게 구세주가 될 수도 있다. 물론 곤충학자들이 텔레비전에 자주 등장하진 않지만, 일단 나오면 그들은 놀랍게도 시청자들의 공감을 자아낸다. 곤충학자에 대한 이미지를 개선하는 데 공헌한 가장 뛰어난 성과는 조지아대학 곤충학부의 맥시 놀란Maxsy Nolan 박사가 텔레비전 쇼 프로 〈스페이스 고스트 코스트-2-코스트Space Ghost Coast-2-Coast〉에 출연한 것이다. 일찍 자고 일찍 일어나는 생활을 하는 독자들을 위해 '카툰 네트워크'의 심야 프로그램을 설명하자면, 〈SG-C2C〉는 1960년대 해나 바바라의 만화에 처음으로 등장했던 초능력

영웅인 스페이스 고스트가 진행을 맡고 그의 조수이자 건반악기 연주자인 '거대 외계 사마귀 조락'이 함께 출연하는, 반은 만화이고 반은 실사인 외계인 토크쇼이다. 화면상에서 스페이스 고스트가 실존하는 유명인을 인터뷰하는 동안 조락은 대개 비난의 말을 중얼거리며 물건을 부수겠다고 위협을 가한다. 놀란 박사는 조락의 활약을 모아 구성한 제41화 '조락' 편에 출연했었다. 놀란 박사와 또 한 명의 출연자였던 해충박멸 전문가는 사마귀의 생애에 대한 깊이 있는 통찰을 제공했다. 나는 놀란 박사에게 이메일을 보내 촬영이 어땠는지를 물었고, 그는 '굉장한 시간을 보냈으며' 다른 것보다도 '촬영하는 4시간 내내 머리 위에 떠 있던 약 2.7미터 크기의 사마귀'에 적응하느라 힘들었다고 고백했다. 이 출연이 곤충학자에 대한 고정관념을 깨부수는 작업에 있어 하나의 기념비적인 사건일 수밖에 없는 이유는 이것이 곧 놀란 박사가 대중문화의 최상위층에 속했음을 입증하기 때문이다. 〈SG-C2C〉에 출연했던 유명인 중에는 〈십계〉에 출현했던 영화배우 찰튼 헤스턴, 심리학자 조이스 브라더즈, 랩 가수 아이스-티, 만화가 맷 그로닝, 우주비행사 버즈 올드린, 그리고 내가 개인적으로 가장 좋아하는 패러디가수 '위어드 알' 얀코빅이 있었다.

하지만 고정관념 깨는 데 가장 크게 한몫을 한 작품은 폭스 네트워크의 황금시간대에 방송된 프로그램 〈엑스파일The X-Files〉이다. 이 드라마는 불가사의하고 어떤 면에서 과학적인 설명이 불가능한 현상들을 전담해서 조사하는 연방조사국 요원들의 활동을 그리고 있다. 그중에서 특히 주목해야 할 에피소드는 1996년 1월 5일에 방송되었던 '식분자(Coprophage, 분변이나 배설물을 먹고 사는 생물)들과의 전쟁' 편이다. 이 에피소드 속에서 멀더Mulder 요원은 바퀴벌레와 관련된 일련의 수수께끼 같은 죽음을 조사하라는 지시를 받았다. 그리고 조사를 계속하던 중 이 바퀴벌레들이 어쩌면 우주에서 기원한 외계 생명체일지도 모른다는 확신을 갖게 된다. 그는 나름의 조사를 진행하면서 결국 미국 농무부 소속 곤충학자와 팀을 이루게 되는데, 멀더가 그녀의 연구실에 무단으로 침입하면서 이 곤충학자와 만나게 된다. 그녀는 표피의 전기적 특성과 빛, 온도, 습도, 먹이의 양 등이 곤충의 행동에 미치는 영향을 연구하는 학자였다. 여기 이 드라마 속의 첫 만남을 소설화한 부분이 있다(Martin 1997).

현관에 서있던 그녀는 멀더가 꽤 오랫동안 봐온 중 가장 아름다운 여인이었다. 그녀의 눈은 어두운 머리칼에 대비되며 더욱 밝게 빛났다. 심지어 그녀의 플란넬 셔츠와 야외조사용 반바지, 등산용 부츠도 놀랍도록 매력적이었다. 하지만 그녀의 얼굴에 떠오른 표정은 멀더가 느낀 감정들을 그녀는 전혀 느끼지 못했음을 암시하고 있었다. 실은 그녀는 노골적으로 화난 표정을 짓고 있었다.

"대체 지금 여기서 뭐 하시는 거죠?" 그녀가 다그쳐 물었다.

"여긴 정부기관의 연구실이에요. 당신은 여길 지금 무단으로 침입했고요."

"전 연방 요원입니다." 멀더가 말했다. 하지만 그녀는 표정을 풀지 않은 채 대꾸했다.

"저도 마찬가지예요." 멀더는 휴대전화를 옷 안주머니에 집어넣으며 그의 배지를 꺼내보였다.

"요원 멀더 – FBI소속" 그가 또박또박 말했다.

그녀가 말했다. "베렌바움Berenbaum 박사 – 미국 농무부 연구소 소속"

멀더가 말을 이었다. "베렌바움 박사님, 몇 가지 물어볼 게 있습니다."

"예를 들자면요?"

그녀가 물었다.

"당신 같은 여성이 이런 곳에서 뭘 하고 있는 거죠?"

그리고 '밤비 베렌바움' 박사는 멀더에게 바퀴벌레의 습성에 대해 설명해주었고, 그 에피소드 내내 그녀의 곤충학 전문지식을 활용하여 그를 훌륭히 보조했다. 이 에피소드에 대해 처음 알게 되었을 때 나는 자연스럽게 깊은 관심을 갖게 되었다. 그리곤 곧 두 가지 질문이 머릿속에 떠올랐다. 첫 번째로, TV가이드에 나온 줄거리 요약을 보며 나는 이 가상의 곤충학자의 성이 내 것과 똑같다는 점을 그냥 지나칠 수가 없었다. 이건 단순한 우연으로 치부해버리기 힘든 문제였다. 내 친척들도 '베렌바움Berenbaum'의 철자를 완벽하게 외우지 못하는데 이게 어떻게 우연일 수 있겠는가? 더 중요한 것은 베렌바움 박사 역으로 이 눈부신 여배우 바비 필립스Bobbie Phillips가 발탁된 것이 시청률을 위한 캐스팅 감독의 어쩔 수 없는 선택이었는가 아니면 대본작가가 곤충학자를 매력적인 인물로 그리기 위해 일부러 그렇게 한 것인가 하는 질문이다. 이 질문들에 답을 구할 수 있는 방법은 딱 한 가지밖에 없었다. 정보를 쥐고 있는 인물, 대본작가 대린 모건Darin Morgan 씨를 만나야 했다.

그러나 그를 만나기까지 거의 2년이란 시간이 걸렸다. 무엇보다도 다린 모건은 〈엑스파일〉 팬들에게 거의 숭배의 대상이었고, 알고 보니 이미 유명인사의 반열에 올라있는 사람이었다. 하지만 나는 마침내 그와 이야기를 나눌 수 있었고, 그가 매우 매력적이며 친절하고 품위 있는 사람이라는 사실을 알 수 있었다. 그는 대본을 준비하며 내 책 중 몇 권을 참고했고, 그런 연유로 곤충학자에게 '베렌바움'이라는 이름이 적당할 것 같다고 느꼈다고 했다. 극 중 베렌바움 박사의 외모에 관한 나의 질문에 대해서는, 그가 실제로 의도하고 그 여배우를 뽑았으며 '여자 요원인 스컬리와 외모로 대결할 만한 경쟁자로 뇌쇄적인 여인이 필요했기 때문에 예쁠수록 좋았다'고 대답했다.

대본 작업을 하기 전에 실제로 사전 조사를 철저히 하는 그에게, 그리고 고정관념을 벗어던져버린 그에게 찬사를 보낸다. 덕분에 우리는 먼 길을 돌아 여기까지 왔다. 정확히 말하자면 '물통 몸매'에서 시작해서 '뇌쇄적인 여인'까지 도달한 셈이다. 만약 어떤 사진가가 내게 헬멧 모자를 쓰고 바퀴벌레와 뽀뽀하라고 요구해오면, 나는 그냥 '밤비 베렌바움' 엑스파일 수집 카드를 보여주며 그 제안을 다시 생각해보라고 얘기해줄 것이다.

소리 없는 아우성
(Water) penny for your thoughts?

곤충학자가 되길 꿈꾸는 젊은이는 가정을 지키기 위해서
부업을 찾거나 전공 자체를 포기하는 것 외에는
다른 방도가 없다고 개탄했다.

나는 부모님의 뜻을 거스르고 곤충학자의 길을 택했지만, 사실은 부모님도 내 선택에 만족하고 계실지도 모른다는 생각을 가끔 한다. 그도 그럴 것이 부모님은 내가 곤충학에서 이룬 성과를 민망할 정도로 자랑하고 다니시기 때문이다. 부디 재미있게 읽히길 바라면서 썼던 곤충에 관한 에세이들을 모아 《99 모기, 기생충의 알, 그리고 물어뜯는 것들 99 Gnats, Nits, and Nibllers》이라는 책을 냈을 때도 부모님은 모든 친지들에게 손수 책을 보내주기까지 했다. 그들이 얼마나 멀리 떨어진 곳에 사는지는 아무런 문제가 되지 않았다. 심지어는 영어가 모국어가 아닌 친척과 아직 글을 읽을 줄도 모르는 갓난쟁이 아기도 예외가 아니었다. 일리노이대학 출판부의 직원은 뉴저지 주에서 왜 그렇게 많은 주문이 들어오는지 분명 의아해했을 것이다. 내 생각에는 부모님 덕분에 그 책을 2쇄까지 출판할 수 있었던 것 같다.

1991년 〈사이언스〉지에 '90년대의 직업 동향'에 관한 논문이 게재되었을 때, 대규모 화학회사에서 고분자 화학자로 일하시던 아버지는 역시나 득달같이 내게 전화를 걸어 비슷한 수준의 17개 생명과학 분야 중에 곤충학자의 급여가 가장 적은 것으로 보고됐다며 사실을 캐묻기도 했다. 나는 아버지에게서 전화를 받기 전에 이미 그 학술지를 훑어보았는데, 당시에는 이 논문을 발견하지 못했다. 어쨌든 아버지와의 통화에서 흥미를 느낀 나는 넣어두었던 학술지를 다시 꺼내 읽기 시작했다. 아버지의 얘기에는 약간 과장된 부분이 있었다. 곤충학 정교수의 경우에는 다른 어떤 분야보다 돈을 적게 받는 것이 사실이지만 곤충학 조교수의 경우에는 일반생물학, 식물학, 해양생물학 그리고 동물학 조교수보다 나은 대우를 받고 있다고 보고되었다. 그래도 역시 전체적인 관점에서 봤을 때 내가 선택한 이 전공이 돈벌이가 안 된다는 건 부인할 수 없는 사실이다.

물론 세부 내용들이 흥미롭긴 했지만, 그 사실 자체는 내가 놀랄 만큼 그리 새로운 것이 아니었다. 돈방석에 앉고자 혹은 주위의 존경과 찬사를 받고자 곤충학에 뛰어드는 사람은 아무도 없을 것이다. 이를 두고 '어리석은 현대 상업주의의 폐해'라고 욕을 할 수도 없는 노릇이다. 곤충학과의 보관문서를 샅샅이 뒤지던 나는 1945년부터 1953년까지 학부장을 지낸 헤이스W. P. Hayes의 논문 모음집에서 이런 세태에 대한 맹렬한 비난을 마주하게 됐다. 그 논문의 뒷면에는

'1920년 2월 10일'이라는 소인이 찍혀있었고 표지에는 다음과 같이 적혀있었다.

>미국의 곤충학자들
>그리고 그 곤충학자들을 부리는 모든 사람은
>이 논문에서 유익한 메시지를 찾게 될 것이다.
>
>〈미국의 곤충학 : 직업으로서의 현재와 미래〉
>
>이 논문은 그들이 사랑하는 과학의 진흥을 염려하는 한 무리의 젊은 곤충학자에 의해 쓰여지고 배포되었습니다. 곤충학이 머지않아 더 나은 기반 위에 우뚝 서고, 곤충학자 역시 가정의 안녕을 위협하지 않으면서 자유롭게 그들의 생각과 노력을 전공에 쏟을 수 있게 되리라는 어리석은 희망을 품어봅니다.

이 논문은 그야말로 전문 곤충학자에게 지급되는 얼마 되지 않는 월급에 대한 비탄의 시였다. 곤충학자가 되길 꿈꾸는 젊은이는 가정을 지키기 위해서 부업을 찾거나 전공 자체를 포기하는 것 외에는 다른 방도가 없다고 개탄했다. 전공을 지키기로 마음먹은 이들은 어쩔 수 없이 '표본을 담을 상자를 얻기 위해 모퉁이 담배 가게에서 상자를 구걸'해야 했다. 이 논문을 쓴 익명의 저자는 '권력과 영향력에서 우위에 있는 분'들께 현 상황을 개선해줄 것을 간청하고 있다. '곤충학에 입문하려면 정처 없는 나그네가 될 것을 각오해야 하는' 지금의 상황을 말이다. 이 저자가 긍정적이지 못하다는 증거는 그가 결론짓고 있는 문단에서도 여실히 드러난다.

> 그렇게 된다면 곤충학자들은 남루한 차림새를 감추기 위해 남의 눈을 피해 뒷골목으로 다니기보다 도시의 대로를 따라 대담하게 걸으며 다른 시민들과 눈을 맞출 수 있을지 모른다. 만약 정말 그렇게 된다면 주변 시민과 동료 과학자는 더 이상 비웃음이 아닌 존경과 영광의 손길로 그를 맞이할 것이다. 그렇게만 된다면 아마도 행복한 신세기가 어느새 우리 곁에 와있을 것이다.

이 글을 쓴 이가 얼마나 적은 봉급을 받았건 간에 분명 예전보다는 상황이 많이 나아졌다. 적어도 오늘날에는 곤충학자로서 삶을 꾸리는 것이 가능해졌다. 워싱턴 곤충학회가 창립되던 당시에는 설립자 16명 중 겨우 절반만이 곤충학자로서 월급을 받았다. 모리스 J. G. Morris 목사님은 메릴랜드 독일 루터교회의 성직자였고, 로렌스 존슨 Lawrence Johnson은 판사, 버지스 E. S. Burgess는 고등학교에서 생물을 가르치는 식물학자, 샤프허트 C. J. Schafhirt는 약제사, 스튜어트 Alonzo H. Stewart는 상원의원의 수행원, 레이시 R. S. Lacy는 변호사, 슈펠트 R. W. Shufeldt는 조류학자 그리고 존 머독 John Murdoch은 도서관 사서였다. 1884년에 창립한 이후 10년이 지났을 무렵 하워드 L. O. Howard는 다음과 같이 간곡하게 회원들을 타이르고 있다.

백만장자들과 마주한 자리에서는 넓게는 세상을 위해, 특별하게는 과학에 기부하는 것의 중요성을 느끼게 할 기회를 단 한순간도 놓치지 말아야 한다. 실은 이미 우리 협회에서 열심히 활동하는 사람 중에 그런 고마운 의지를 가진 사람이 있어 우리를 든든한 재정 기반 위에 앉혀줄지 누가 알겠는가? 우리는 우리들 중 부유한 멤버 누구도 세상을 뜨는 것을 원치 않는다. 부디 그들이 앞으로도 오래도록 우리와 함께해주길 바란다. 하지만 천수를 다하고 공명을 떨친 후에 피할 수 없는 운명의 끝을 맞이하는 멤버가 있다면, 부디 기원하자. 그들이 살아생전에 영광을 떨쳤던 고전하는 협회에 축적된 부를 아주 조금이라도 남겨주기를.

나는 곤충학자들이 현재의 경제적 궁핍을 어느 정도 자초했다고 생각한다. 일반적으로 곤충학자들은 너무나 기꺼이 그리고 열성적으로 그들이 가진 지식을 베풀려고 하며 보수도 받지 않고 도움을 제공한다. 당신이 차를 정비공에게 가져갔다고 생각해보자. 차에 어떤 문제가 있는지를 설명해주는 것만으로도 당신은 30달러의 대가를 지불해야 한다. 그렇다면 시든 콜레우스 화분을 이웃집의 곤충학자에게 가져갔다고 가정해보자. 곤충학자는 식물을 시들게 한 원인이 무엇인지 일러줄 뿐만 아니라 읽는데 약 1주일은 족히 걸릴 논문들 보고서들 그리고 다채로운 읽을거리들을 전부 공짜로 한 아름 안겨줄 것이다.

이러한 습관이 너무나 뿌리 깊게 배어있어서 심지어는 곤충학을 가지고 돈을 버는 것 자체가 불명예스러운 일로 여겨지기도 한다.

예를 들어, 20세기에 접어들면서 미국 농무부와 오스트레일리아 정부의 곤충학자로 활동했던 알렉산더 아신 지로Alexander Arsene Girault는 특히 이 문제에 매우 확고한 생각을 갖고 있었다. 그는 '곤충학을 경제적인 목적으로 이용하는 것은 과학과 교육으로 몸을 파는 것이라고 생각했고' 전공을 살려 이득을 취한 동료를 비난하는 글을 쓰기도 했다. 그는 과학적인 글을 흉내 내서 어찌 보면 경멸하는 느낌을 주기도 하는 글을 써서 오스트레일리아의 일링워스J. F. Illingworth를 비난했다. '실링스워시아Shillingsworthia(Shillingsworth는 '1실링의 가치'라는 의미를 갖는다. 일링워스의 이름과 발음이 비슷하다)'라는 제목이 붙은 그 글은 다음과 같다.

> 실링스워시S. Shillingsworthi, 공허하고 텅 빈, 알맹이 없는 완전함. 특정한 관점에서 볼 때에만 명백하게 두드러지는 무無의 아름다움. 그림자조차 없는. 날개 달린 마음이 아니고서는 따라잡을 수 없는 공중의 생명체 … (중략) … 이 별볼일 없는 속은 요한 프랜시스 일링워스Johann Francis Illingworth 박사에게 봉헌되었다. 그는 그의 삶의 모든 안위뿐 아니라 그의 건강과 명예까지도 진실 추구를 위해 희생하며 결코 타협하지 않고 진심으로 곤충학에 헌신했다.

사람들로부터 무시 받으며 진가는 인정받지 못하는 것에 익숙해진 우리의 마음속에는 어쩌면 지로의 잔재가 여전히 남아있는지도 모른다. 우리는 권력과 재산, 명성에서 얻지 못한 것들을 목적의식의 숭고함과 자기희생을 통해 메울 수 있다.

그건 그렇고 당신이 혹시나 궁금해할까봐 이야기하는데, 나는 이 책을 통해 얻는 수익금의 절반을 내게 경제적인 도움을 전혀 주지 않은 미국 곤충학회에 내놓고 있다. 물론 이 사실은 나의 아버지에게 비밀이다.

전체 관람가('전반적으로 선심 쓰는 체')
Rated GP ("generally patronizing")

곤충 공포 영화에 등장하는 대다수의 여성 과학자는 남자 이름을 갖고 있다. 이는 아마도 극적인 상황을 연출하기 위한 하나의 전략일 것이다.

여성 곤충학자들은 지금까지 단 한 번도 그 수가 특별히 많았던 적이 없다. 사실 그 수가 너무 적기 때문에 누군가가(남성 곤충학자는 예외일 수도 있다) 그들에 대한 어떤 견해를 갖기에 충분할 만큼의 여성 곤충학자들을 만나보았을 거라 생각하기도 힘들다. 하지만 그런 상황에서도 여성 곤충학자들을 향한 편견과 적개심은 여전히 존재한다.

당신은 내가 여성 곤충학자여서 그저 피해망상에 젖어있는 것이라고 생각할지 모른다. 하지만 나는 그렇게 생각하지 않는다. 곤충 공포영화에서 여성 곤충학자들이 어떻게 그려지고 있는지 한번 둘러보라. 분명 그 특정한 장르의 영화 속에서 대부분의 과학자들의 결말이 대개 좋지 않게 끝나지만 그래도 남성 곤충학자들은 간혹 긍정적인 영웅의 모습으로 비춰지기도 한다. 예를 들어, 1954년 작품인 〈그들Them〉에 등장하는 인정 많고 연세 지긋한 '개미학자' 헤롤드 메드포드Harold Medford 박사는 거대 개미 떼로부터 로스엔젤레스를 구해낸다. 그는 심지어 성인처럼 보이기도 했는데, 그 역을 맡았던 에드먼드 그웬Edmund Gwenn은 몇 해 전 영화 〈34번가의 기적Miracle on 34th Street〉에서 산타클로스로 등장하기도 했다. 그런가 하면 〈더 비기닝 오브 디 엔드The Beginning of the End〉에 등장하는 젊고 잘 생긴 피터 그레이브스Peter Graves는 도심을 뒤덮은 9미터 크기의 거대 메뚜기 떼를 원자폭격으로 제거하려는 군대에 홀로 맞서 시카고를 구해냈다. 그렇다. 훌륭하다. 하지만 관객들은 영화의 후반부쯤 가면서 애초에 그 거대 메뚜기들을 만들어낸 원인이 그가 진행하던 조잡한 방사능 실험이었다는 구체적인 사실은 그냥 잊어버린 듯하다.

이런 종류의 영화에 등장하는 남성 곤충학자들은 정신이상자까지도 최소한 선의를 가진 사람으로 그려진다. 1955년 작 〈타란튤라Tarantula〉에서 실수로 9미터 크기의 타란튤라를 평화로운 마을에 풀어놓게 된 과학자인 디머Deemer 박사는 그저 기아로부터 수백만의 사람들을 구하고자 합성 식품을 개발하던 중이었다. 피터 그레이브스가 애초에 진행했던 방사능 실험도 그 많은 것들 가운데 하필이면 토마토를 거대하게 키워서 굶주린 자들에게 먹일 목적으로 진행되었던 것이다.

반면, 여성 곤충학자들은 영원한 젊음과 아름다움을 얻고자 하는 욕망 단 한 가지에만 몰두해있다. 오랫동안 영화 속의 여성 과학자들은 곤충과 그것의 다양한 체액에 아름다움과 장수를 가져다주는 약리학적 속성이 있다는 이상한 확신을 가져왔다. 절대 다수의 절지동물이 깜짝 놀랄 만큼 짧은 수명을 가진다는 사실과 그들의 외양을 고려해볼 때 정말 이해하기가 힘든 확신임에 틀림없다. 일반적으로 이 여성들은 노화의 맹위로부터 수백만을 구해낼 미용 크림 개발 등에는 관심도 없다. 대부분의 경우 그들은 그 연구에 개인적인 관심을 갖고 있다.

〈말벌 여인Wasp Woman〉(1959)에 등장하는 재니스 스탈린Janice Starlin을 예로 들어보자. 그녀는 화장품 회사인 재니스 스탈린 기업의 창업자이자 회장이었는데, 눈에 띄게 나이 들어보이는 그녀의 얼굴 때문에 회사가 어려움에 처하게 된다. 그래서 그녀는 약간 수상쩍어 보이는 에릭 진드롭Eric Zinthrop 박사를 고용하여 말벌의 로열젤리를 추출하도록 했다. 그리고 이 효소들을 주입하자 그녀의 얼굴은 18년 정도나 젊어 보였으며 그녀에게 예전의 아름다움을 되찾아주었다. 하지만 더듬이가 자라나고 인간의 피를 갈망하게 되는 불행한 부작용도 낳았는데, 이는 분명해 미국식품의약국FDA의 승인 허가를 받는 데 불리한 요소로 작용할 것으로 보였다(홍보면에서는 새로운 가능성을 발견했을지도 모르지만).

〈육체의 축제Flesh Feast〉(1970)에서 일레인 프레데릭Elaine Frederick을 연기한 베로니카 레이크Veronica Lake는 마이애미 해변가에 있는 저택의 지하실에서 '회춘' 실험을 수행했다. 이 실험은 검정파리 구더기에게 사람의 살점을 파먹게 해서 얼굴의 죽은 피부세포들을 깨끗이 제거한 뒤 어리고 신선한 피부만 남기는 것이었다. 비록 곤충 공포영화지만, 존경 받아 마땅한 이 여성 과학자는 영화 후반부에 가서 기특하게도 그녀의 구더기를 이용해서 아돌프 히틀러를 제거한다. 그녀가 어떻게 그럴 수 있었는지 궁금하겠지만 일련의 뒤틀린 줄거리가 너무 복잡하므로 여기서는 설명하지 않기로 한다.

영화 속에서 여성은 실험용 대상으로 등장할 때에도 낯부끄러울 정도의 근시안적인 사고와 이기심을 갖고 있다. 〈그녀는 악마She-Devil〉(1959)에서 한 여자 환자는 초파리의 혈청으로부터 얻은 실험용 약물을 전해 받게 되는데, 이 약물은 그녀를 마음먹은 대로 변할 수 있게 하는 효능을 갖고 있었다. 그녀는 이 엄청난 기회를 금발로 바꾸는 데 사용한다. 현재까지는 유일한 포르노 곤충 공포영화인 〈벌소녀들의 침입Invasion of the Bee Girls〉(1973)에서 여성 곤충학자(옷을 좀 덜 걸친)는 꿀벌과 유사한 집단을 만든다. 이 집단에 속한 여성들은 목표로 삼은 여성을 회원으로 끌어들이기 위해 회원으로 만들려는 여성의 배우자와 대단히 정력적인 성관계를 갖고 그가 심장발작을 일으켜 죽게 만든다. 그리고 상심에 빠진 여성에게 접근해서 벌소녀Bee Girl의 일원으로 만든다. 이 과정은 무엇보다 새로운 헤어스타일을 수반하는데 이 경우엔 벌집 머리가 매우 적절하게 들어맞는다.

이런 장르의 영화에서 헤어스타일에 대한 집착은 일종의 은유처럼 영화 전반에 깔려있다. 불행했지만 그 의도만큼은 숭고했던 타란튤라의 리오 G. 캐롤 박사는 '스티브Steve'라는 이름의 여성 보조연구원을 데리고 있었다. 그리고 보면 곤충 공포 영화에 등장하는 대다수의 여성 과학자들은 남자 이름을 갖고 있다. 이는 아마도 극적인 상황을 연출하기 위한 하나의 전략일 것이다. 예를 들면, 주인공 남성이 그가 같이 일하게 될 과학자가 실은 X염색체 두 개를 가진 치마 입은 여성이라는 사실을 발견하곤 깜짝 놀라는 식의 연기를 하기 위해서 말이다. 아무튼 영화 속에서 실험이 성공적으로 진행될 즈음, 스티브는 '과학은 과학이고, 여인은 반드시 머리를 해야 합니다'라는 대사를 던지고는 실험용 튜브를 뒤로 한 채 단호한 모습으로 실험실에서 빠져나간다.

    너무나 비현실적인 이 장면은 나를 큰 충격에 몰아넣었다. 물론 집채만한 메뚜기나 타란튤라가 등장하는 영화라는 점을 생각해보면, 내가 너무 사소한 것을 트집 잡는다고 여길 수도 있다. 대부분의 부정적인 공상과학 영화에서 여성은 대부분 남성인 영웅이 문제를 해결하는 동안 배경처럼 무기력한 시선을 보낼 뿐이다. 때로는 거대한 영장류와 도마뱀 등이 창문을 들여다보고 있다는 사실을 의식하지 못한 채 그 앞에서 옷을 벗는 역할을 맡기도 한다. 도대체 여성 곤충학자들이 뭘 어쨌기에 영화제작자들이 이런 생각을 품게 되었단 말인가? 어쩌면 곤충을 다루는 일은 여성에게 적합하지 않다고 생각하는지도 모르겠다. 어쩌면 남성 곤충학자들이 곤충을 갖고 노는 사람은 남성적이지 못하다는 일반적인 인식에 위협을 느껴서 여성들에 대한 증오를 무의식 중에 표출한 것인지도 모르겠다. 다른 관점에서 생각해보면, 어린 시절 자신을 구박하던 어머니의 모습과 포악한 암컷 곤충의 이미지 사이에 융이 제안했던 '집단적 무의식'이 자리잡고 있는 것일 수도 있다. 이대로라면 온 종일이라도 추측을 펼쳐보일 수 있을 것 같지만 나는 얼른 이 글을 마무리 짓고 다리털 제거를 위해 예약해둔 미용실에 가봐야 한다. 결국 과학은 과학일 뿐이다.

곤충학자가
바라보는
과학

저자! 저자들!
Author! Author! et al.

1993년에 가장 빈번하게 인용된 로즌의 논문은
공동 저자수가 무려 33명이나 된다는 사실이 놀라웠다.

　학부장이 된 이후로 나는 〈더 사이언티스트 The Scientist〉를 꾸준히 구독해왔다. 펜실베니아 주 필라델피아에 위치한 과학정보연구소에서 격주로 발간하는 신문이다. 학부장이 되면서 함께 얻게 된 이 신문의 무료 구독권은 직업과 관련해서 내가 뽐낼 수 있는 유일한 자랑거리다(학교에서 제공해준 것도 아니지만). 과학자에게는 〈피플〉지와 비슷한 위상을 지닌 〈더 사이언티스트〉는 과학계 유명 인사와 과학관련 각종 시상식의 수상자들, 그리고 연구 동향에 관한 특집기사들을 다루고 있다. 물론 〈피플〉과 〈더 사이언티스트〉 사이에는 분명한 차이가 있다. 〈더 사이언티스트〉에는 이를테면 벤과 제리 아이스크림 대신 실시간디지털형광분석기 광고가 지면을 메우고 있다. 두 정기간행물 모두 비평문을 싣지만, 〈피플〉지는 방영 예정인 〈맥

가이버〉와 〈캡틴 플래닛의 새로운 모험〉에 대해 비평을 싣고 있는 반면, 같은 달에 발간된 〈더 사이언티스트〉에서는 '카인산-유도 발작 후에 쥐의 뇌 발달 단계에서 나타나는 BDNF mRNA의 발현'에 대한 비평을 싣고 있다. 그리고 지금까지 〈더 사이언티스트〉를 받아 보면서 나는 단 한 번도 오프라 윈프리의 사진을 보지 못했다.

 1994년 4월 4일자 신문에서 나는 '1993년 상위 10위권의 논문들: 유전학의 바다에서 부상한 초전도 논문'이란 제목의 기사를 발견했다. 이 기사는 '인용 분석을 통해 선정된 1993년 과학계를 뜨겁게 달군 논문들'을 열거하고 있었다. 인용 분석이란 것은 기본적으로 학술지에 게재된 논문의 참고문헌을 이용한 평가 방법의 하나다. 인용횟수를 세는 배경 원리는 학자들이란 본래 자신의 전공과 관련된 분야의 특정 논문을 더 많이 인용하며, 더 많은 관심을 받은 논문일수록 더 큰 영향력을 갖는다는 점에 주목한 것이다. 상식적으로 이해가 안 가는 가정은 아니다. 하지만 이 기사에 실린 상위 10편의 논문 목록을 훑어내려가다가 두 가지 사실이 내 눈길을 멈추게 만들었다. 첫 번째는 상위 10위 안에 곤충학과 관련한 내용을 아주 조금이라도 담고 있는 논문이 단 한 편도 없다는 사실이었다. 그리고 두 번째는 10편 가운데 저자수가 4명 이하인 논문은 있지도 않고, 1993년에 가장 빈번하게 인용된 로즌Rosen의 논문은 공동 저자수가 무려 33명이나 된다는 사실이 놀라웠다.

 〈더 사이언티스트〉에서는 이 33명의 저자들의 이름을 찾아볼 수 없었다. 처음 10명 남짓 되는 공동저자의 이름만을 게재하고 있는

〈생물학 개요Biological Abstract〉 논문에서도 같은 이유로 나머지 저자들의 이름을 찾을 수 없었다. 마찬가지로 이 논문이 인용된 어떤 책에서도 33명 모두의 이름을 찾아 볼 수는 없었다. 대다수의 교재 출판인들이 10명 혹은 그보다 적은 수의 저자만을 싣기 때문이다. 심지어는 이 33명의 공동저자들의 이력서에서도 33개의 이름을 모두 찾을 수는 없을 것이라 생각한다. 내가 그와 같은 상황이라면, 예를 들어 내가 28번째 저자라면, 나는 나를 앞서는 27명의 저자들의 이름을 적느라 내 이력서의 반 페이지를 할애하고 싶지 않을 것 같다.

잘 생각해보면 로즌과 동료들이 쓴 논문이 그렇게 많이 인용되었다는 사실이 그리 놀랍지는 않다. 그 논문의 공동저자들이 각자 한 번씩만 인용해도 벌써 33번의 인용 기록이 만들어지는 게 아닌가! 이 논문은 게재 후 54번이나 인용되었는데, 이는 굉장히 큰 수다. 그리고 그들의 업적은 분명 의심할 나위 없이 중요한 것이었다. 이 논문에서 설명하고 있는 연구는 치명적인 퇴행성 신경질환인 근위축성 측삭 경화증을 유발할 가능성이 있는 유전 메커니즘을 제시하고 있다. 하지만 공동저작이 논문의 인용 횟수를 높이는 데 더 많은 도움을 주는 것처럼 보인다. 실제로 1993년에 〈더 사이언티스트〉의 상위 10위권에 든 논문들을 살펴보면, 저자의 수와 인용 횟수 사이에는 p값이 0.056으로 꽤 밀접한 연관성을 찾을 수 있는 0.62의 피어슨적률상관(Pearson product moment correlation, 두 개의 표준화된 양적 변수 사이에 선형적으로 공변하는 관계를 나타내는 통계량. 칼 피어슨 Karl Pearson이 고안한 것으로 피어슨상관 또는 상관계수로 부르기도 한다-옮긴이)관계를 보인다. 따라서 저자수가 많은 논문일수록 더 인용될 확률이 높다고 말할 수 있다.

그렇다면 이러한 상관관계에 근거해서 확률적으로 봤을 때, 1993년에 게재된 곤충학 논문 가운데 최다 인용논문은 어떤 것일까? 많은 수의 저자들이 참여한 논문을 찾다가 곤충학 이외의 영역에서 인상적인 논문을 몇 편 발견했다. 그 중 가장 주목할 만한 것은 미주리식물원 연보에 실린 '종자식물의 계통발생: 색소체 유전자 rbcL을 이용한 뉴클레오티드 배열 분석'이라는 제목의 논문으로 첫 번째 저자인 체이스Chase를 포함해 총 42명의 저자가 함께 참여했다. 그리고 〈호르몬 연구〉지에 실린 파트쉬Partsch와 그 동료들의 논문 '이른 성숙기에 도달한 여아의 뇌하수체 생식선 활동의 완전한 억제와 불완전한 억제 비교연구: 성장과 최종 신장에 미치는 영향'이 총 41명으로 그 뒤를 바짝 쫓고 있다. 하지만 나는 곤충학과 관련된 내용을 담은 논문은 아직 찾지 못했다.

일리노이대학의 생물학 도서관에서 제본되지 않은 학술지들을 심드렁하게 뒤적이던 나는 곤충학 분야의 공동저작 논문에서 월계관을 받을 만한 유일한 후보를 찾아냈다. 해먹B. D. Hammock 외 12명의 공동저자가 함께 쓴 '핵다각체병 바이러스의 곤충 특이적 독소와 곤충 특이적 효소의 발현을 이용한 재조합형 바이러스성 살충제의 개발'이라는 제목의 논문이었다. 하지만 13명이라는 숫자는 곤충학 논문에서나 인상적일 뿐 여전히 다른 분야의 논문들에 비할 바는 못 된다.

어쩌면 유독 1994년에만 곤충학 분야에서 협력 연구가 활성화되지 않았던 것인지도 모른다. 역사적으로는 13명보다 훨씬 많은 저자가 참여한 곤충학 논문도 있다. 일리노이대학의 동료 교수인 윌리엄 호스폴William Horsfall 박사는 지난 1981년 내게 구 소련의 모기 분포를 기록한 논문을 보여주었는데, 50명 이상의 저자가 공동으로 집필한 것이었다. 그에게서 복사본을 받지 못했고 도서관에서도 찾을 수가 없었지만, 그 논문은 지금도 분명 어딘가에 존재할 것이다. 게다가 소련도 더 이상 찾아볼 수 없게 되었지만 말이다.

보이스 톰슨 연구소의 앨런 렌윅Alan Renwick 박사는 허터Hurter를 포함한 총 15명의 공동저자가 1987년 〈익스피리엔샤Experientia〉지에 게재한 논문 '광대파리류의 산란 억제 페로몬: 화학구조의 정제와 측정'의 사본 한 부를 나에게 보내주었다. 그리고 캔자스 주 맨하탄에 위치한 미국 농무부 산하 곡물연구소의 딕 비먼Dick Beeman의 말에 따르면, 일리노이 주 피오리아에 위치한 역시 미국 농무부 산하의 북부 지역연구소의 화학연구원이자 뛰어난 학자인 릴리호E. B. Lillehoj도 공동 연구 분야의 최고기록(15명)을 가지고 있다고 한다. 옥수수의 아플라톡신 오염과 옥수수에 꾀는 곤충 사이의 관계에 대한 연구가 진행된 1978년부터 1980년까지 릴리호는 주저자로서 다른 14명의 공동저자들과 함께 한 편의 논문을 게재했고, 공동저자가 11명인 다른 주목할 만한 논문을 또 한 편 게재하기도 했다. 마지막에 언급한 이 논문의 공동저자 11명 각각이 11개의 서로 다른 주에 위치한 11곳의 연구소에서 일하는 연구원이었다는 점을 감안하면 정말 놀라운 기록이 아닐 수 없다. 그리고 이 업적이 지니는 의미를 제대로 이해하기 위해서 덧붙이자면, 이 연구는 이메일이 널리 상용화되기 한참 전에 이루어졌다.

곤충학계에서 '다수의 저자'가 관례는 아니다. 사실 1906년에 발간된 〈경제곤충학 학술지Journal of Economic Entomology〉의 첫 호를 살펴보면 총 67편의 논문 가운데 겨우 6편만이 2명 이상의 저자에 의해 쓰여졌다는 사실을 알 수 있다(그리고 그 6편 중 3명 이상의 공동저자가 쓴 논문은 단 한 편도 없다. 게다가 6편 중 3편에는 동일인물이 제 2저자로 참여하고 있다. 윌먼 뉴웰Wilmon Newell이라는 이 남자는 분명 시대를 앞서갔던 인물임에 틀림없다). 이와는 대조적으로 1993년 12월 같은 학술지에 수록된 34편의 논문 중에는 겨우 3편만이 단독 저자에 의해 쓰여졌다. 7명의 공동저자에 의해 기술된 논문도 한 편 게재되었으며 심지어는 논평까지 2명이 함께 썼다.

이런 사실을 통해 우리가 배워야 할 점이 있다. 세간의 관심을 끌기 위해 협력연구를 해보는 것도 나쁘지는 않을 듯하다. 사실 나는 곤충학자들에게 용기를 내어 학계를 뜨겁게 달구는 논문 순위에 도전해보라고 권하고 싶다. 물론 의학계로 가면 경쟁이 상당히 거칠어질 수도 있음을 경고해야 할 것 같다. 1994년 〈뉴잉글랜드 의학 학술지〉에 실린 논문 '남성 흡연자에서 폐암과 다른 종류의 암 발병률에 비타민 E와 베타카로틴이 미치는 영향'은 무려 52명의 공동저자에 의해 쓰여졌다. 그리고 관상동맥 성형술에 쓰이는 응혈분해 약제의 임상 실험에 관한 또 다른 논문은 적어도 175명 이상의 공동저자를 갖고 있다(힘들어서 더 이상 셀 수 없었다). 곤충학자들이 도저히 도달할 수 없는 단계의 협력이 있는지도 모르겠다. 릴리호라도 여기에는 도전하기 힘들지 않을까 싶다.

난 okay 당신은 O.K.?
I'm okay - are you O.K?

생물학 분과에 제공되는 연방 정부의 연구 자금의 분배가
두문자어 사용량과 밀접한 관계를 맺고 있다

    몇 해 전 나는 인디애나 주 라피엣에서 개최된 시토크롬 P450s에 관한 심포지엄에 참석한 적이 있다. P450s는 곤충에서 생체이물 대사작용과 페로몬 합성에 관여하는 다유전자족을 구성한다. 나는 그날 다섯 번째로 발표를 하기로 되어있었는데, 상당히 만족스러운 순서였다. 우선 졸음이 쏟아지는 점심식사 직후가 아닌데다 나와 같은 차로 집에 돌아가야 하는 청중만을 데리고 발표해야 하는 마지막 순서가 아니라는 점도 좋았다. 하지만 다섯 번째 발표자라는 사실이 나를 안심시킨 가장 중요한 이유는 곤충의 P450s에 대해 10년 넘게 논문을 써온 나로서도 아직 그걸 어떻게 읽어야 하는지 확신이 없었기 때문이다.
    내가 이 효소들에 처음 관심을 가졌을 당시에 이것은 MFOs(mixed

function oxidases, 혼합 기능 산화효소군)라고 불렸다. 다양한 산화반응을 촉진하는 물질이기 때문이었다. 그런데 나도 모르는 사이에 학계에서 상당한 영향력을 가진 누군가가 이 명칭이 이 물질을 설명하는데 충분하지 않다고 지적하며, 이 물질은 많은 다양한 기질에 산소 원자 하나를 결합시키는 작용을 촉발하므로 이를 PSMOs 즉 다기질 단일산화제polysubstrate monooxygenases라고 명명해야 한다고 주장했다. 1990년대 초에 이르러서야 표준화된 명명법의 정교한 체계가 구축되었고, 이러한 효소들은 단백질 배열순서의 유사도에 따라 족family과 아족subfamily으로 분류되었다. 오늘날 P450s는 시토크롬CYtochrome P450의 머리글자를 따서 CYP로 불리고 있다. 이 두문자어에는 유전자족(염기배열 일치도 40퍼센트 이상)을 나타내는 숫자가 따라붙으며, 이 숫자 뒤에는 유전자아족(염기배열 일치도 55퍼센트 이상)을 명시하는 대문자 알파벳, 그리고 이 대문자 알파벳 뒤에는 특정 유전자를 나타내는 또 다른 숫자가 따라붙는다. 만약 특정유전자(염기배열 일치도 97퍼센트 이상)에 변형 형태의 대립유전자가 존재할 경우에는 이 마지막 숫자 뒤에 소문자 v('variant변형'의 두문자)를 붙여 표시하며 이 문자 뒤로는 또 다른 숫자들이 따라붙는다. 이러한 규칙에 따라 만약 우리가 검은호랑나비Papilio polyxenes의 유충에서 얻은 시토크롬 P450을 복제하여 정리하면, 이것은 CYP6B1v1이라 불리게 된다(복제할 곤충의 P450 cDNA가 속해 있는 6번족에 함께 속하지만 P450이 속한 6B아족에 포함되기에는 상당히 다르다는 의미).

이 특별한 모임에서 연구결과를 발표하면서 내가 가장 고민했던 부분은 'CYP6B1'을 어떻게 읽어야 할까 하는 점이었다. 연구실에서 우리는 그 효소를 '씹-씩스-비-원'이라고 읽는다. 하지만 이것이 전문가들 사이에서도 인정되는 올바른 발음인지에 대한 확신은 없었다. 그래서 웨스트 라피엣에서 진행된 그날 순서의 첫 발표자였던 샌프란시스코 캘리포니아 주립대학에서 온 이 분야의 권위자 폴 오티즈 드 몬텔라노Paul Ortiz de Montellano 교수가 '씹-1A1'과 다른 포유류의 P450s에 대해 얘기했을 때 나는 비로소 안심할 수 있었다. 하지만 두 번째 발표가 시작되고 연단에 선 발표자가 '싸이프-17'의 사이토카인 전달억제에 관한 그의 연구를 발표하면서 나는 다시 혼란에 빠져버렸다. 세 번째 발표자는 그가 연구하는 단백질 족을 '씨-와이-피'라고 읽었다. 이쯤 되자 나는 네 번째 발표가 귀에 들어오지도 않을 정도로 큰 고민에 빠졌다.

두문자는 분명 생물학이라는 분과 내에서 익숙해져있지만 요즘은 감당하기 버거운 존재가 되어버린 것 같다. 두문자어가 다소 독점적으로 전기공학 분야에서 많이 쓰이던 시절도 있었다. 혹시 SONAR를 기억하는가? LASER는? 하지만 유전물질이 디옥시리보핵산deoxyribonucleic acid과 같이 다루기 힘든 복잡한 이름을 갖게 되자 생물학자들은 열광적으로(예를 들어 'DNA' 같은) 두문자어에 매달렸다. 분자생물학은 현대생물학 중 단연 최고의 두문자어 사용량을 자랑하는 분과다. 이 분야에서는 두문자어뿐 만 아니라 두문자어의 동의어까지 사용된다. 예를 들어 리보솜RNA 유전자간의 외부비전사간격(external nontranscribed spacer, ENS)은 유전자 간의 간격intergenic spacer의 앞 글자를 따 IGS 또는 비전사 간격non-transcribed space의 앞 글자를 따 NTS로 불리기도 한다. 그런가 하면, 이 분야에는 두문자어들로부터 만들어진 두문자어도 존재한다. 초파리에서 일부 단백질들은 자기 결합을 촉진하는 270개의 아미노산 모티프를 포함한다. 이러한 모티프들이 피리어드 유전자 생산물(period gene product, PER)과 아릴 탄화수소 핵 전위자(aryl hydrocarbon nuclear translocator, ARNT 다이옥신 수용 복합체의 구성 요소), 그리고 싱글-마인디드 유전자 생산물(single-minded gene product, SIM)에서 발견될 경우에는 (PER-ARNT-SIM의 앞 글자를 따서) PAS계라고 부르는 것 외엔 달리 방법이 없다. 이런 식의 두문자어 사용은 냉전이 극에 달했던 당시 소비에트 연방USSR의 KGB에서나 볼 수 있었던 것이다.

과도한 두문자어의 사용은 내가 분자생물학 논문을 읽을 때 종종 느끼는 불편함을 불러일으킨다. 대문자로 쓰여진 두문자어로 가득한 논문을 읽다보면, '저자가 무언가에 굉장히 화가 난 것은 아닐까' 하는 생각마저 든다. 내 책상 위에 널브러져 있던 1995년 9월 22일자 〈사이언스〉지를 예로 들어보자. '금주의 사이언스' 코너는 그 호의 중요 내용들을 다루고 있다. 이 중요 내용이란 SR(sarcoplasmic reticulum, 근소포체)에 의한 칼슘이온($Ca2+$)의 방출에 따른 근육세포의 수축 조절에 관한 논문, 키모카인 RANTES에 의한 단백질 인산화 반응과 T세포 증식의 조절에 관한 논문, MAP(미토겐-활성 단백질) 키나아제에 의한 IFN(인터페론) 유도 전사의 조절에(여기서 MAP키나아제는 이것을 신호 변환기signal transducer와 활성체activator of transcription 즉

STAT로 만든다) 관한 논문, NMDA(N-메틸-D 아스파르트산염) 수용체의 한 종류와 상호작용하는 PSD-95(시냅스 후부의 밀도 단백질)에 관한 논문, 그리고 CNS(무슨 신경 회로?)에서 nAChRs(N-아세틸콜린 수용체)의 역할에 관한 논문을 말한다. 단 한 쪽에 실린 이 많은 두문자어들은 사람들의 주목을 끌기 위해 소리라도 지르고 있는 듯 보였다. STAT!(병원에서 쓰이는 속어로 '서둘러!' 라는 뜻-옮긴이) 이들은 그저 관심을 끌기 위한 구실이 아니라 RANTES(고함소리)! 그 자체이다.

여기서 엿보이는 경향은 분명하다. 두문자어는 사라지기는커녕 곤충학을 포함한 생물학 분야 전반에 스며들 것이다. 이미 오래전부터 곤충생리학 부근에 참호를 파고 매복하고 있었다(예전에는 TPN으로 불렸던 세포의 에너지원, 아데노신 3인산 ATP를 예로 들 수 있겠다). 곤충 분류학자들 사이에는 그 사용량이 점차로 증가하고 있다. 그들은 이제 데이터를 모으기 위한 방법(예를 들어, SDS-PAGE, RFLP, RAPD)뿐 아니라 데이터를 분석하는데 사용한 방법(PHYLIP, PAUP)까지 두문자어로 쓰고 있다. 사실 분류학자들은 이미 수 세기 전에 종을 지칭하는 명칭에서 속명을 축약한다는 약속을 맺어 두문자어 사용에 앞장 서왔다. 박테리아인 대장균 E. coli과 선충류인 꼬마선충 C. elegans의 이름은 이제 거의 잊혀진 것이나 다름없다. 초파리 *Drosophila melanogaster*는 무슨 이유에서인지 이런 흐름에서 벗어나 있지만 말이다. 심지어는 동물행동학 분야에서도 축약의 흐름에 발맞춰 진화적 안정 전략 Evolutionarily Stable Strategy을 ESS로 표기하고 있다.

두문자어가 아주 가끔 나타나는 유일한 분야가 바로 생태학이다. 여기서 두문자어는 아주 가끔 등장한다. 하지만 집단 생물학에서 등장하는 몇몇 두문자어들은 나를 매우 당황하게 만든다 예를 들어, '환경 수용력carrying capacity'은 왜 'c'나 'CC'가 아니라 'K'로 표기하는 걸까? 게다가 내재성장률the intrinsic rate of growth은 너무 간결하게도 'r'('리틀 알'로 발음한다)로 알려져있다. 왜 IRR은 채택되지 않은 걸까? 왜 소문자 r로 결정했을까? 혹시 관심을 끌게 되는 것에 대한 두려움이 작용했던 것일까?

생태학 속의 두문자어들은 그 생명력도 짧다(참, 생명력longevity은 생명표 분석에서 종종 lx로 축약되어 표현된다). 나의 대학 동료인 길버트 월드바워Gilbert Waldbauer는 지난 1968년에 환경생리학계에 한 세트의 두문자어를 성공적으로 소개한 바 있다. 그는 널리 인용된 그의 종설논문에서 영양학적 효율의 중량 측정 평가에 관한 내용을 다루며 다음과 같은 요인들을 만들어냈다. ECI(섭취된 음식의 전환 효율), ECD(소화된 음식의 전환 효율), RGR(상대 성장률), RCR(상대 소비율), 그리고 AD(소화력의 근사치)가 그것이다. 하지만 통계학에 열심인 생물학자들이 위의 두문자어들이 나타내고 있는 계산값에 의문을 제기하며 근래에 내놓은 몇몇 논문 덕분에 이 두문자들의 미래도 그리 밝지는 않다. 만약 이러한 비판을 사람들이 받아들인다면 곤충생태학을 공부하는 학생들은 더 이상 중간고사에 나올 두문자어를 외우느라 고생하지 않아도 될 것이다. 뿐만 아니라 ECD가 의미하는 바를 아는지 여부가 A학점과 B학점을 가르는 일도 없어질 것이다.

하지만 두문자어 사용을 자제하는 것 역시 과학계에서 경쟁하는

데 있어 심각한 불이익을 초래할 수도 있다. 아직은 각각의 연구 분야에서 두문자어를 말살하기에 적절한 시점은 아니라고 말하고 싶다. 생물학 분과에 제공되는 연방 정부의 연구 자금의 분배가 두문자어 사용량과 밀접한 관계를 맺고 있다는 점 또한 그냥 넘어갈 수 없는 문제다. 분자생물학은 제일 큰 몫의 연구비를 지원받는 반면에 생태학, 분류학, 동물행동학 그리고 두문자어 사용에 인색한 다른 프로그램들은 심각한 예산 삭감으로 어려움을 겪고 있다. 정말 이것이 직접적인 원인인지는 나도 확신할 수 없다. 다만 그 이니셜로 널리 알려져 있는 NSF, NIH, USDA 그리고 DOE와 같은 기관들이 이 문제에 있어 일관된 태도를 보이고 있다는 점은 지적해두고 싶다. 이게 과연 우연의 일치일까? 적어도 나는 그렇게 생각하지 않는다.

나는 곤충생태학자의 한 사람으로서 앞으로 두문자어 개발에 얼마간의 시간을 쏟을 작정이다. 국립과학재단NSF에서 다음 번 연구비 지원서 접수를 시작하기 전에 '가빨(가능한 빨리)' 만들어내야 할 텐데.

결점을 보완할 가능성도 없다?
"Quite without redeeming quality?"

강연을 진행하면서 나오는 청중들의 웃음이
내 섬세한 유머 감각에 의한 것이 아니라 사실은 바지의
지퍼가 덜 닫혀서 드러난 나의 속옷 취향 때문이라는 사실을
깨닫는 듯한 기분이었다.

전문 과학자로 자립한 지도 20년이 지났으니, 내가 이제 비판에 꽤나 단련되었을 거라 생각하는 독자들도 있을 것이다. 게다가 비평은 현대 과학의 수행과정에 본질적으로 내재되어있다. 연구비 지원서는 위원회와 특별검토위원에 의해 세밀하게 검토되며 원고는 심사자들과 편집인에게 날카로운 검사를 받는다. 게다가 학기가 끝날 무렵이면 학부 학생들에 의해 교수 평가를 받는다. 나는 분명 부정적인 평가에 익숙해져있다. 지난 20년 동안 내 몫을 충분히 받았기 때문이다. 사실 나는 내가 받은 모든 호평과 혹평들을 서류 보관함에 넣어두고 이따금 다시 읽어보곤 한다. 호평에도 비판이 조금씩은

섞여 있게 마련이며, 내가 받은 가장 부정적인 혹평에도 어눌하지만 언제나 내가 취해야 할 건설적인 조언들이 포함되어있다. 특히 심했던 혹평은 내가 에이피돌로지Apidologie에 제출했던 논문 초고에 관한 것이었다(이 논문은 결국 광범위한 교정을 거친 후에 다른 학술지에 게재되었다). 이 심사자는 용케도 단 한 단락 안에 '불충분한', '배경지식 부족', '무의미한', '터무니없는' 등의 단어와 함께 '결점을 보완할 가능성도 없다'는 문구를 모두 포함하고 있었다. 다른 심사자들은 형용사의 선택에서 이보다는 좀더 신중한 태도를 보였다. 논문 초고와 연구비 지원서만 세어도 내가 그 동안 받은 혹평은 100개가 넘는다. 나는 마이클 조던도 매번 슛을 성공시키지는 못했다고 스스로 위로하며 모든 혹평을 배움의 기회로 생각하고 있다.

하지만 이러한 경험에도 불구하고 1998년에 받았던 혹평은 나를 완전히 충격에 몰아넣었다. 흥미롭게도 그 비평은 이 책 《벌들의 화두(원제: Buzzwords)》와 직접적인 연관이 있다. 자만심에 차있던 나는 그 동안 〈미국곤충학자〉에 기고했던 글들을 모아 한 권의 책으로 묶어보는 게 좋겠다고 생각했다. 사실 이 생각은 그리 참신한 아이디어는 아니었다. 많은 기고가들, 심지어는 과학적인 주제에 대해 글을 쓰는 이들도 아무렇지 않게 그들이 게재했던 글을 묶어 책으로 펴내고 있기 때문이다(스티븐 J. 굴드Steven J. Gould가 제일 먼저 떠오른다). 나는 코넬대학출판부가 그런 책들을 펴낸 경험이 있다는 사실을 알고 있었고, 내쉬빌에서 열린 미국곤충학회에서 코넬대학출판부의 편집장인 피터 프레스캇과 대화를 나눈 적도 있기 때문에 이 글들을 모아 코넬대학출판부에 출판 여부를 의뢰해보는 것도 나쁘지 않겠다고 생각했다.

　모든 뛰어난 편집자들이 그러하듯 피터 프레스캇도 이 원고를 심사자들에게 보냈다. 첫 번째 평가는 금세 되돌아왔으며 꽤 호의적이었다. 나는 '일이 쉽게 풀리는구나' 싶었다. 하지만 두 번째 평가서는 그렇지 못했다. 주립대학에서 40년 동안 학생들을 가르치며 연구해온 곤충학자라고(그러므로 전문적인 소견을 낼 자격이 충분하다고) 자신을 소개한 이 심사자는 '벌들의 화두'를 읽고 아무런 감명도 받지 못한 듯했다. 그는 몇몇 에세이들을 '알맹이 없는'이라는 단어로 묘사했으며, '구멍, 섹스 그리고 다른 기본적인 신체 구조와 기능들'의 소재는 그에게 별로 매력적이지 않았던 게 분명했다. 평가서에는 당시까지 내가 받은 것 중 가장 우울한 평가라고 생각했던 '시시한'의 자리를 위협할 만한 '개념적인 깊이가 부족하다'라는 구절도 있었다.

　나는 이 견해가 예외적인 경우일 뿐이라고 자위할 수 없었다. 부정적인 평가를 내린 심사자는 정말 열심히 활동하는 곤충학자 동료들(전문적인 견해를 내기에 자격이 충분한)을 모아놓고 투표한 결과, 19명 가운데 몹시 싫다는 사람이 3명이나 된다고 밝혔기 때문이다. 물론 내 글을 좋다고 밝힌 사람들 중에서 어느 누구도 '열정적'으로 칭찬하지 않았다. 반면에 나의 글을 좋아하지 않는 사람들은 자신의 느낌을 거침없이 표현했다. 그들은 '케케묵은', '괴상한' 그리고 '유치한' 같은 단어들을 써서 내 글을 깎아내렸다.

자만심처럼 보일 수도 있겠지만, 나는 사람들이 내 글을 싫어할 것이라는 생각을 정말 단 한 번도 하지 못했다. 몇몇 사람들은 그저 무시해버릴 수도 있겠다는 생각은 했지만 완전히 경멸하는 사람들이 있을 줄은 몰랐다. 그 평가서를 읽으면서 나는 마치 사람들이 꽉 들어찬 강연회장에서 강연을 진행하면서 나오는 청중들의 웃음이 내 섬세한 유머 감각에 의한 것이 아니라 사실은 바지의 지퍼가 덜 닫혀서 드러난 나의 속옷 취향 때문이라는 사실을 깨닫는 듯한 기분이었다.

이 평가서를 읽고 나서부터 나는 사람들을 대할 때 더욱 예민해졌고, 심각한 '작가 슬럼프'에 빠졌다. 작가 슬럼프의 원인은 이 부정적인 평가가 상당 부분 사실이었기 때문이다. 나는 글을 쓰면서 거의 대부분의 곤충학 저자들보다 훨씬 더 자주 구멍으로 빠지곤 한다(그래도 내 글에서 '깊이'를 찾자면, 이 구멍들을 들 수 있을 것이다). 그리고 실제로 내 유머 감각은 종종 고상함에서 저속함으로 미끄러지기도 한다. 나는 곧 내 글에 담긴 단어에 집착하기 시작했고 '알맹이는 없고 진부함이 스며드는' 시점을 어떻게 알아챌 수 있을까 고민하기 시작했다. 하지만 그렇게 몇 달이 지나자 이 평가가 한편으로 부당하다는 생각이 들었다. 내 글의 유머가 유치하게 보일 지도 모르지만, 하마터면 빠질 뻔했던 유치함에 비하면 아무 것도 아니라는 사실을 깨달았기 때문이다. 사실 나도 너무 유치해 보여 주제에서 뺀 소재들이 몇 가지 있다.

다음의 네 가지 아이디어는 심지어 그 날의 충격적인 평가서가 나의 부족함을 일깨워주기 전에 이미 너무 진부하고 유치해서 품위를 손상시킨다 여겨져 개인적으로 불합격시킨 소재들이다.

1. 1974년에 파트리지Partridge가 펴낸 속어 사전을 보면, 수음 행위를 곤충과 관련지어 은유적으로 나타낸 각양각색의 표현들이 있다고 한다. 예를 들어, '주님은 상자에 넣어버리고 바퀴벌레 가져오기'나 '~의 구더기를 전속력으로 몰기' 등이 여기에 해당한다.

2. 1997년에 발표한 '매번 완벽하게 부푼 외부 생식기'라는 제목의 논문에서 놀취Nolch는 I. W. D. 엔지니어링과 호주 연방과학산업연구기구에서 개발한 베시카 이버터(vesica everter, 방광외번기－옮긴이), 또는 '팔로블라스터(phalloblaster, 남근총－옮긴이)'라고 불리는 것을 소개하고 있다. 이 논문에 인용된 마커스 매튜스Marcus Matthews의 말에 따르면 '베시카 이버터는 생식기를 건조시키고 단단하게 만드는 가압 무수 알코올을 흐르게 함으로써 생식기를 부풀린다. …중략… 그러면 그것들은 절대 줄어들지 않는 풍선처럼 부풀어 오르게 된다.' 이쯤에서 해명해야 할 것 같다. 팔로블라스터는 오로지 연구 목적으로 곤충의 생식기에만 사용하도록 고안되었다.

3. 1997년 데인저필드Dangerfield와 모수겔로Mosugelo는 '보츠와나 남동부의 건조한 대초원에서 두루마리 휴지로 흰개미 사냥하기'라는 제목의 논문에서 '단 한 개의 두루마리 휴지'를 사용해서 흰개미 개체수를 조사하는 방법을 묘사하고 있다. 이 조사 과정에서, 각각의 두루마리는 '정해진 구멍에 놓여졌으며,' 이 때 땅 위에 '평평하게even' 놓이거나 지

면과 '같은 높이level'에 놓이는 것이 아니라 '땅 위에 편평하게flush('변기의 물을 내리다'라는 뜻)'하게 놓였다.

4. 황열병을 옮기는 학질모기Anopheles gambiae가 일부 사람들의 발 냄새와 매우 흡사한 림버거 치즈의 향에 강하게 끌린다는 보고에 뒤이어 1997년에 놀즈Knols와 그의 동료들은 합성 림버거 치즈 향을 만들어 냈다. 이는 림버거 치즈 용기에 모인 화학적 구성 물질의 성분을 밝힘으로써 가능했다. 명확히 해두기 위해 다시 한 번 말하자면, 이 치즈 용기의 빈 공간은 림버거 치즈를 직접적으로 둘러싸고 있는 휘발성 환경을 말하는 것이지 웃긴 모자를 눌러쓰고 그린베이 팩커즈 경기를 관람하고 있는 남자의 옆자리를 의미하는 것이 아니다.

이 주제들 중 어떤 것을 골라 썼더라도 그 글은 놀라울 정도로 품위 없었을 것이다. 그리고 지금껏 나는 자만심의 유혹에 굴복하지 않기 위해 노력해왔다. 사실 내가 가진 감각이 꽤 괜찮았기에 이만큼 자제해왔던 것이다. 내가 실제로 이 소재들 가운데 하나를 골라잡아 글을 썼다면, 그 평가서는 아마 읽을 수도 없었을 것이다.

플린스톤 101
Flintstones 101

1994년 미국자연사박물관에서 실시한 과학지식에 관한 설문 조사에 따르면 약 35퍼센트 정도의 성인이 선사시대에 인간과 공룡이 공존했다고 답했다.

타고난 팔자 덕분에 나는 대체로 다른 이들을 내려다보는(overlooked, 혹은 텔레비전을 과도하게 시청한-옮긴이) 축에 속한다. 1953년에 태어난 나는 텔레비전을 보며 자란 1세대 엘리트 과학자 그룹의 한 사람이다. 1948년에 텔레비전 판매량은 라디오 판매량을 넘어섰으며 내가 두 살배기였던 1955년에는 미국 가정 3분의 2가 집에 텔레비전이 있었다. 나는 어렸을 때 텔레비전을 꽤나 많이 봤던 것으로 기억한다. 내가 봤던 것 중 지금도 잊혀지지 않는 프로그램은 〈고인돌 가족 플린스톤The Flintstones〉이다. 1960년부터 1966년까지 방영되었던 이 시트콤은 지금도 케이블 방송에서 거의 24시간 내내 재방송되고 있다. 〈고인돌 가족 플린스톤〉은 그 당시 많은 기록을 세웠다. 애니메이션으로 제작된 첫 시트콤이었고, 30분 분량으로 제작된 애니메이션으로 처음으로 사람이 주인공으로 등장한 애니메이션 시리즈였다. 나는 이 시트콤을 '신혼여행자들The Honeymooners'의 애니메이션 버전 그대로를 알고 있다는 사실에 자부심을 느낀다. 하지만 내 또래의 다른 많은 사람들은 틀림없이 다큐멘터리를 보고 있다고 착각했을 것이다. 1994년 미국자연사박물관에서 실시한 과학지식에 관한 설문 조사에 따르면 약 35퍼센트 정도의 성인이 선사시대에 인간과 공룡이 공존했다고 답했으며, 14퍼센트는 그 가능성을 인정했다. 윌리엄 해나William Hanna와 조 바베라Joe Barbera를 제외한 전문가들은 지금으로부터 약 6,500만 년 전인 백악기 말에 공룡이 멸종했다고 보고 있다. 이는 화석 기록상에 나타난 선행인류protohominid보다 1~2천만 년 전, 그리고 현존인류와 비슷한 원시인류가 나타났던 4~5백만 년 전보다 훨씬 이전이다.

이는 미국 과학교육의 문제점을 여실히 보여주는 예들 가운데 하나에 불과하다. 앞서 미국자연사박물관의 설문조사에 응했던 그 49퍼센트의 성인들은 공룡과 인간이 공존하지 않았다는 사실을 언젠가 분명히 들은 적이 있을 것이다. 대부분의 경우 학교 수업을 통해 이 사실을 들었을 테지만(나는 4학년 때 담임이었던 파커선생님이 이 주제에 대해 수업했던 내용을 또렷하게 기억한다) 무슨 이유에서인지 사람들의 머릿속에는 저장되지 않은 것 같다. 반면 같은 성인 중 다수는 〈고인돌 가족 플린스톤〉의 주제가를 곡 전체를 따라 부르진 못하더라도 어느 정도 알고 있다.

그러면 왜 과학은 이렇듯 기억하기가 힘든 것일까? 한 가지 그럴

듯한 이유는 지루하기 때문이다. 학교에서 대부분의 학생들이 과학을 지루하게 생각한다는 사실은 의심의 여지가 없다. 셀 수 없이 많은 연구 결과가 학생들은 학교에서 과학을 가르치는 방식이 참을 수 없을 만큼 따분하다고 느낀다는 사실을 입증하고 있다. 다음과 같은 최근의 연구사례를 예로 들 수 있겠다.

1. 1988년 미국 기술평가처에서 '과학자와 공학자 길러내기: 초등학교부터 대학원까지'라는 제목의 연구를 수행한 바 있다. 하버드 교육공학센터에서 진행한 설문조사에 응답한 고등학생들은 과학이 '중요하긴 하지만 지루하다'는 데 압도적으로 동의했다.

2. '왜 학생들이 학부 과학전공을 떠나는가?'에 관한 최근의 연구에서 저자인 세이모어Seymour와 휴이트Hewitt는 학부과정 중에 과학전공을 고수하는 학생의 비율이 사회과학이나 인문학 전공의 경우보다 월등히 적다고 보고했다. 그리고 이 학생들이 대부분의 경우 아예 과학 이외의 분야로 전공을 바꾸는 주된 이유는 '과학에 대한 흥미가 떨어져서' 혹은 '과학이 지루하기 때문'으로 드러났다.

우리 교실에 문제가 있음을 알고, 과학교육에 개혁의 바람이 불고 있음은 명백한 사실이다. 오늘날 대중매체를 통해 빈번히 논의되는 이러한 문제들은 사실 10년, 아니 20년 전부터 신문의 머리기사를 장식해오던 것들이다. 제3회 국제수학과학경시대회에서 미국의 고등학교 2학년 참가자들이 다른 40여 개 국가의 동급생들에 비해 거듭 실망스러운 성적을 거두면서 과학계와 교육계의 학술지를 통한 논의가 불붙기 시작했다(미국 학생 참가자들 중 오직 13퍼센트 만이 전체 참가자 30만 명 가운데 상위 10퍼센트 안에 포함되었다). 학교의 과학 교육을 개선하는 것만으로는 부족하다. 부족한 이유는 일반적인 미국 국민이 학교에서 과학을 접하는 시간에 그들의 일생 전체에서 따지면 말 그대로 눈 깜짝할 새에 지나지 않기 때문이다.

초등학생 시절에 주당 한 두 시간, 4년의 대학교육 기간 동안에는 운이 좋으면(혹은 보는 시각에 따라 운이 나쁜 경우가 될 수도 있겠다) 44시간짜리 생물학 강의 하나와 44시간짜리 물리학 강의 하나 정도가 전부다. 이는 한 주 최소 120시간의 강의 중에 겨우 6시간(5퍼센트)에 불과하다. 다시 말하면, 전체 학부 과정 중에 생물학을 접할 기회라고는 실험 실습을 제외하고 정확히 35시간짜리 강의 하나뿐인 셈이다. 게다가 이 시간은 공휴일이라서, 늦잠을 자서, 수업에 들어가기엔 날씨가 너무 좋아서, 봄 방학 전 주의 금요일이어서 혹은 학부 생활 중에 찾아올 수 있는 여타 위급 상황들로 인해 빠지는 수업 시간은 고려하지 않은 것이다.

그렇다면 이 학생들이 졸업 후에 학교 밖에서 과학을 접할 수 있는 경로는 어떤 게 있을까? 평범한 미국 국민에게 일생 동안 과학 정보의 주요 공급원은 텔레비전일 확률이 높다. 꽤 오랜 기간 동안 일정하게 유지되는 학교의 의무출석일수와 달리 텔레비전 앞에 앉아있는 시간은 꾸준히 증가하고 있다. 초등학교와 중학교 수준에서 교육개선의 일환으로 의무화된 주당 3, 4회의 50분짜리 과학 수업은 주당 평균 12~14시간의 텔레비전 시청 앞에서 그 빛을 잃어가고 있다. 학생들이 졸업을 하고 나면, 아주 간혹 찾아오는 공개 강연회 외에는 텔레비전, 신문 그리고 다른 대중매체가 전부다.

텔레비전을 이용한 학습이 나쁘다는 것은 아니다. 나 또한 텔레비전을 통해 많은 것을 배웠다. 예를 들어, 〈고인돌 가족 플린스톤〉의 잊을 수 없는 에피소드는 프레드가 스크래블을 가지고 놀던 장면을 통해 나는 '폴로 포니Polo pony'의 철자법을 배웠다. 하지만 여기에도 문제는 있다. 과학은 텔레비전 속에서도 여전히 지루하다. 미국에서 가장 널리 읽히는 정기간행물인 TV가이드의 TV해설위원인 조 퀴넌Joe Queenan은 한때 TV시청률 조사를 위한 새로운 시스템을 제안한 바 있다. 이 시스템은 'TVB'를 이용하여 시청자들에게 지루한 프로그램을 미리 일러주는 기능을 갖고 있는데, 여기에는 과학 다큐멘터리와 앨 고어Al Gore 부통령의 연설 등이 포함되었다. 과학은 도무지 깨지지 않는 틀 속에 갇혀있음이 틀림없다.

나는 교사들을 위해 비디오로 제작된 우수 과학 다큐멘터리 모음집의 제목들을 조사한 결과 거의 90퍼센트에 달하는 제목이 명사+전치사구(해마의 왕국)이거나, 명사(토네이도) 혹은 형용사+명사(보이지 않는 세계)라는 사실을 발견했다. 이렇듯 침울한 획일성을 가진 예능 프로그램 제목은 어디서도 찾아볼 수 없을 것이다. 예컨대 다른 형태의 영상물들의 제목에는 두운법, 익살, 문학적 인용구, 그리고 다양한 구두점들이 가득하다. B급 성인 포르노 영화의 제목들을 예로 생각해보자. 비디오 잡지를 쓱 훑어보는 것만으로도 나는 두운

법(환상적인 해변의 여인Beach Babes From Beyond), 인유법(이상한 커플 Oddly Coupled, 한밤중의 쟁기소년Midnight Ploughboy, 넓적다리 전성시대 Thigh Noon), 그리고 〈드라큘라 썩스Dracula Sucks〉에 담긴 것과 같은 재담을 찾아볼 수 있다.

그러면 우리는 왜 대중에게 다가가고자 노력해야 할까? 첫째, 좋은 저작물에는 엄청나게 많은 시청자가 따르기 때문이다. 칼 세이건 Carl Sagan의 〈코스모스Cosmos〉(미국에서 1980년에 처음 방송된 13부작의 TV시리즈로 동명의 책은 영어판만 600만 부가 판매되어 이 분야에서 역사상 가장 많이 팔린 책으로 기록되어있다-옮긴이) 시리즈는 방영되는 동안 5억 명 이상의 시청자들을 매혹시켰다. 그 정도 관객이라면 판매액도 그리 초라하진 않을 것이다. 스토퍼Stauffer 형제는 3년 동안 2천만 달러 상당의 자연 다큐멘터리 비디오를 팔았고, 데이빗 애텐보로 David Attenborough의 〈지구의 생명Life on Earth〉은 당시 2천만 달러 이상의 수익을 올렸다. 이는 심지어 관련 상품을 통한 수익은 고려하지 않은 금액이다. 아이들에게 과학을 가르칠 목적으로 제작된 PBS의 프로그램 〈신기한 스쿨버스Magic School Bus〉는 맥도널드사와 손잡고 해피밀 세트에 과학을 접목시키기도 했다. 물론 티니비니 베이비 Teeny Beanie Babies 인형이 포함된 해피밀 세트를 사려는 사람들의 줄이 프리즐 선생님(《신기한 스쿨버스》에서 선생님으로 등장하는 캐릭터)과 동료들의 것보다 훨씬 길긴 했지만 그래도 어쨌든 새로운 시도였다.

높은 수준의 정확도는 물론이거니와 재미있는 과학 프로그램을 만들어야하는 더 중요한 이유가 있다. 모두가 알다시피 민주주의 사회에서는 유권자 중에 학식이 풍부한 사람이 많아야 모두가 잘 사는 세상이 온다. 과학과 관련된 주제를 다루는 법률과 국민투표는 늘어가고, 거듭된 여론조사는 미국 국민들이 과학 교육의 중요성을 인식하고 있음을 보여준다. 1994년에 미국자연사박물관에서 수행한 연구에서는 설문조사에 응답한 1,200명 이상의 시민들 가운데 76퍼센트가 개인적인 이득을 위하여 과학을 공부하고 있다고 답했다. 그리고 1991년에 SIPI/해리스 설문기관은 특정 주제의 과학이나 정책에 대한 일반 대중의 관심이 80퍼센트까지 치솟았음을 보여주었다. 그런가 하면, 1996년에 시카고 과학학회를 통해 진행된 '과학과 기술에 대한 대중의 이해'에 관한 연구는 미국 내에서의 과학에 대한 관심과 실제로 갖고 있는 과학 지식 사이의 간극을 다른 국가들의 상황에 견주어 보고했다.

대부분의 사람들은 복잡한 주제에 대응하기 위하여 정보가 필요하다는 사실을 잘 알고 있다. 대부분의 경우에 그들은 기꺼이 그리고 열성적으로 그런 교육을 원하며 과학자들은 직접적으로 혹은 대중매체 전문가들과 손을 잡고 그들이 필요로 하는 것들을 제공해야 한다. 그렇지 않으면, 우리 모두는 과학 정책을 가판대 신문이 결정하는 위험을 감수해야 하며 그 결과를 안고 살아가야 할 것이다. 어찌됐건 〈주간 월드 뉴스〉의 독자들에게 의지해서 '그들이 정신력으로 오존층의 구멍을 줄여주기'만을 바라고 있을 순 없지 않은가?

신입생에게 한마디
A word to freshmen

텔레비전 시청 취향에 따라 당신은 교수를
실수투성이 사회부적응자로 볼 수도 있고,
슈퍼히어로나 비뚤어진 일탈자로 볼 수도 있다.

매년 늦여름이면 자연의 것과는 조금 다른 인간 대이동이 시작된다. 전국 각지에서 청소년과 젊은이들이 부모의 집을 떠나 대학 캠퍼스로 향한다. 이들은 대학 생활의 필수품들(베개, 책상 스탠드, 휴대용 가스레인지)과 고등 교육을 위한 무기들(교재, 컴퓨터, 연필과 지우개)뿐만 아니라 대학생활에 관한 어마어마한 조언을 떠안은 채 각자의 캠퍼스에 도착하다. 이 조언들 가운데 상당 부분은 특정 집단의 인물들에게 초점을 맞추고 있는데, 새로 입학한 신입생에게는 수수께끼 같은 인물인 대학 교수들이다.

신입생들이 교수의 업무에 관해 몇 가지 이상한 생각을 갖는 것은 나무랄 일이 아니다. 대다수의 신입생들은 십중팔구 교수를 단

한 번도 실제로 만나본 적이 없을 것이기 때문이다. 미국의 모든 도시와 마을에서 교수가 이웃에 살고 있는 경우는 흔하지 않다. 전화번호부를 펼쳐보다 자동기기 정비사나 박제사, 춤 강습교사, 수의사, 택시 운전사, 그리고 그밖에 정말 이 사회를 구성하는 많은 사람들 사이에서 '교수'라 불리는 사람들은 찾아보기 힘들 것이다. 실제로 교수들로 버글대는 마을인 이곳 샴페인-어바나Champaign-Urbana의 전화번호부에서도 '영장 송달자Process Servers'와 '분장 도구상Prosthetic Device'사이에서 '교수Professors'를 찾아볼 수가 없다(철자순으로라면 당연히 찾을 수 있어야 하는데 말이다).

이런 이유 때문에 대부분의 신입생들은 교수에 대한 인상을 올바르게 안내해줄 개인적인 경험 없이 캠퍼스를 밟게 된다. 그렇다고 해서 그들이 아무런 인상도 갖고 있지 않은 것은 아니다. 교수에 대한 인상을 형성하는 데, 사람들이 가장 즐겨 이용하는 정보원은 불행하게도 텔레비전이다. 나는 텔레비전이 어떠한 인상을 형성하는 데 있어 최고의 정보원이라고는 생각하지 않는다. 잠깐 텔레비전의 채널을 돌려보는 것만으로도 이 이야기의 요지는 확실해진다. 예를 들어, 당신이 코미디를 좋아한다면 세상의 모든 교수들이 최근에 리메이크되기도 했던 1963년도 영화 〈너티 프로페서The Nutty Professor〉에서 제리 르위스Jerry Lewis가 연기한 줄리어스 켈프 교수와 같을 거라 생각할 수도 있다. 그는 자신을 호텔 라운지의 가수로 변신시켜줄 화학식을 완성하는 일에 그가 가진 모든 지성과 전문 과학 지식을 쏟아붓는, 사회적으로는 부적절하지만 악의는 없는, 그런 인물이다. 아니면 그의 강의실에 앉아있는 여자 학생들을 비롯하여 모든 여성들이 거부할 수 없는 매력을 지닌 유쾌하고 세련된 한량이자 켈프 교수의 또 다른 자아, 버디 러브와 같을 거라 기대하는가? 물론 영화에서처럼 학생과 데이트라도 했다가는 성희롱 죄목으로 문책을 피할 수 없을 것이다. 버디 러브도 아니라면 당신은 아마도 대학 교수들이 네드 브레이너드Ned Brainard와 똑같을 거라고 생각할 수도 있다. 자신의 이름이 제목으로 쓰인 1961년 영화에 등장하는 그는 또 한 명의 악의는 없지만 사회성이 부족한 얼빠진 교수이다. 그는 그의 대학 농구팀이 농구 대회에서 우승할 수 있도록 돕고자 날아다니는 고무를 위한 화학식을 개발해낸다. 내가 이 분야에 있어 전문가는 아니지만, 미국대학체육협회에서 이 사실을 안다면 분명 눈살을 찌푸릴 것이다.

공상과학소설의 열렬한 지지자들은 1958년 고전 컬트 영화 〈캠퍼스의 괴물Monster on the Campus〉에서 교수에 대한 인상을 얻었을 수도 있다. 던즈필드대학의 연구원이자 과학자인 도널드 블레이크 박사는 정말이지 형편없는 실험 솜씨 때문에 우연히 석탄기 물고기의 혈액에 노출된다. 정말 멋진 스토리 전개 끝에 그는 물고기의 혈액이 포함된 석탄으로 만들어진 담배를 피우게 된다. 이 사건은 그를 야만적이고 사나우며 난폭한 돌연변이 원인原人으로 바꿔놓는다. 한때 〈뉴욕타임즈〉는 이 영화를 '최악의 저질'이라 평했다. 만약 당신이 모험 영화를 좋아한다면, 인류학 교수 인디애나 존스로 분한 해리슨 포드를 떠올릴 수 있다. 학계와 영화계를 넘나드는 경력 끝에 가끔씩 제공되는 원숭이 뇌 요리와 왕쇠똥구리만으로 연명하며 십계명의 성괘를 찾아내고 나치로부터 성배를 지켜내며 사람들을 미궁의 사원에서 구출해내는 인물 말이다. 아니면 화석 분류하랴 기말시험 채점하랴 바쁜 와중에 사납게 날뛰는 벨로시랩터에게서 세상을 구해낸 〈쥐라기 공원〉의 고생물학자 샘 닐은 어떤가?

텔레비전 시청 취향에 따라 당신은 교수를 실수투성이 사회부적응자로 볼 수도 있고, 슈퍼히어로나 비뚤어진 일탈자로 볼 수도 있다. 그리고 또 있을지 모르는 다른 어떤 분류군에 속한다고 해도 그들 모두는, 적어도 영화 속에서는, 백인 남성으로 그려지고 있다. 정말 솔직하게 말하자면, 실상은 거의 모든 면에서 영화보다 훨씬 단조롭고 지루하다. 일리노이대학의 교수진을 대상으로 인구통계학적 분석을 해보면 교수들이 모두 나이 지긋한 백인 남성이라는 고정관념은 금새 깨진다. 일반 대중 속에서도 그러하듯 남녀 비율이 정확히 50대 50은 아니지만 그래도 줄리우스 켈프 교수의 시대보다는 상황이 훨씬 나아졌다. 그리고 대부분의 교수진이 정확히 말해 X-세대는 아니지만 그렇다고 해서 그들이 테디 루즈벨트와 그가 이끌었던 카우보이들과 같은 세대 또한 아니다. 게다가 일리노이대학의 교수들이 모두 백인도 아니다. 아프리카계 미국인, 라틴아메리카인, 아시아인, 그리고 아메리칸 원주민이 한데 섞여있다.

인구조사를 통해 얻은 통계 자료는 캠퍼스에 슈퍼히어로와 악당이 얼마나 분포하는지는 물론이고 그들의 사회 부적응도에 대한 정보를 제공해주지 못한다. 이러한 관점에서 자료를 모으기가 굉장히 어려워 나 또한 캠퍼스에서 이 정보들을 수집하는 데 실패했다. 하긴 대학 본부에서 '나는 기분 나쁜 녀석이다 – 네 / 아니오 / 확실치 않음'과 같은 질문이 포함된 설문지를 허가해줄 리 만무하지 않은가. 적어도 그 빈 공간을 조금이라도 메워보고자 나는 내가 학부장으로 있는 곤충학과 교수진으로부터 몇 가지 정보를 수집했다.

- 각각의 교수들은 평균적으로 한 명의 배우자와 1.88명의 자녀를 두고 있다. 가장 많이 기르는 애완동물은 고양이다(그리고 조사된 지 꽤 시간이 지난 이 결과에 최신 정보를 덧붙이자면, 요절한 구피 '허둥이Flounder'의 죽음으로 물고기를 기르는 교수진이 세 명에서 두 명으로 줄었음을 밝히는 바이다).
- 취미 생활은 우표와 동전 모으기(의심의 여지없이 줄리우스 켈프 교수가 매우 즐겼을 취미)부터 확실히 악당하곤 거리가 먼 태권도와 파도타기까지 매우 다양하다.
- 음악 취향에 대해 얘기하자면, 물론 가장 좋아하는 음악인 목록에 현대적인 그룹은 들어있지·않지만, 장엄한 시카고 심포니에서 우스꽝스러운 허먼즈 허미츠(Herman's Hermits, 1965년 미국 순회 공연 중에 기발한 노래와 십대 취향으로 큰 인기를 얻기 시작한 밴드로 비틀즈의 아류라는 평가를 받기도 했다)에 이르는 다양한 음악을 듣는다.

만약 이 자료들이 정말 어떤 패턴을 보인다면, 이 작은 학과의 교수진 내에서도 큰 변이가 있기 때문일 것이다. 이러한 변이성을 가지고 일반화를 시도하는 것은 현실을 오도할 수 있는 위험한 작업이다. 신입생들이 대중매체와 주변의 친구들로부터 얻은 대학 교수에 대한 단편적인 정보들을 짜맞추어 결국에는 여기뿐 아니라 모든 연구소에서 근무하는 교수들에 대해 심각한 오해를 불러일으킬 수도 있기 때문이다. 나는 이번 기회를 통해 가장 흔한 몇 가지 오해들을 풀어 보고자 한다.

- 항간에 흔한 첫 번째 오해. 교수들은 자신의 학생들을 이름을 가진 인격체로 인식하기보다 숫자로 인식하기를 즐긴다. 아마 교수들은 자신의 자녀들을 이름도 짓지 않고 그저 사회보장번호로 부를 것이다.

공립대학교에서는 대형 강의가 이루어지며 때문에 번호를 매기는 것이 필요함은 분명한 사실이다. 그리고 대부분의 교수들이 500명 혹은 그 이상의 모든 수강생들의 이름을 외우고자 노력을 기울이지 않는 것도 사실이다. 하지만 남녀를 불문하고 내가 아는 모든 교수들은 그들의 학생들과 가까워지려고 노력한다. 학생들이 오히려 교수에게 다가가거나 심지어는 질문하기를 꺼리기 때문에 가까워지기가 어렵긴 하지만 말이다. 작은 규모의 수업이라면 교수가 당신의 이름을 외울 확률도 높거니와 그 학기가 끝나고도 수년간이나 기억할 수도 있을 것이다. 하지만 큰 규모의 수업에서는 이를 장담하는 어렵다. 일반적인 경험에 비추어봤을 때, 교수가 당신을 알아보고, 기억하고, 이름을 외우느냐 못 외우느냐는 당신이 수업에 얼마나 열심히 참여하는지 여부에 달려있는 경우가 많다. 내 동료들을 대신하여 이 말은 꼭 덧붙이고 싶다. 당신이 수업에 절대 출석하지 않는 학생이라면, 우리가 어떻게 당신을 기억하고 이름을 불러줄 수 있겠는가?

> – 항간에 흔한 두 번째 오해. 일류 대학의 교수들은 중요한 연구를 수행하기를 좋아한다. 그런데 이 중요한 연구란 것은 그들이 더 이상 연구를 안 해도 정년까지 보장받는다는 뜻이며 그 외에는 어떠한 유용한 목적도 지니지 않는다.

이곳 교수들의 활동을 살펴보면, 이러한 오해는 곧바로 사라진다. 좋은 예로, 일리노이대학의 교수진에 의해 수행된 연구들은 엄청난 수의 사람들의 삶에 영향을 끼쳤다. 디지털 시계 등에 쓰이는 발광 다이오드, 트랜지스터라디오의 트랜지스터, 독립기념일에 소풍 가서 먹곤 하는 일리니슈퍼스위트 옥수수, 극장에서 상영하는 영화의 사운드 트랙, 당신이 개의 등에 뿌리는 벼룩 방지제 속에 함유된 살충제, 당신이 인터넷 검색을 하기 위해 사용하는 소프트웨어, 당신의 지난 생일에 할머니가 보내오신 선물을 싸고 있던 생물분해성 포장재 등, 이 모든 것들은 일리노이대학의 교수진들이 수행한 연구를 바탕으로 개발된 것이다. 분야를 막론하고 연구를 수행하면서 가장 만족스러운 점은 그들의 연구가 일리노이대학 도서관의 학술지에 묻힌 채로 잊혀지는 것이 아니라 다른 사람들이 인용하고 사용하는 것을 보는 일이다. 일리노이대학이 특별한 것도 아니다. 다른 모든 유명 대학들도 이에 상응하는 업적을 자랑한다. 코넬대학에서 대학원을 다니던 시절, 어느 점심시간에 칠면조 핫도그를 고안해 낸 사람을 만나기도 했다.

> - 항간에 흔한 오해 세 번째. 교수들은 학생들의 시험 성적을 깎는 일 외에는 즐거움을 느끼지 못하는 공허한 삶을 살고 있다. 그들이 한 학기 동안 깎은 점수들을 거대한 금고에 넣어두고 학기가 끝날 때면 다시 꺼내어 세어 본다는 소문이 있긴 하지만 말이다.

실제로 대부분의 교수들은 학생들의 시험 성적을 깎는 걸 좋아하지 않는다. 조금만 생각해보면 알 수 있듯이, 점수를 깎는 게 그대로 두는 것보다 훨씬 더 많은 노력이 필요하다. 채점하기 가장 쉬운 답안지는 만점짜리 답안지라는 얘기다. 그 편이 쉬울 뿐 아니라 훨씬 더 즐겁다. 나는 개인적으로 내가 가르치는 수업에서 학생이 만점을 받았을 때 큰 기쁨을 느낀다. 왜냐하면 그 만점은 곧 내가 그 학생에게 정보를 전달함에 있어 매우 효과적이었음을 뜻하기 때문이다. 그러니 공부해서 남 주냐는 옛말은 틀렸다. 학생들이 공부해서 할 수 있는 만큼 높은 점수를 받는 것은 모두에게 이로운 일이다.

> - 항간에 흔한 오해 네 번째. 교수들은 의식적으로 지겹게 만든다.

노력하지 않고서는 그만큼 지겨워질 수가 없다. 재미있는 교수는 학술 교육의 첫 번째 규칙을 어긴 죄로 대학에서 쫓겨날 것이다. 그 첫 번째 규칙이란 '좋은 약이 입에는 쓰듯, 지겹지 않으면 훌륭한 교육이 아니다.'

물론 학교를 다니다 보면 지루한 교수를 만날 수도 있음은 인정한다. 하지만 다시 한 번 생각해보면, 당신과 동시에 같은 교실에 앉아있는 다른 학생은 그 교수가 너무나 재미있다고 느낄 확률도 꽤 높다. 교수의 수만큼이나 다양한 수업방식이 존재하는데 31가지 맛의 아이스크림을 모두 싫어할 수 있듯이, 당신은 모든 교수의 수업방식이 마음에 안 들 수도 있다. 내가 아는 교수들은 거의 대부분 강의실에서건 강의실 밖에서건 지루한 사람이 되지 않으려고 무던히 노력한다. 만약 당신이 어떤 사람과 대화를 나누던 중에 당신이 말을 마치기도 전에 상대방이 코를 골기 시작했다고 상상해보라. 강의 중에 조는 학생을 발견하는 것 이상으로 사기를 꺾는 일은 없다.

그 밖에도 너무나 많은 오해들이 있지만 더 이상은 이 이야기의 요점을 장황하게 늘어놓는 일밖에 안 될 것이다. 이 이야기의 핵심은 배움의 과정에서 교수에 대한 편견을 버리고 그들을 대하려 노력해 볼 필요도 있다는 것이다. 우리 교수들은 당신이 세상 사람들과 다른 것만큼이나 서로 다르다(물론 일란성 쌍둥이 교수라면 예외가 될 수도 있다). 하지만 그럼에도 불구하고 우리 모두가 갖는 공통점이 한 가지 있다. 우리 삶의 어느 시점엔가 우리도 모두 대학의 신입생이었다. 몇몇에게는 그것이 너무나 먼 과거일지 모르지만, 어쨌든 우리도 같은 터널을 통과해 왔고 그 시절은 우리에게 잊지 못할 추억을 안겨 주었다. 그러니 할 수 있다면 우리 교수들과 가까워져 보지 않겠는가? 당신은 우리로부터 매우 놀랄만한 사실들을 발견할지도 모른다. 내가 가진 대학시절의 좋은 추억들에는 믿거나 말거나 당시 만났던 교수님들이 자리하고 있다. 그 중 한 분께서는 매우 인상 깊은 강의를 하셨고, 나의 진로에 깊은 관심을 보여주셨으며, 내가 지금의 모습을 갖출 수 있도록 물심양면으로 도와주셨다. 당신에게도 그런 좋은 기억들이 깃들기를 진심으로 바란다. 그런데 그리 걱정하지 않아도 된다. 4년 뒤에 이 문제를 가지고 시험을 볼 일은 없을 테니……. 아! 물론 그 결과는 누적되어 나타날 것이다.

멀미 봉투를 부여잡고
Holding the bag

리무진 기사에게 20퍼센트 팁에 20달러를 더 얹어주어야 했다. 그가 몰던 아름답고 멋진 신형의 링컨타운 리무진의 좌석에다가 먹은 것을 모두 게워냈기 때문이다.

위대한 진화생물학자 에드워드 윌슨Edward O. Wilson은 그의 멋진 자서전 《자연학자Naturalist》에서 육체적 한계가 삶의 방향을 결정하는 것 같다고 했다. 그의 경우에는, 어린 시절 낚시 여행에서 감성돔과의 고통스러웠던 첫 만남 때문에 지금도 먼 곳에 있는 것에는 초점이 잘 안 맞는 왼쪽 눈이 바로 그런 한계일 것이다. 비단 우연 때문만은 아닐테지만, 그는 자세히 관찰하려면 확대경이 필요한 개미와 그 밖의 작은 생명체들을 연구하는 데 그의 인생을 바쳤다. 나는 그의 이론에 전적으로 동의한다. 왜냐하면 나 또한 내 경력에 영향을 미친 육체적 결함을 가지고 있기 때문이다. 이 특별한 한계는 자연과의 극적인 대립상황을 통해 얻어졌다기보다 유전적 사건으로 인해 생겨난 듯하다. 나는 연구실로부터 걸어갈 수 있는 범위 내에 사는 생명체들을 연구하는 데 오늘날까지의 내 모든 경력을 바쳤다. 그럴 수밖에 없었던 것이, 나는 내가 기억하기 이전부터 굉장히 심하게 멀미를 해왔기 때문이다.

당신도 아마 알고 있겠지만, 멀미는 유전적인 내이의 불균형으로 인해 생겨난다. 누구나 살면서 어느 시점엔가는 멀미를 경험한다. 바다 낚시나 우주 왕복선 발사는 아무리 강한 위장을 가진 사람이라도 견뎌내기 힘든 사건일 것이다. 하지만 나의 경우에는 멀미에 대한 역치가 매우 낮다. 어려서부터 우울할 정도로 자주 자동차 멀미를 겪었던 것 외에도 엘리베이터 멀미, 기차 멀미, 버스 멀미, 유람선 멀미, 보트 멀미 그리고 절대로 잊을 수 없는 자전거 멀미까지 경험했다. 맹세컨대 가끔은 대륙이동 때문에 멀미를 하기도 한다. 그래서 내가 어렸을 때 부모님의 차 앞좌석에 멀미 봉지가 항시 대기하고 있었던 것으로 기억한다. 지금도 10분 이상 차를 타고 이동해야 할 일이 있으면 나는 멀미 봉지를 챙겼는지 거듭 확인하곤 한다. 학술 여행을 떠날 때 연설문 챙기는 것을 잊거나, 엉뚱한 발표 자료를 들고 가는 일은 있어도 멀미 봉지를 잊어버리는 일은 절대 없다(엉뚱한 자료를 들고 발표해야 할 때 멀미 봉지가 도움이 되는 것은 아니지만 말이다).

부모님은 크면 이 불안한 습관에서 벗어날 수 있을 거라고 나를 안심시켰지만, 여태껏 그런 일은 일어나지 않았다. 대신 여러 측면에서 내 경력에 상당한 영향을 미쳤다. 끊임없이 계속되는 학술대회와 세미나 개최지로의 여행은 나를 늘 걱정하게 만들었고, 반감까지 들었다. 가장 최근에는 오하이오 옥스포드의 마이애미대학에서 강연하고 다음날 신시내티 공항으로 이동을 해야했는데 그때 이용했던 리무진 기사에게 20퍼센트 팁에 20달러를 더 얹어주어야 했다. 그가 몰던 아름다운 신형의 링컨타운 리무진의 좌석에다가 먹은 것을 모두 게워냈기 때문이다. 내가 숙소에서 학술대회장까지 2킬로미터가 넘는 거리를 걸어가겠다고 하면 동료들은 내가 운동광인 줄로 착각을 한다. 계속 가다서다를 반복하는 도심에서 지하철이나 택시를 타는 것은 내 신체가 도저히 감당할 수 없는 일이라는 걸 그들은 모른다.

라스베가스에서 미국곤충학회의 연례정기학술대회가 열렸을 때, '스타트랙 익스피리언스'를 타러 가자는 동료들의 제안을 나는 당연히 뿌리쳤다. 절대 놓치고 싶지 않은 흥미로운 심포지엄이 있었던 것은 물론 아니다. 단지 미친 듯이 요동치는 시뮬레이션 영상을 보고 있자면 정말로 이성의 끈을 놓아버릴 것 같았기 때문이다. 야외 조사지를 선정할 때에도 내게 열대우림지역은 애초부터 고려의 대상이 아니다. 내 조사지의 대부분은 연구실에서 15분 거리 안에 위치한다. 심지어 사무실 안에서도 멀미는 많은 부분에 영향을 미쳤다. 내 컴퓨터에는 화면보호기조차 없다. 날아다니는 토스터기들 (Flying toasters, 1989년 버클리시스템에서 내놓은 컴퓨터 화면보호기 소프트웨어 시리즈 중 가장 인기가 많았던 모델)을 보는 것만으로도 속이 뒤집히기 때문이다.

나는 생물학자로서 도대체 진화생리학의 어떤 심술궂은 술책이 비정상적인 운동상태에 대한 지각과 구토를 연결 짓는지 궁금했다. 지금까지 찾아본 바로는 이 주제에 관해 단 한 편의 논문이 발표되었다. 마이클 트라이즈먼Michel Treisman이 1973년에 〈사이언스〉지에 게재한 '멀미: 진화적 가설'이라는 제목의 논문이 그것이다. 트라이즈먼은 인간이 물리적 공간 내에서 자신의 위치를 결정하기 위해 사용하는 감각상의 입력 정보들이 상충할 때 멀미가 발생한다고 적고 있다. 그 입력 정보들이란 눈을 통해 입력된 시각 정보를 바탕으로 구성된 틀, 귓속의 전정기관에 의해 감지되는 머리의 방향, 자기수용기에 의해 감지되는 신체 각 부위들의 위치 관계 등이다. 이러한 입력정보들의 불일치는 머리나 안구 운동, 혹은 몸체와 사지의 보정 운동으로 어느 정도 재조정이 가능하다. 하지만 현대의 생활은 종종 우리의 인체가 수용할 수 있도록 적응된 범위를 넘어서는 상황을 만든다. 가령 시속 97킬로미터를 초과하여 주행하는 것은(혹은 더 극적으로 시속 970킬로미터를 넘어서는 비행기 안에 타고 있다든지 하는 것은) 머리의 방향 재조정이나 안구 운동의 패턴 변화로는 쉽사리 해결되지 않는 감각정보의 상충을 초래할 것이다.

그렇다면 왜 이러한 상충현상이 구토를 유발하는가에 대해서 트라이즈먼은 다음과 같이 설명하고 있다. 우리의 진화 역사에서 주요 감각 정보들 사이에 정보의 불일치를 유발하는 자극은 대부분 신경독성물질의 섭취에 의해 발생했다는 것이다. 식물은 정상적인 신경 기능의 혼란을 야기할 수 있는 물질을 다량 함유하고 있다(내가 새벽

3시에 몹시 흥분된 상태로 이 글을 쓰고 있는 것도 점심에 마신 닥터 페퍼에 다량 함유된 카페인 때문이다). 이런 관점에서 보면, 감각 입력 정보의 상충에 대한 반응으로 구토를 하는 것은 우리의 체내에서 신경독을 제거하려는 메커니즘으로 볼 수 있다. 이 논문의 저자는 더 나아가 멀미에 수반되는 불쾌감과 '두드러진 생리기능의 저하' 역시 불쾌감을 피하려는 반사작용의 하나로 메스꺼움 유발 물질을 다시 섭취하지 않게 하기 위한 적응 기제라고 말하고 있다. 나는 이 주장이 어느 정도 사실일 거라고 믿는다. 만약 마이애미대학에 다시 갈 일이 생긴다면, 분명히 지난번과는 다른 리무진 회사가 있는지부터 확인할 것이기 때문이다.

트라이즈먼은 또 인간이 멀미를 하는 유일한 동물은 아니라고 보고했다. 원숭이, 말, 양, 몇 종의 새 그리고 심지어 대구까지(이 마당에 '토끼와 기니피그는 제외'라는 사실이 좀 이상하다) 멀미를 한다고 한다. 이 시점에서 도대체 어떻게 이런 동물들이 멀미를 하는지 안 하는지를 판단할 수 있는가 하는 질문이 고개를 든다. 사람의 경우 주된 증상은 창백한 안색과 발한 그리고 구토 증세다. 물고기도 땀을 흘릴 수 있는 지는 잘 모르겠지만, 분명히 말은 구토를 하지 않는다. 때문에 말은 배앓이와 장내 질환이 자주 발생한다. 그리고 나는 어느 누가 양이 안색이 창백한지 아닌지를 분간할 수 있을지 모르겠다. 멀미가 일어날 경우에 육안으로 식별이 가능하다고 가정하더라도 나는 멀미의 분류학적 발생 분포가 과연 그의 가설을 뒷받침해줄 수 있을지 의문이다. 인간을 제외하고 멀미 실험에 사용된 동물들은 고양이, 개, 흰족제비 등의 육식동물과 쥐과의 잡식동물, 식충동물인 사향쥐*Suncus murinus*로서 이 종들이 독이 있는 식물을 섭취할 확률은 극히 낮기 때문이다(물론 개중에는 독성의 방어물질을 분비하는 곤충도 있고, 죽은 짐승의 사체 역시 심각한 독성을 지닐 수 있긴 하지만 말이다).

나는 이 논문에 큰 흥미를 느껴 이 주제에 대해 좀 더 깊이 조사해보고 싶었지만 또 한 번 나를 가로막는 내 신체적인 한계에 의해 저지당하고 말았다. '회전하는 의자에 앉은 채로 코리올리의 힘(Coriolis effect, 지구의 중력 이외에 다른 힘이 없는 상황에서 운동하는 물체가 예상되는 낙하지점보다 오른쪽으로 편향된 곳에 떨어지는 현상을 설명하기 위해 고안된 것으로 위도에 따른 자전 속도의 차이에서 발생하는 이 힘을 전향력coriolis force이라고 하며 이 효과를 코리올리 효과라 한다—옮긴이)을 확인하는 실험 중에 따뜻한 요구르트를 마시면 메스꺼움이 강화된다'라는 문장을 읽다가 논문을 내동댕이치고 화장실로 뛰어가야했다. 나는 멀미와 따뜻한 요구르트에 대한 연구는 나보다 훨씬 강한 위장과 더 진화한 진정기관을 가진 이에게 기꺼이 양보하려 한다.

뚱뚱한 걸스카우트에게 커피를 붓는 아이들
Kids /Pour /Coffee on /Fat /Girl /Scouts

나는 학부 시절에도 계속해서 암기법을 연마했다.
장난스러운 암기법에도 분명한 약점이 있는데,
너무 과도하게 잘 외워질 수도 있다는 점이 바로 그것이다.

    우리 모두는 우리가 자라온 시대의 산물이다. 내가 1960년대에 성년이 되었고 1970년대에 대학에 다녔다는 사실은 분명 내가 입고 있던 옷과 겉모습에 그대로 반영되고 있을 것이다. 내가 다닌 고등학교에서 졸업반이 되기 전까지 여학생들에게 입지 못하게 했던 청바지와 긴 머리만 봐도 그렇다. 내가 아직도 대학생처럼 보이는 옷을 입는 것은 이미 오래전에 내 곁에서 사라진 교칙에 대한 응어리진 반항심 때문이 아니라 관성 때문이다. 내가 자라온 배경과 유아기에 받았던 훈육은 내 교수법에도 영향을 미쳤다. 조금 더 구체적으로 얘기하면, 내가 학생들에게도 가르쳐주고 나도 사용하는 암기법에 영향을 미쳤다.

암기도구들은 기억력 증진 장치다. 암기를 위해 사용하는 각운, 시, 표어 혹은 줄여쓰기 등은 모두 사람들로 하여금 특정 사건을 기억하도록 돕는다. 암기법mnemonics이란 단어는 그리스어 '므네메(Mneme, 개인의 기억과 종의 기억을 모두 합친 것을 의미한다)'에서 유래했으며 기억의 여신이자 뮤즈신의 어머니인 므네모시네Mnemosyne를 떠올리게 한다. 암기법의 학문적 사용의 역사는 아마 시모니데스 2세가 그것의 사용을 장려했던 기원전 5세기까지 거슬러 올라간다. 우리 모두는 학창 시절 언젠가 암기법을 들어보거나 사용한 적이 있다. 초등학생 시절 받아쓰기 수업 중에 '알파벳 I는 C 다음에 오거나, 이웃neighbor과 무게weigh에서처럼 에이(A)로 발음되는 경우를 제외하면 항상 E 앞에 온다'는 규칙을 익히기 위해 사용했던 것이 전부라고 할지라도 말이다. 예컨대, 학생들은 위의 규칙을 암기하기 위해 종종 사용되는 '외국인foreigners도 금융업자Financiers도 그들의their 수상한weird 권력heights을 순순히leisurely 박탈당하지forfeited 않는다('ei'가 포함된 영어 단어 총 47개 중 위의 규칙의 예외 조항에 해당하는 38개의 단어 가운데 8개로 만들어진 문장이다)'라는 문장에 절망하며 두 손을 들었던 경험이 있을 것이다. 그들은 어쩌면 건강을 위해 어린 암소heifers로부터 나온 단백질protein을 포기하도록 강요 받았는지도 모른다. 하지만 암기도구는 일단 그것 자체가 기억시키려고 하는 사실보다 더 외우기 쉬워야 하므로 단순히 재미있게 운을 맞추는 것보다는 기억하는 사람이 자신의 시간과 장소에 맞게 조정해서 사용해야 가장 효과적이다.

이 점은 고등학교 수학시간에 사용되는 한 가지 예에서 잘 드러난다. 삼각법은 원에서 정의되는 호와 각도의 상관관계에 대한 수학적인 연구의 한 갈래이다. 삼각함수와 이미 알고 있는 각을 이용하여 삼각형 내의 다른 각을 계산해낼 수 있고, 그 역으로의 계산도 가능하다. 만약 원을 4분원으로 등분하면, 원안에 그려진 삼각형들의 삼각함수는 원의 어느 분면에 위치하느냐에 따라 양의 값과 음의 값을 갖는다. 제1사분면(시계로 생각했을 때 12시와 3시 사이의 모든 각도와 동일)에서는 모든 함수(사인, 코사인, 시컨트와 탄젠트)가 양의 값을 갖는다. 제2사분면(9시부터 12시 사이)에서는 사인만이 양의 값을 갖고 제3사분면(6시부터 9시 사이)에서는 탄젠트만이 양의 값을 갖는다. 그리고 제4사분면(3시부터 6시 사이)에서는 코사인이 양의 값을 갖는다.

1970년 뉴욕 버팔로 근처에 위치한 윌리엄즈빌 고등학교에서는 이 함수들을 외우는 것이 매우 중요했다(고백하자면, 삼각법 시험에서 좋은 점수를 얻기 위함을 제외하고 다른 이유가 있었는지 기억이 나질 않는다). 선생님께서 우리에게 알려주셨던 암기도구는 '올버니주립사범대학Albany State Teachers College'이었다. 위에서 설명한 대로 제1사분면부터 제4사분면까지 양의 값을 갖는 함수를 나열하면 모든 함수 All, 사인Sine, 탄젠트Tangent, 코사인Cosine이 된다. 이것은 꽤나 효과적인 암기법이다. 뉴욕 주 올버니에 그런 학교가 있을까 의심스럽긴 했지만 어찌됐건 30년이 지난 지금까지도 내가 이걸 기억하고 있으니 말이다.

하지만 여기서 중요한 점은 뉴욕의 주도와 아무런 연관성도 갖지 않는 버지니아 서부의 고등학교 학생들에게는 이 암기법이 특별히 효과적이지 않았을 거라는 점이다. 버지니아 서부의 학생들은 양의 삼각함수를 어떤 식으로 외우는지 모르겠다. 어떤 암기법들은 '모든 역의 기차는 코번트리로All Stations to Coventry'라는 대안을 제시하기도 한다. 나는 이것이 분명 영국식 암기법이며 영국의 기차 시간표에 정통한 누군가가 만든 것이리라 추측했다. 다시 한 번 말하지만 이것 역시 버지니아 서부의 학생들은 물론 미국 내의 어떤 학생들에게도 큰 도움이 되지는 못할 것이다.

생물학도 암기도구들로 빽빽하게 채워져있다. 기본적으로 외워야 할 것들이 너무 많기 때문이다. 식물 분류학 시간에 우리는 '어긋나기 잎'이 아니라 '마주나기 잎'을 가진 나무인 단풍나무Maple, 서양물푸레나무Ash, 층층나무Dogwood, 인동덩굴Caprifoliaceae, 그리고 마로니에Horse chestnut의 과科명들을 각각의 앞 글자를 따 '매드캡 홀스MADCAP Horse(Madcap은 '물불을 가리지 않는'이라는 뜻을 가지므로 이를 직역하면 '물불 안 가리는 말'이라는 의미를 갖는다)'라 외웠었다. 인체 해부학은 암기법의 고전이라 할 만한 것들을 많이 남겼는데 그 중에서도 특히 척수신경은 고전 중에 고전이라 할 만하다. 나는 어머니로부터 12가지의 척수신경을 외우는 법을 배웠다. 12가지의 척수신경이라 함은 후각Olfactory, 시각Optic, 안구 운동Oculomotor, 활차Trochlear, 삼차Trigeminal, 외전Abducens, 안면Facial, 청각Acoustic, 설인Glossopharyngeal, 미주Vagus, 척수성부차신경분지Spinal accessory와 설하Hypoglossal 신경를 말하는데, 각각의 앞 글자를 따면 다음과 같은 시가 한편 탄생한다. '오래된 올림푸스의 우뚝 솟은 탑위에서On Old Olympus' Towering Tops / 핀란드인과 독일인은 희망을 보았다A Finn and German Viewed Some Hopes.' 물론 여기에도 다른 버전의 암기법이 있다. 어떤 사람은 무례하게도 탑 위에서 희망을 본 이는 '살찐 엉덩이를 가진 독일인Fat-Assed German' 단 한 명이었다고 주장하기도 한다.

　암기법들 가운데는 짓궂은 장난도 많다. 아마 논리적이고 평범한 문법의 구문들보다 기억하기 쉽기 때문일 것이다. 무슨 취향을 가졌는지 모를 사람들에게 외설적으로 비춰지는 것들을 제외하면, 시대 감각에 맞는 암기법일수록 재미난 것들이 많다. 수년 전 조지 가모브George Gamow는 가장 뜨거운 것부터 가장 차가운 것까지 별의 10가지 등급을 기억하기 위한 암기법을 개발했다. 그에 의해 'O, B, A, F, G, K, M, R, N, S'는 '오, 우아한 소녀여, 내게 당장 키스해주오 사랑스러운 그대Oh, Be A Fine Girl, Kiss Me Right Now, Sweetheart'로 변했다. 암기도구로서 이 문구는 귀엽고 전혀 외설적이지도 않다. 내가 대학에 입학하던 즈음 다시 만난 암기법의 세계는 상당히 외설적이었다. 지질학 시간에 만난 강의 조교는 우리들에게 광물의 경도의 점진적인 증가를 표시한 모스 경도계를 기억할 수 있는 암기법을 알려 주었다. 경도계에 포함된 열 가지의 광물은 순서대로 활석Talc, 석고Gypsum, 방해석Calcite, 형석Fluorite, 인회석Apatite, 정장석Orthoclase, 석영Quartz, 황옥Topaz, 강옥Corundum, 그리고 금강석Diamond이다. 당신이 책에서 흔히 볼 수 있는 암기법은 '텍사스 여자들은 장난삼아 연애할 수 있고, 다른 이상한 짓들도 할 수 있다Texas girls can flirt and other queer types can do'로 문법적으로 전혀 앞뒤가 맞지 않는다. 이러한 문법적인 결함도 그 인기를 떨어뜨리지 못했지만 시간이 지나면서 문장이 조금 미화되었다. 그 강의 조교가 우리에게 알려준 다른 버전의 암기법에서 이 텍사스 여성은 장난스러운 연애는 멀리 던져버리고 '상당히 친절한considerably friendlier' 여성으로 거듭났다. 특히나 단단함의 정도를 논함에 있어 이와 같은 미화는 정말이지 적절하지 않았나 싶다.

어쩌면 이는 일반적인 현상이 아닌지도 모른다. 내가 배워온 이런 짓궂은 암기법들은 내가 히피 문화가 만연했던 6,70년대에 학교를 다녔다는 사실을 반영하고 있는 것일지도 모르겠다. 그러한 점에서 요즘 내가 학부 학생들과 함께 생물의 분류체계, 계Kingdom, 문Phylum, 강Class, 목Order, 과Family, 속Genus, 종Species을 외우는 데에 사용하고 있는 암기법은 적절한 사례가 될 것 같다. 여기엔 다양한 암기 방법들이 있는데 그 중엔 '일반적으로 말해, 왕은 금요일에 체스를 둔다Kings Play Chess on Fridays, Generally Speaking', 혹은 '아이들이 뚱뚱한 걸스카우트 소녀에게 커피를 붓고 있다Kids Pour Coffee on Fat Girl Scouts' 아니면 '필립 왕은 찬란한 스코틀랜드로부터 왔다King Philip Came Over From Glorious Scotland' 등이 있다. 하지만 내가 1973년 포유 동물학시간에 배웠던, 그리고 내 수업 시간에 더 이상 가르치지 말아야 할, 또 다른 버전은 '필립 왕은 독일로부터 왔다, 약에 취한 채로King Philip Came Over From Germany, Stoned'다. 물론 나는 어느 필립 왕이 진짜인지, 그가 맑은 정신과 초롱초롱한 눈을 가지고 스코틀랜드로부터 건너왔는지 아니면 대마초를 한 대 피우고 난 후의 공복감에 독일에서부터 건너왔는지 알지 못한다. 하지만 어느 쪽이든 내 학생들은 별로 신경 쓰는 것 같지 않다. 사실 그보다도 그들은 분류 체계 시험에서 그들이 쓴 답이 맞았는지에 더 신경을 쓴다.

나는 학부 시절에도 계속해서 장난스러운 것에서부터 고상한 것까지 그 범위를 넓혀가며 암기법을 연마했다. 장난스러운 암기법에도 분명한 약점이 있는데, 너무 잘 외워진다는 점이 바로 그것이다. 나는 1974년 여름을 아칸소의 데블스덴 국립공원에서 생태조사 보조연구원으로 일하며 보냈다. 우리는 숲의 정해진 구역을 걸으며 마주치는 새들의 울음소리를 녹음하고 종을 동정하여 번식 중인 새들의 개체수를 파악하는 정기 조사를 수행했다. 번식기에 접어든 새들은 소리로 자신의 영역을 나타내기 때문에 우는 수컷 개체의 수는 번식중인 암수 쌍의 수를 나타내는 좋은 지표가 된다. 우리는 울음소리를 동정하는데 있어 로저 토리 피터슨Roger Tory Peterson이 쓴 《미국 북동부 조류 관찰도감Field Guide to Birds of Eastern North America》을 참고했다. 저자는 각각의 종의 울음소리를 인식하는 것을 돕기 위해 교묘한 암기 표현들을 적고 있다. 캐롤라이나 굴뚝새의 지저귐은 '티케틀Teakettle, 티케틀, 티케'로 묘사되었으며, 휘파람새의 독특한 울음소리는 '티쳐teacher, 티쳐, 티이쳐'로 표현된다.

이것은 우리에게 큰 도움이 되었다. 우리 팀의 한 사람이 이 각각의 암기구들을 외설스러운 표현으로 바꾸어놓기 전까지는 말이다. 이 대체물들은 재빨리 박힌 돌을 빼내고 자리를 차지했으며 기발하게도 피터슨의 표현을 '피-익스pee-iks'과 '쿼억스quarks'로 바꾸었다. 이 표현들은 분명 기억하기 쉬웠으며 듣는 순간 종을 떠올리게 했고, 번식 개체수 조사를 빠르고 효과적으로 끝마치는 데 한 몫을 톡톡히 했다. 하지만 지금까지도 나는 새들이 지저귀는 숲 속을 걸어 들어갈 때마다 그들이 내게 외설스러운 말들을 외쳐대고 있다는 느낌을 지울 수가 없다. 그리고 입버릇이 좋지 않은 풍금새에게 일단 한번 유혹당하고 나면 자연은 더 이상 잔잔하고 평화롭게 보이지 않는다.

말장난에 대한 유감
An o-pun and shut case

프레드 앨런은 '말장난을 일삼는 사람에게는 교수형도 사치다. 그는 반드시 색출하여 밝혀야한다' 라는 유명한 말을 남겼다.

  생전 처음으로 농담 사전 《애로우 농담과 수수께끼 모음집Arrow Book of Jokes and Riddles》을 손에 넣은 뒤로 말장난에 별난 애정을 가지게 되었다. 집에서 오가다 마주치는 식구들에게 새로운 농담을 건넬 때마다 느끼는 사실이지만, 내가 가진 이 유머에 대한 유별난 관심은 직계가족과도 나눌 수 없는 것이다. 또한 내 치열교정을 해주는 시드니 엘펀트 선생님과도 마찬가지였다. 엘펀트 선생님과의 첫 번째 진료 시간에 나는 너무 긴장한 나머지 그만 앉은 채로 먹은 것을 토해버렸다. 그래서 엘펀트 선생님은 내 긴장을 좀 덜어주고자 아이디어를 냈는데, 다음에 진료를 받으러 올 때는 자신에게 해줄 농담을 한 가지 생각해오라는 숙제를 내주었다. 지금보다도 훨씬 더 진지했던 그 당시의 나는 정말 적절한 농담을 골라 주어진 과제를 완수하고자

2주 동안이나 농담들을 공부하고 분석했다. 선생님의 이 아이디어는 효과가 있었고 나는 두 번째 진료를 무사히 받았다. 그리고 그 후로 선생님을 만나러 갈 때면 농담을 한 가지씩 준비해가는 것이 나의 정기적인 과제가 되었다. 나는 치열교정기를 5년 동안이나 착용해야 했고, 엘펀트 선생님은 불행하게도 그 과정에서 나의 재미없는 농담들을 견뎌야했다. 그런데 언젠가부터 내가 딱 적절한 타이밍에 말장난과 관련된 농담을 던질 때마다 교정용 철사가 내 이를 옭아매 남은 진료시간 동안 농담을 이어가기 어렵게 만들었다.

말장난에 대한 나의 관심은 고등학교 시절에서도 계속됐다. 고급 영작문을 담당했던 스테인 선생님은 실제로 내 졸업앨범에 새뮤얼 존슨Samuel Johnson(1709~1784, 영국의 시인 겸 평론가)의 시구를 골라 적어주시기도 했다.

> 만약 내가 던진 모든 말장난에 대해   If I were punished
> 처벌을 받았더라면   For every pun I shed,
> 말장난 가득한 내 머리에는   There'd be no puny shed
> 머리카락이 한 올도 남지 않았을 것이다.   Above my punish head.

대학에서도 나는 말장난에 푹 빠져있었다. 하지만 대학원에 들어가서 처음으로 고통스러운 침묵에 직면했다. 나는 일반적으로 말장난과 과학이 논리적인 짝으로 인정받지 못한다는 사실을 금세 깨달았다. 교수들은 학기말 레포트 속의 모든 재담들을 예외 없이 무자비하게 솎아낸다. 편집자도 이를 그냥 보아 넘기지 않기는 마찬가지이다. 돌이켜 보면 그동안 내가 게재한 100여 편의 논문들 중 편집자 몰래 논문에 농담을 슬쩍 집어넣는데 성공한 것은 단 한 편에 불과하다. 그것은 서양방풍나물 열매fruit의 푸라노쿠마린 성분 함량에 관한 내용을 담은 것으로 나는 감사의 글에서 '유익했던fruitful 토론'에 대해 동료에게 감사한다고 적었다.

나 스스로 인정하는 바와 같이 이 농담은 그리 훌륭하지는 않다. 하지만 뛰어난 농담이라 할 만한 것들도 분명 존재한다. 내가 특히 감명깊었던 것 중 하나는 퓌먼L. A. Fuiman과 배티R. A. Batty가 실험생물학 학술지에 게재한 논문에 실린 것이다. 온도변화에 따라 발생하는 물의 점착성 변화가 애틀란틱 청어의 유영 효율에 미치는 영향을 설명하고 있는 이 논문은 아주 적절하게도 '차가워지는 것의 문제점What a drag it is getting cold: 수온이 어류의 유영에 미치는 물리적 영향과 생리적 영향의 구획'이라는 제목을 갖고 있다. 콜론 앞의 문장은 롤링스톤즈의 노래 '어머니의 작은 조력자Mother's Little Helper'의 가사 첫 마디에서 은밀히 따온 것이다(1966년도 〈Aftermath〉 앨범에 수록된 이 곡은 'What a drag it is getting old'라는 가사로 시작된다). 퓌먼과 배티 두 저자 중 누가 이것을 생각해냈는지도 궁금하지만 내가 정말 궁금한 것은 그들이 편집자를 어떻게 설득했는가 하는 점이다. 겸손히 말해, 그 뒤를 쫓는 두 번째로 기발한 말장난은 1997년에 블랙번T. M. Blackburn과 개스턴K. J. Gaston, 퀴인R. M. Quinn, 아놀드H. Arnold 그리고 그레고리R. D. Gregory가 공동으로 게재한 논문에서 찾아볼 수 있다. 영국에 서식하는 포유류와 조류의 풍부도와 지리적 분포 범위 간의 상관관계를 조명하고 있는 이 논문은 내용과 적절하게 어울리는 '생쥐와 굴뚝새에 관하여of mice and wrens'라는 제목이 붙어있다. 그리고 1997년에 클레이튼L. Clayton, 키일링M. Keeling, 밀너-걸랜드E. J. Milner-Gulland가 게재한 또 다른 논문에서는 인도네시아 술라웨시 Sulawesi에서 벌어지는 야생돼지 사냥을 공간 모델로 나타내고 있는데 여기엔 '삼겹살 파티Bringing home the bacon'라는 제목이 붙여져있다. 내가 과학적인 농담을 위해 노력을 기울이는 동안 이렇게 호의적인 편집자를 만났더라면 얼마나 좋았을까?

사실 내 인간관계의 전부라고 할 수 있는 편집자들과의 경험은 나의 유머감각이 도대체 어디에서 나오는지 궁금하게 만들었다. 말장난은 거의 대부분 멸시를 받는다. 말장난을 지지하는 사람들보다 이를 하찮게 보는 사람들이 수적으로 월등히 많다. 한 유머작가는 말장난을 '유머의 가장 하등한 형태'라고 말하기까지 했다(마치 제빵사에게 햄버거용 둥근 빵이 가장 하등한 형태이듯 말이다). 18세기에 제임스 보스웰James Boswell은 '아마도 좋은 농담은 활발한 대화에 통달한 소수의 사람들에게만 인정받는 것인지도 모른다'고 말했다. 하지만 그가 새뮤얼 존슨과 오랜 시간을 함께 했다는 사실을 고려해봤을 때 그가 이러한 생각을 갖게 된 것은 그리 놀랍지 않다. 반면 윌리엄 콤William Combe은 조금 더 비관적이었다. 그에 따르면 말장난은 '보잘것없는 허풍선이 농담'이며 사람에게는 유머가 없을수록 좋다. 19세기의 올리버 웬델 홀름즈Oliver Wendell Holmes는 '말장난을 하는 사람들은 철길 위에 동전을 올려놓는 제멋대로인 장난꾸러기들이나 마찬가지이다. 아이들이나 그들 스스로는 즐겁겠지만 고작 그 낡은 농담 때문에 화물열차 혹은 우리들의 대화가 전복되어버릴 수 있다'고 주장했다. 그리고 이러한 비난은 20세기에 들어서도 계속되었다. 기사에 따르면 프레드 앨런Fred Allen은 '말장난을 일삼는 사람에게는 교수형도 사치다. 반드시 색출하여 밝혀야한다'라는 유명한 말을 남겼고, 현대 유머 작가인 데이브 배리Dave Barry는 말장난에 대해 "상대방은 '만약 이 사람과 구명보트에 같이 탄다면 음식과 물이 아무리 충분해도 바로 첫 날 다른 승객들이 이 사람을 배 밖으로 내던질 것'이라고 생각하고 있는데, 자신이 벤자민 프랭클린 이후 지구상에 존재하는 가장 영리한 사람이라는 듯 스스로 만족스러운 표정을 지으며 당신에게 던지는 그런 작은 '언어 놀음'이다"라고 평했다.

이러니저러니 해도 나는 여전히 말장난이 굉장히 재미있다고 생각한다. 그 이유를 알아보고자 시도했던 생물학 문헌 조사는 어떤 답도 내놓지 못했다. 유머감각이 지니는 적응적인 가치에 대해서는 알려진 바가 전혀 없다. 기존의 연구들에서 유머감각이 스트레스를 완화시킨다는 주장이 있긴 하지만 좀 더 신중하게 통제된 추적 조사에서는 유머감각이 신체적 질병에 대한 스트레스의 영향을 완화시킨다는 어떠한 증거도 발견되지 않았다. 아주 드물지만 유머의 건강 증진 효과에 대한 증거를 제공하는 연구들이 있긴 하다. 딜런K. M. Dillon과 그의 동료들은 1985년에 수행한 한 연구에서 재미있는 비디오를 감상한 후 실험자의 타액의 면역글로불린 항체 생성량이 증가했다고 보고했다. 면역글로불린 항체는 우리 몸이 감염에 대응할 수 있도록 도와주므로 이 연구의 결과는 유머의 이점을 시사한다고 볼 수 있다. 또한 이 발견은 1인 스탠딩 코미디를 심사하는 데 사용할 수 있는 기발한 양적 기준을 제안하고 있다. 물론 관객들과 심사위원들로부터 침을 수집하는 작업은 상당히 고될 테지만 말이다.

이러한 분야의 연구는 실험 대상의 유머감각을 객관적이고 정량적으로 측정할 방법이 없다는 점에서 수행에 상당한 어려움이 있다. 심리학자들은 조사대상자에게 일상적인 상황 속에서 얼마만큼의 즐거움을 끌어낼 수 있는지를 5지 선다형의 문항으로 묻는 상황유머반응설문지Situational Humor Response Questionnaire라는 도구를 사용한다. 다시 말해, 이 설문지는 '유쾌함'을 측정하기 위해 고안된 것이다. 또한 유머감상평가Humor Appreciation Tests라는 것도 있는데, 이는 대상자가 가지고 있는 농담을 던져야할 때와 멈춰야할 때를 구분하는 능력을 측정하기 위한 것이며 대상자에게 재미있는 것과 그렇지 않은 일련의 소재들을 주고 개인적으로 점수를 매기도록 하는 테스트와 더불어 농담의 적절성을 평가하는 문항도 포함되어있다.

여러 난관에도 불구하고, 유머 감상 능력의 생물학적 근원을 밝히는 연구에 상당한 진보가 이루어지고 있다. 샤미Shammi와 스터스Stuss는 1999년에 뇌의 특정 부위에 국부적 손상을 입은 21명의 환자를 대상으로 일련의 유머 감상 평가와 이야기 완성평가를 수행했다. 예를 들어, 환자에게 주어진 농담 상황을 읽게 하고 보기 중에서 적절하게 '맞받아치는 문장'을 고르도록 했다. 연구자들은 우측 전두엽에 손상을 입은 환자들이 유머를 감상하는 능력에 가장 큰 영향을 받았음을 발견했다. 그들은 슬랩스틱 코미디에는 여전히 반응을 보였지만 기발한 농담을 고르는 능력은 매우 취약했다. 다음과 같은 상황을 예로 들어보자. 한 남자가 그의 이웃에게 혹시 토요일에 그의 집에 와서 잔디를 깎아줄 수 있는지 물었다. 이웃은 '그렇다'고 답했다. 이런 상황에서 일반적으로 처음에 부탁을 한 남자가 되받아칠 것으로 예상되는 기발한 대답은 '아, 골프채를 가져와서 휘두를 생각은 하지 말고요'다. 하지만 우측 전두엽에 지속적인 손상을 입은 환자들은 이웃이 '그렇다'라고 답한 후에 첫 번째 남자가 마당에서 갈퀴질을 시작하는 보기를 가장 많이 고른 것으로 나타났다.

우측 전두엽은 뇌에서 인지 정보와 감정 정보의 통합이 이루어지는 부위다. 밀러T. P. Millar와 같은 유머 전문가들은 유머가 두 가지 요소로 구성되어 있다고 주장한다. 농담이 연합적인 하나의 국면에서 다른 국면으로 전환되는 이연연상bisociation과 농담 상황에서 발생하는 긴장감인 정서적 부담affective loading이 그것이다. 말장난은 거의 완전한 이연연상이며 정서적 긴장은 최소화되어 있다. 이 점 또한 나에게는 별 문제가 되지 않는다. 나에게는 흰개미가 술집에 걸어들어가 바텐더를 찾았다는 이야기는 물론이거니와, 두 마리의 누에가 경주를 하다가 동시에('동시에'라는 뜻의 'in a tie'에서 tie는 넥타이를 의미하기도 하며, 누에는 영어로 '실크웜silkworm'이다. 따라서 이 문장은 '누에들이 경주를 하다가 결국 실크넥타이가 되었다'로 해석할 수도 있다—옮긴이) 골인한다는 이야기도 재미있다. 말장난이 재미없다는 사람들은 어쩌면 정서적인 결핍 상태에 놓여있는지도 모르겠다. 아니면 그저 이러한 활동을 관장하는 뇌의 영역의 활동 강도에 유전적인 차이가 있는 것인지도 모른다.

나는 내가 말장난에서 재미를 느끼는 것이 유전적 요인 때문일 수도 있다는 생각이 마음에 든다. 나는 말장난 유전자 'pun gene' 라는 것이 있는지 알아보기 위해 문헌조사까지 시도했고, 문헌 데이터베이스에서 참고할 만한 논문을 몇 편 찾아냈다. 1958년에 파미Fahmy와 파미Fahmy가 보고한 바에 따르면 초파리에 pun 유전자라는 것이 있다. 하지만 이 pun은 농담따먹기와는 거리가 먼, 눈의 형태와 날개의 길이에 영향을 미치는 돌연변이, puny의 약어였다. '시간은 화살처럼 빨리 가고(시간 파리는 화살을 좋아하는 게 아니라—옮긴이) 초파리는 사과를 좋아한다time flies like an arrow but fruit flies like an apple' 와 같이 초파리와 관련된 유명한 농담이 적어도 하나쯤은 있다는 사실을 생각해 봤을 때 이는 안타까운 일이 아닐 수 없다. 가능성 있는 Pun 유전자를 두 개나 더 발견했지만 자세히 조사해 본 결과 둘 다 나에게 실망만을 안겨주었다. 하나는 1994년에 해머Hammer와 그의 동료들이 유럽미생물학회연합FEMS의 미생물학 학회지에 게재한 논문으로 박테리아인 '형광균 *Pseudomonas fluorescens*으로부터 추출한 punABCD 유전자군' 에 관한 것이었다. 그리고 나머지 하나는 고미Gomi와 그의 동료들이 1994년에 신경과학 학회지에 게재한 논문으로 '웃음 쥐titter rat' 에서 PrP를 암호화하는 Pun 유전자' 를 다루고 있었다. 웃음 쥐와 관련한 논문은 상당히 가능성이 있어 보였지만, 두 논문 모두 약간 미심쩍은 부분이 있었다. 나는 이 논문들을 더 면밀하게 조사하던 중에 달갑지 않은 진실과 마주쳤다. 알고 보니 해머가 쓴 논문은 prnABCD유전자 복합체(항진균성 백선균pyrrolnitrin의 생합성 유전자군)에 관한 것이었고, 고미의 것은 웃음 쥐가 아니라 지터 쥐Zitter rat의 프리온 단백질 유전자인 Prn 유전자에 관한 것이었다. 지터 쥐는 1978년에 보고된 신경 돌연변이 품종으로 근육 경련, 뒷다리 마비, 그리고 중추 신경계의 병리학적 변화 등의 증상을 나타낸다. 이리하여 두 pun 유전자는 모두 인쇄상의 잘못으로 드러났다.

참 웃기는 일이 아닐 수 없다. 하긴 내가 아니면 누가 이런 일에 웃겠느냐만. 실은 농담 유전자와 아무 관련도 없는 이런 오타를 한 10개쯤 찾았으면 얼마나 좋았을까. 그러면 최대한 진지하게 말장난을 지배하는 유전자를 검색해본 결과 열 개의 유전자 중 어디에도 pun은 없었다고 보고할 수 있었을 텐데 말이다.

헌 유전자 물려받기
Hand-me-down genes

비흡연자가 60세까지 생존할 확률이 85퍼센트인데 반해
AAT 결핍인 비흡연자가 같은 나이까지 생존할 확률은
60퍼센트다. 그리고 AAT 결핍인 흡연자가
역시 같은 나이까지 생존할 확률은 충격적이게도
7퍼센트에 불과하다.

생물학자로 살아가는 것이 때로는 당신이 삶을 바라보는 방식에 영향을 미치기도 한다. 왜 아니겠는가? 결국 생물학은 생명의 과학이고 대다수의 생물학자들은 생명에 뭔가 문제가 발생했을 때 그 뒤에 숨은 기제가 무엇일까 잠시라도 궁금해하기 마련이다. 내 딸 해나는 태어나자마자 많은 문제가 있었다. 심각한 것은 아니었지만 엄마이기에 갖는 불안감과 함께 내 호기심을 부추기기에 충분한 문제들이었다. 그 중 가장 큰 문제는 아이가 태어난 그날 걸린 황달이었다. 달이 차서 태어난 아이들 가운데 50퍼센트 정도는 황달에 걸린다. 증상으

로 특유의 노르스름한 피부색을 나타나는 황달은 간이 늙고 쇠약한 혈구들을 제대로 처리하여 방출하지 못하는 경우에 발생한다. 적혈구의 산소 운반색소인 헤모글로빈이 파괴되며 생기는 주된 부산물인 빌리루빈의 혈중농도가 높아진 상태를 고빌리루빈혈증이라 한다.

일반적으로 황달은 큰 문제없이 자연히 해결되지만 해나의 경우에는 태어난 첫 날의 상태가 4일 동안이나 지속되는 문제가 되었다. 우리 가족의 주치의는 광선요법을 처방했다. 이는 아기를 광역 항균 스펙트럼의 백색광에 노출시켜 빌리루빈을 광이성체로 바꾸는 치료법이다. 빛 에너지에 노출시켜 빌리루빈의 구조를 변형시키면 종종 물에 용해되어 배출되기 쉽게 바뀐다. 광선치료를 받자 해나의 빌리루빈 혈중농도는 퇴원하고 집에 와도 될 정도로 낮아졌다. 하지만 여전히 정상치보다 높아서 우리 부부는 가정방문간호사가 정기적으로 방문하여 아기의 작디작은 발에 바늘을 찌르고 채혈해가는 것을 속수무책으로 지켜봐야 했다. 해나를 집에 데려온 지 약 한 달이 지났을 무렵 우리는 해나의 빌리루빈 수치가 묵인할 수 없을 만큼 높아졌다는 통보를 받았다. 실험실 테스트 결과를 볼 필요도 없었다. 할로윈이 지나고 2주가 흘렀지만 우리 딸의 얼굴은 여전히 호박 같은 주황빛을 띠고 있었기 때문이다.

주황색 아기가 온몸으로 표현해내고 있던 미적 감각에 대한 흥미로운 장래성에도 불구하고 우리 부부는 너무나 걱정스러웠다. 뇌에 축적된 빌리루빈은 발달 지연, 청력 상실, 학습 장애 그리고 지각 운동 장애를 야기할 수 있다. 그래서 우리는 추가적인 검사를 위해

지체 없이 아기를 병원으로 데려갔다. 사람들이 아기를 찌르고 쑤시는 모습을 지켜보는 일은 정말이지 고통스러웠다. 그리고 그 고통의 뒤에서 도대체 우리 딸의 몸속에서 무슨 일이 벌어지고 있는지를 알고자 하는 욕구가 자라고 있었다.

곤충학 분야에서 내가 받아온 훈련들은 이 상황에서 그야말로 무용지물이었다. 정말 기괴한 몇 가지 예외들(하수구에서 번식하는 깔따구 같은 것들)을 제외하고, 곤충은 심지어 헤모글로빈도 갖고 있지 않다. 곤충들은 산소 운반 색소가 아니라 도관과 관상기관으로 이루어진 체계에 의존해서 산소를 운반한다. 검사 결과는 간 기능에 문제가 있다는 사실 외에 어떤 정보도 주지 못했다. 어떠한 것도 우리를 안심시키지 못했고, 우리는 심지어 혹시나 있을지 모르는 간 기능 문제보다도 온갖 검사를 하면서 행해진 찌르기와 쑤시기의 장기적인 영향이 더 염려되기 시작했다. 물질대사 분석 검사 중 한 가지는 해나의 몸에 방사성 추적 물질을 주입하여 그것이 체내 기관을 통과하는 과정을 지켜보는 것이었다. 내 남편은 이 검사를 지켜보면서 과연 우리가 앞으로 며칠이나 추적 물질을 자극하지 않고 밤에 기저귀를 갈 수 있을까 고심했다. 그나마 유일하게 알 수 있었던 증거는 메이요 의료원에 보내 검사를 의뢰했던 해나의 혈액 샘플 결과였다. 이 검사는 해나가 '알파-1-안티트립신 돌연변이 대립 유전자'에 대해 이형 접합이라는 것을 밝혀냈다.

알파-1-안티트립신(AAT)은 혈액에서 발견되는 단백질이다. 이것의 주된 기능은 다른 단백질들을 변형시키는, 효소들, 그중에서도 특히(이것의 이름 '안티-트립신'에서 추측할 수 있듯이 트립신이 아니라) 호중성 백혈구를 분해하는 백혈구 엘라스타아제를 억제하는 것이다. 호중성 백혈구 엘라스타아제는 박테리아와 폐 속의 손상된 세포들을 파괴하는 효소다. 이 엘라스타아제를 억제하는 기능을 하는 AAT가 적절한 농도로 유지되지 않으면 엘라스타아제는 정상적인 폐 조직까지 파괴해버리고 만다. 정상적인 단백질은 394개의 아미노산이 엮여 만든 단일사슬에 세 개의 커다란 탄수화물 곁사슬이 결합된 형태를 하고 있다. 지금까지 적어도 90여 개의 AAT변형체가 발견되었으며, 이들 중 대부분은 정상적으로 기능한다. 하지만 몇 개의 돌연변이들은 정상적인 기능을 저해하기도 한다. 이러한 돌연변이체를 가진 사람들은 알파-1-안티트립신(AAT) 결핍을 겪게 된다. 즉, 이들은 이 단백질을 혈액 속에 필요한 만큼 만들어내지 못한다. AAT의 불충분한 공급에 의해 초래되는 주요한 임상 징후는 간질환과 폐기종의 조기발현이다. AAT는 간세포에서 생성된다. 그런데 이 단백질의 돌연변이체들은 그것이 생성된 세포로부터 배출되지 못하고, 어떤 경우에는 세포 내에 쌓여 세포를 파괴하는데 이는 곧 간경변과 간염으로 이어진다. 따라서 폐기종과 폐와 관련한 다른 합병증들은 AAT가 엘라스타아제를 제대로 억지하지 못하고 있음을 뜻하며, 이 AAT가 돌연변이체일 가능성을 시사한다.

사실 AAT 결핍은 유럽계 백인 사이에서는 꽤 일반적인 상염색체성 열성 질환이다. 미국 내 거주민 2,500명 당 한 명 꼴로 이 결핍 유전자가 발견된다는 보고도 있다. 해나는 엠M이라 부르는 정상적인 대립유전자 하나와 제트z형 돌연변이 유전자 하나를 가지고 있다. 돌연변이 AATZ 분자는 정상적인 것과 비교해 단 한 개의 뉴클레오티드 염기가 다르다. 이로 인해 342번 자리에 있는 아미노산인 리신이 글루타민산염으로 치환된다. 정상적인 유전자 없이 제트z형 대립 유전자를 동형 접합자로 가지고 태어난 신생아들은 종종 심각한 간 질환을 경험하기 때문에 유년기에 이식수술이 필요하다. 하나의 정상적인 대립유전자를 갖는 이형접합자들은 종종 아무런 증상도 나타내지 않은 채 평생을 살기도 한다.

  이 소식을 접한 나와 내 남편은 복잡한 심정이었다. 해나가 앞으로 살아가면서 폐와 간질환에 걸릴 위험이 높다는 사실은 마음에 걸렸지만 아이가 아주 심각하게 아프다거나 적어도 유년기 간 질환에 걸릴 위험이 높은 것은 아니라는 점으로 위안을 삼았다. AAT와 우리의 인연은 거기서 그렇게 끝날 수도 있었다. 하지만 AAT 결핍이 상염색체성 열성 유전자에서 기인한다는 점을 생각해볼 때, 나는 생물학자로써 해나가 그녀의 돌연변이 대립유전자를 분명 우리 부부 중 한 명에게서 물려받은 것임을 알고 있었다. 우리의 아이가 이형접합자라는 사실은 우리 둘 중 한 명 역시 이형접합자이며, 똑같이 그런 질병에 걸릴 위험이 높다는 것을 의미했다. 이것이 정상적인 반응인지는 모르겠지만 나는 그것이 우리 둘 중 누구인지를 진심으로 알고 싶었다. 그래서 나는 우리의 혈액을 메이요 의료원으로 보내 검사를 받을 수 있는지 물어보았고, 친절하게도 주치의가 이를 주선해주었다.

이미 짐작했을지도 모르겠지만 나 때문이었다. 해나처럼 나도 제트z 대립유전자에 대해 이형접합자다. 내 삶을 되돌아보니 이제야 모든 것이 들어맞는 느낌이다. 나의 할아버지 하이먼 베렌바움은 60세의 나이에 흡연으로 악화된 전형적인 폐기종 조기발현으로 돌아가셨다. 조금 다른 이야기지만 흡연은 이형접합자들로 하여금 폐기종의 발생 확률을 크게 증가시킨다. 뉴저지의치학대학의 인간 및 분자유전센터에서 조사한 바에 따르면 정상적인 비흡연자가 60세까지 생존할 확률이 85퍼센트인데 반해 AAT 결핍인 비흡연자가 같은 나이까지 생존할 확률은 60퍼센트다. 그리고 AAT 결핍인 흡연자가 역시 같은 나이까지 생존할 확률은 충격적이게도 7퍼센트에 불과하다.

나의 할아버지는 내내 담배를 물고 지냈다. 할아버지를 괴롭히기 위해 담배를 피우셨던 나의 할머니도 65세의 나이에 흡연과 관련한 심장 질환으로 돌아가셨다. 물론 이건 전혀 다른 이야기이다. 해나의 유전적 기질에 얽힌 무용담을 전해 듣던 내 어머니는 나와 나의 형제, 자매 세 명이 모두 신생아였을 때 황달을 앓았다는 사실을 기억해냈다. 그건 그렇고, 기술이 그리 발달하지 못했던 1950년대에 황달을 갖고 태어난 신생아에게 사용했던 표준적인 광선 요법은 광역 항균 스펙트럼의 백색광을 쬐게 하는 것이 아니라 햇볕에 나가 앉아있게 하는 것이었다. 우리 세 형제 모두 봄과 여름에 태어났기 때문에 햇볕은 충분했고 우리가 필요할 때면 언제든 우리의 빌리루빈을 광이성체로 바꾸어 주었다.

내가 유전적인 결핍을 갖고 있다는 사실조차 모른 채 40년 넘게 행복하게도 살아왔다는 사실은 우리 부부의 기운을 북돋워주었다. 이것이 유전적 질병 치고는 그렇게 나쁜 것은 아니라는 생각이 들었기 때문이다. 심지어는 긍정적인 면도 생각해볼 수 있다. 해나는 이제 담배를 멀리해야 하는 어쩔 수 없는 유전적인 이유를 갖게 된 것이다. 폐암과 심장 질환에 대한 일반적인 위협에 더해 우리의 아이는 치명적인 형태의 폐기종에 걸릴 확률이 일반인에 비해 매우 높다. 그리고 해나의 간 기능이 최상의 상태에는 살짝 못 미치므로 음주로 인해 간에 손상을 입을 확률 또한 일반인에 비해 높다고 할 수도 있다. 술을 멀리해야 하는 강제적인 이유 또한 생긴 셈이다. 우리 아이를 술과 담배로부터 멀리하게 해주는 유전장애라면 완전히 나쁜 것만은 아니다. 이제 AAT 결핍에 문신과 피어싱이 위험하다는 사실을 말해줄 방법만 찾으면 될 텐데…….

소환이 부러워
Subpoenas envy

그는 내 앞으로 소환장이 발부될 것이라고 얘기해주었고 나는 공황상태에 빠졌다. 그 시점까지 나는 줄곧 소환장은 마피아나 다른 부도덕한 종류의 사람들과 관련된 것이라 생각해왔다.

나는 전기나 일대기를 읽는 걸 좋아한다. 다른 이들의 경험과 사고방식을 공유하는 과정에서 큰 만족감을 얻기 때문이다. 내가 읽기 가장 좋아하는 전기는 그것이 얼마나 이치에 안 맞던지 간에 나와 공통점을 가진 사람들의 것이다. 예를 들어 나는 여성, 과학자, 그리고 유대인의 일대기를 즐겨읽는다. 이러한 편향된 독서습관은 나를 믿기 어려운 몇 편의 작품들로 이끌었다. 일례로 쇼핑용 손수레를 발명한 유대인인 실반 네이선 골드먼Sylvan Nathan Goldman의 전기를 읽으면서, 나 말고 또 누가 이 책에 관심을 가질까 하는 궁금증이 일기도 했다. 캐리 멀리스Kary Mullis의 책인 《마음의 벌판에서 벌거벗고 춤추기Dancing Naked in the Mind Field〉는 내가 과학자의 삶에 관심이 많아 한 권 구입해 두었다. 이 책을 처음 펼쳤을 때 나와 그 사이에서 이렇게 많은 공통점을 발견하리라고 생각하지 못했다. 멀리스는 폴리머라아제 연쇄반응PCR을 개발하여 현대생명과학에 혁명을 일으킨 세계적으로 유명한 분자생물학자다. 이 기발한 생화학 기법은 적정한 실험실을 가진 사람이라면 누구나 극소량의 DNA를 염기 배열하고 동정하기에 충분한 양으로 증폭시킬 수 있도록 도와준다. 멀리스는 그의 과학적 공헌으로 노벨상을 수상했다. 나는 서양방풍나물을 먹는 모충에 관해 연구하고 있다. 그리고 미국 곤충학회의 북부 중앙 지부로부터 뛰어난 교수상을 받았다(그런데 내가 받은 기념패에는 내 이름의 철자가 잘못 쓰여 있었다).

이렇듯 멀리스 박사와 내가 과학과 관련한 경험들을 얼추 공유하고 있다는 사실을 발견하는 것은 나에게 즐거운 선물 같은 일이었다. 멀리스는 '로스앤젤레스의 공포와 변호사들'이라 제목 붙인 제4장은 오 제이 심슨O.J. Simpson의 살인사건 재판 당시 전문가 증인으로 활약했던 경험을 적고 있다. 이 재판은 많은 이들이 '세기의 재판(적어도 1990년대의 재판)'으로 불릴 만큼 중요한 사건이었다. 그는 오 제이 심슨의 피고측 변호인단의 일원이자 유명한 법학 교수인 배리 셰크Barry Scheck와 피터 뉴펠드Peter Neufeld의 요청으로 법정에서 PCR에 근거한 DNA 검사법의 신뢰도에 대해 증언하기로 되어있었다. 범죄현장에서 발견된 몇 방울의 혈액이 피해자들의 것이 아니라는 사실은 심슨을 기소한 검찰당국이 확보한 결정적인 증거였다. 멀리스는 이전에도 이와 유사한 경우에 전문가 증인으로 활약한 경험이 있었고 무엇보다도 그러한 증거를 많이 도출해본 이 기술의 개발자로서 두터운 신임을 얻고 있었다. 19쪽에 달하는 그의 경험 속에서 멀리스는 그 증거에 대한 그의 소견을 다음과 같이 적고 있다. 기본적으로 범죄현장에서 채취한 샘플과 심슨 씨의 혈액 표본 두 가지 모두 수집, 준비 그리고 분석하는 과정에서 절차상의 실수로 오염되었다. 그는 실제로 법정에 출두했고 오 제이 심슨 본인과 대화를 나누기도 했지만 법정에 서서 증언을 하지는 않았다. 피고측 변호인단의 단장인 조니 코크런Johnnie Cochran은 배심원단이 지난 몇 주간이나 '따분하고 기술적인 증언'을 들어온 터라 'DNA라면 질릴 지경'이 된 탓도 있었고, DNA 증거가 다의적일 수 있다는 확신을 이미 갖고 있었기 때문에 그가 증언을 하지 못했다고 밝혔다. 멀리스는 스스로 그가 들인 시간에 대해 보상을 받았다고 밝혔지만 '직업적인 비밀'이라며 정확한 액수는 공개하지 않았다. 하지만 덧붙여 말하기를 그가 재판에 참석하기 위해 끌고 갔던 '1989년형 애큐라 인테그라를 그대로 운전해 라호야로 돌아왔다'고 했다.

그러면 오 제이 심슨과 DNA 증거물이 도대체 나와 무슨 관련이 있을까? 사실 그다지 큰 관련은 없다. 캐리 멀리스와 마찬가지로 나 또한 전문가 증인으로 재판에 참석해 달라는 부탁을 받은 적이 있다는 것과 멀리스 박사와 마찬가지로 나 또한 실제로는 증언을 하지 못했다는 사실만 빼고 말이다. 그런데 나는 법정에 들어서지도 못했다.

법과 나의 짧은 만남은 1997년 5월 일리노이 주 콜스 카운티의 지방 검사보인 존 그린우드로부터 전화를 한 통 받으면서 시작되었다. 나는 왠지 모르게 그 이름이 귀에 익었는데, 알고 보니 존은 7년 전에 일리노이대학의 학생이었으며 내가 강의했던 곤충학105 교양 과정 수업을 수강한 적이 있었다. 그는 내게 사람 피부에 꼬이는 기생 진드기 옴에 대해 아는지를 물었다. 어떻게 된 영문인지 자녀 양육권 분쟁에 옴이 등장한 것이다. 나는 분명 옴에 관한 전문가는 아니었다. 아마 그가 아는 유일한 곤충학자가 나였기 때문에 전화를 건 것이었을 것이다(그리고 여기 내가 전문가가 아닌 이유가 한 가지 더 있다. 옴 진드기는 사실 곤충이 아니다. 그것은 성충이 되면 여덟 개의 다리를 갖는 거미류의 동물이다). 어찌됐건 나는 그 즉시 내가 생각해낼 수 있는 모든 정보를 떠올렸다. 그리고 내가 내뱉은 말 중에 무언가가 그를 만족시킨 것이 분명했다. 그는 내가 말을 마치기가 무섭게 나에게 법정에 나와 옴에 대해 증언해줄 수 있는지를 물었다. 나는 난방로 설치에 관한 재미없는 민사재판(금세기의 재판은커녕 1986년의 재판이 되기에도 턱없이 부족했다)의 배심원으로 딱 한 번 법정 안을 구경해본 것 외에는 경험이 없었기 때문에 기꺼이 그렇게 하겠다고 대답했다. 단, 내가 절대 옴 전문가가 아니라는 전제하에서 말이다.

나에 대한 공식적인 신임도가 부족하다는 사실도 존에게는 걸림돌이 되지 않았다. 그는 내가 기꺼이 증언을 하겠다고 하자 기뻐했으며, 내가 아무런 보상 없이 그렇게 하겠다고 한 것에 대해 특히 기뻐하는 듯 했다(나는 이것이 흥미로운 경험이 될 것이며, 콜스 카운티 관서 지방을 방문할 수 있는 멋진 구실이라고 생각했다). 그러자 그는 내 앞으로 소환장이 발부될 것이라고 얘기해주었고 나는 공황상태에 빠졌다. 그 시점까지 나는 줄곧 소환장은 마피아나 다른 부도덕한 종류의 사람들과 관련된 것이라 생각해왔다. 물론 나는 그들과는 달리 기꺼이 자발적으로 출두할 의향이 있었다. 다만 나는 단순하게도 법정에서 증언하는 일에 법이 개입될 필요가 없을 거라 생각했다. 존은 절차일 뿐 불안해할 아무런 이유가 없다고 나를 안심시켰다. 나는 나의 첫 번째 소환장이 도착하기를 기다리면서 그 사이에 과학 학술지에 게재된 옴에 관한 모든 논문들을 미친 듯이 읽어 내려갔다.

그런데 소환장은 시간이 지나도 도착하지 않았다. 뿐만 아니라 그 사건을 담당하고 있는 것으로 추정되는 변호사인 페니 닷슨Penny Dodson을 비롯하여 아무에게서도 연락은 오지 않았다. 내가 법정에서 증언을 하기 전에 아마도 변호사가 이 사건의 경위에 대해 자세히 설명해줄 것이라 기대했다. 나는 법정 출두일인 12월 5일이 다가옴에 따라 점차 횟수를 늘려가며 존 그린우드에게 전화를 걸었다. 마침내 페니 닷슨으로부터 한 통의 전화가 걸려왔다. 그녀는 내게 이 사건이 '이어졌다continued'고 했는데 이는 재판 일정이 다른 날로 조정되었음을 뜻했고, 그 날짜는 이듬해 4월이었다. 그래서 나는 옴에 관한 논문들을 더 찾아 읽으며 다시 소환장을 기다리기 시작했다. 마침내 2월 26일에 소환장이 배달되었다. 나는 정장을 입고 넥타이를 맨 중년의 신사가 모릴 회관의 2층을 헤매고 있는 것을 발견했다. 모릴 회관을 서성이는 중년의 신사가 낯선 풍경은 아니었지만 정장과 넥타이는 흔히 마주칠 수 없는 것이었다. 게다가 이 신사는 기계 외판원이나 생물학개론 수업 교재를 팔러 온 출판사 직원처럼 보이지도 않았다. 그래서 나는 그에게 다가가 내가 도와줄 것이 없는지를 물었다. 그는 메이 베렌바움을 찾아왔다고 대답했다. 그에게 내가 메이 베렌바움이라고 말하자 그는 내게 종이 한 장을 건넸다. 그 종이의 맨 위에는 굵은 대문자로 '소환장'이라고 쓰여있었다.

물론 내 연구실의 모든 사람들도 빌 와셔Bill Wascher 경관이 회관을 서성이는 모습을 목격했고, 그가 떠나자마자 내게 그가 누구냐고 물었다. 나는 그가 군 보안관 대리이며, 내게 법정에 전문가 증인으로 출두해 달라는 소환장을 전하기 위해 온 것이라고 설명했다. 하지만 그들의 눈에 의심의 눈초리가 스쳤다. 나는 아무 잘못도 하지 않았지만 소환장을 받는 것만으로도 왠지 죄를 지은 것 같은 기분이었다. 나는 이 죄책감을 더 많은 논문을 읽는 것으로 씻어내며 변호사로부터 전화가 오기를 기다렸다.

전화는 끝내 오지 않았다. 4월 3일, 나는 '피해자측 참고인 조정자'인 캐시 포터로부터 편지를 한 통 받았다. 거기에는 '예전에 통보했던 1998년 4월 16일에 출두하지 않아도 된다'고 적혀 있었다. 재판이 또 한 번 연기된 것이 틀림없었다. 나의 의심은 와셔 경관이 6월 12일에 모릴 회관으로 다시 찾아옴으로써 사실로 증명되었다. 그는 이번엔 나의 사무실로 곧바로 찾아왔으며 1998년 7월 16일에 콜스 카운티 법정으로 출두해주길 부탁한다는 또 다른 소환장을 건네주었다. 우리는 농담을 주고 받았고, 그는 왜 군 보안관 대리가 내 사무실까지 다시 찾아왔는지 궁금해 하는 대학원 학생들과 박사 후

연구원들, 그리고 동료들에게 둘러싸인 나를 남겨두고 돌아섰다.

이쯤 되자 소환된다는 것에 대한 신기함은 다소 감소되었고 옴에 관한 논문을 정복하는 것도 시들해졌다. 예정 재판일 일주일 전에 또 다시 연기되었다는 메시지를 받고도 변호사에게 답신을 하지 않았다. 그리고 7월 27일 와서 경관은 내게 퇴근길에 들러 8월 24일에 콜스 카운티로 출두하라는 소환장을 찾아갈 수 있는지 물었다. 그에게도 나를 소환한다는 신기함이 닳아 없어졌음이 분명했다. 나는 보안관 사무실이 어디에 붙어있는지조차 몰랐다. 그런데 알고 보니 군 교도소와 같은 건물에 있었다. 비가 오던 어느 여름날 오후에 나는 최대한 주의를 끌지 않도록 조심하며 군 교도소로 걸어들어갔다. 혹시나 이런 부적절한 시점에 내 대학원 학생들, 박사 후 연구원들, 그리고 동료들을 마주치진 않을까 걱정하면서 말이다.

그 해 8월에 재판 일정이 확정되었다는 전화나 편지를 받았었는지는 잘 기억이 나질 않는다. 나는 여전히 왜 그 일에 옴이 연루되었는지 알지 못하며 그 재판에서 일리노이 주가 승소했는지 아니면 피고인 측이 승소했는지도 알지 못한다. 되돌아보니 나와 캐리 멀리스 사이에 공통점이라곤 전혀 없는 것 같기도 하다. 그는 우리의 법률 체제 운영에 관해 내가 나의 경험을 통해 얻은 것보다 훨씬 더 많은 것을 배웠다. 물론 옴에 관해서라면 내가 더 많이 배웠을 테지만 말이다. 언제고 시간이 되면 나에게 옴에 대해 좀 물어봐주기를 바란다. 나는 누구라도 붙잡고 그것에 관해 말하고 싶어 죽을 지경이니까.

참고문헌

Arens, W 1979. The Man-Eating Myth: Anthropology and Anthropophagy. NewYork: Oxford University Press.
Barry, D. 1988. Dave Barry's Greatest Hits. NewYork: Fawcett Columbine.
Bartholomaeus Anglicus. 1231. *De Proprietatibus Rerum.* (Frankfurt 1701 reprint: Frankfurt a. M.: Minerva, 1964) (translated by John Friedman, Dept. English, UIUC).
Bodenheimer, F. 1951. Insects as Human Food. The Hague: W. Junk.
Borror, D. and D. DeLong. 1954. Introduction to the Study of Insects. NewYork: Rinehart.
Brottman, M. 1998. Meat Is Murder! An Illustrated Guide to Cannibal Culture. NewYork: Creation Books.
Crypton, Dr. 1984. Timid Virgins Make Dull Company. NewYork: Penguin Books.
Curtis, H. 1983. Biology. NewYork: Worth.
Dance, P. 1976. Animal Fakes and Frauds. Berkshire: Sampson Low.
Darwin, C. 1859. (reprinted 1962). The Origin of Species. NewYork: Crowell-Collier.
Dibble, C. E., and A. J. O. Anderson, trans. 1963. The Florentine Codex, a General History of the Things of New Spain, Book 11 (Earthly Things). Santa Fe, N.M.: School of American research and the Museum of New Mexico.
Duncan, C. D., and G. Pickwell. 1939. The world of insects. NewYork: McGraw-Hill.
Emmet, A. M. 1991. The Scientific Names of British Lepidoptera: Their History and Meaning. Colchester (UK): Harley.
Eyre. 1972. Dictionary of Mnemonics. London: Methuen.
Gilbert, P. 1977. Compendium of the Biographical Literature on Deceased Entomologists. Woodland Hills (CA): William Sabbot Natural History Books.
Guinness Book of World Records. 1998. Stamford, CT: Guinness Media Inc.
Harris, T. 1988. The Silence of the Lambs. NewYork: St. Martin's Press.

Harrison, R. J., and W Montagna. 1969. Man. NewYork: Appleton-Century Crofts.

Heard, H. F. 1941. A Taste for Honey. NewYork: Vanguard Press.

Herzog, A. 1974. The Swarm. NewYork: New American Library.

Hodge, C. F., and J. Dawson. 1918. Civic Biology. Boston: Ginn.

Holt, V. M. 1885. Why not eat insects? Repr. Hampton: E. Classey.

Howard. L. O. 1911. The House Fly—Disease Carrier. NewYork: Stokes.

Howard. L. O. 1931. The Insect Menace. NewYork: Century.

Howell, M., and P. Ford. 1985. The Beetle of Aphrodite and Other Medical Mysteries. NewYork: Random House.

International Code of Zoological Nomenclature. 1985. Berkeley, Calif: University of California Press.

Johnstone, I., and J. Cleese. 1997. Fierce Creatures. NewYork: Boulevard Books.

Jordan, D. S., and V. L. Kellogg. 1908. Evolution and animal life. NewYork: Appleton.

Kandel, E. R., and J. H. Schwartz. 1985. Principles of Neural Science. Second Edition. NewYork: Elsevier.

Larson, G. 1987. Hound of the Far Side. New York: Andrews, McMeel and Parker, p. 56.

Larson, G. 1989. A Prehistory of the Far Side: a 10th Anniversary Exhibit. Kansas City: Andrews and McMeel.

Lipton, B. 1991. Bug Busters. Garden City Park, N.Y.: Avery Publishing Group, Inc.

Martin, L. 1997. The X Files #10: Die, Bug, Die! NewYork: Harper Collins.

Merck Manual of Diagnosis and Therapy, R. Berkow, ed. 1982. Rahway: Merck Sharp & Dohme Research laboratories.

Metcalf C. L., and W. P. Flint. 1928. Destructive and Useful Insects. NewYork: McGraw Hill.

Mullis, K. 1998. Dancing Naked in the Mind Field. NewYork: Pantheon Books.
Office of Technology Assessment, 1988. Educating Scientists and Engineers: Grade School to Grad School. Washington, DC.: Congress.
Oldroyd, H. 1964. The Natural History of Flies. NewYork: Norton.
Partridge, E. 1974. A Dictionary of Slang and Unconventional English. NewYork: Macmillan Pub. Co., Inc.
Roeder, K. D. 1967. Nerve Cells and Insect Behavior. Cambridge: Harvard University Press.
Seymour, W., and N. M. Hewitt. 1997. Talking about Leaving: Why Students Leave the Sciences. Boulder: Westview Press.
Snodgrass, R. E. 1933. Insect Morphology. NewYork: McGraw-Hill Book Co.
Thackrah, C. T. 1832. The effects of arts, trades and professions and of civic states and habits of living, on health and longevity. London: Longman, Rees, Orme, Brown, Green and Longman. (reprinted by Canton, Mass: Watson Publishing, 1985).
Transcience Corporation. 1987. It's Fun to Raise Pet Sea Monkeys: Official Sea-Monkey Handbook. Bryans Road, Md.:Transcience Corporation.
Wells, H. G. 1974. The Complete Short Stories of H. G. Wells. NewYork: St. Martin's Press, Inc.
Welsch, R. 1976. Tall-Tale Postcards. NewYork: A. S. Barnes.
Wilson, E. O. 1995. Naturalist. Washington: Island Press.
Zimmerman, P. R., J. P. Greenberg, and J. P. E. C. Darlington. 1996. World Almanac and Book of Facts. NewYork: World Almanac Books.

찾아보기

ㄱ

가네코K. Kaneko 63
간다나 *gandana* 208
갈색띠바퀴Brown-banded cockroach 36
갑충甲蟲 49
개미꽃등에*Microdon* 222
개미충학과Antomology 199
거짓쌀도둑거저리 *Tribolium castaneum* 50
검은호랑나비*Papilio polyxenes* 275
검정파리Congo floor maggots 64
고가나 *kokana* 208
고질리드 *godzilliid* 213
고트프리드 프랭켈Gottfried Fränkel 195
곰개미 *Formica fusca* 26
굼벵이벌과 tiphiid wasp 209
그린버그Greenberg 34
그릴러스 *Gryllus* 168
그윈Gwynne 42
깍지벌레 *Margarodesvitium* 28
깔따구 *Clunio maritimus* 29
꼽등이과 stenopelmatid 68

ㄴ

나니키스미 *Nanichisme* 209
나방 카스타니아 인카 딘카도 *Castanea inca dincado* 211
난다나 *nandana* 208
'날아다니는 팬지꽃' *Zerene eurydice* 126
내강內腔 31
내생內生 31
널드 내크먼Ronald Nachman 110
노마나 *nomana* 208
노먼 개리Norman Gary 74
뉴질랜드 꼽등이New Zealand weta 68
니콜라스 링Nicholas Ling 110

ㄷ

다이크로텐디피스 타나토그라투스 *Dicrotendipes thanatogratus* 212
단각류端脚類 83
댄 캡스Dan Capps 73
더럼W. Derham 195
덩컨Duncan 58
데블스덴Devil's Den 90
데이빗 메리트David Merritt 92
도다나 *dodana* 208
도슨Dawson 55
돌리키스미 *Dolichisme* 209
동충하초 caterpillar fungus 131
드래곤플라이 the Dragonfly 102

들롱DeLong 58
디어든Dearden 55
디즈니R. Disney 63
딘 바워즈Deane Bowers 114
딱정벌레carabid beetle 211

ㄹ

라스무센R. A. Rasmussen 34
라일리C. V. Riley 85
라 쿠카라차La cucaracha 211
라 팔로마La paloma 211
란다나randana 208
랄라파Lalapa 209
랄라파 루사Lalapa lusa 209
랭뮤어Irving Langmuir 72
레드 메이스Fred Mace 93
레오나르도 다빈치Leonardo davincii 211
렌츠Rentz 42
로라나lolana 208
로라나rorana 208
로랑 리비에르Laurent Rivier 50
로버트 트라웁Robert Traub 152
로어킨 곤충학회Lorquin Entomological Society 126
로어킨 제독나비Lorquin's admiral; Basilarchia lorquini 126
로저 샘즈Roger Samms 148

로클린지아 히틀러라이Rochlingia hitleri 213
로텔로L. Rotello 62
록키산맥메뚜기Melanoplus spretus locusts 69
론다 워싱햄 하트Rhonda Wassingham Hart 46
룬트Lund 64
리트가우Lithgow 93
린즐리E. Gorton Linsely 28
릴리호E. B. Lillehoj 271

ㅁ

마가렛 노박Margaret Novak 212
마데이라바퀴벌레Leucophaea maderae 110
마르티우스Martius 36
마리아 시빌 메리언Maria Sibylle Merian 229
마리아 터웬Maria Terwen 108
마리키스미Marichisme 209
마이클 트라이즈먼Michel Treisman 308
마이클 펠드만Michael Feldman 198
마코베츠A. J. Markovetz 37
마크 홀먼G. Mark Holman 110
막시목 101
만다나mandana 208
말총벌braconid wasp 211
말피기Malpighi 201
머레이 블럼Murray Blum 50
메서스미스Messersmith 237
메이리치Meyrich 94

메이틀랜드 에멧A. Maitland Emmet 210
메트캐프Metcalf 57
명주잠자리*Myrmeleon nostras* 201
모낭충*Demodex folliculurum* 243
모래벼룩jigger fleas 64
모마나*momana* 208
모턱시아*Motyxia* 95
몬타나W. Montagna 237
미스카나*miscana* 208
밀가루딱정벌레*Tribolium castaneum* 42
밀튼 러빈Milton Levine 77
밀튼 브래들리 120

ㅂ

바디아*Badia* 64
박시아나*boxeana* 208
반다나*vandana* 208
반시류 102
배드 모조Bad Mojo 145
밴덜리즘Vandalism 139
범블비Bumblebee 182
베달리아무당벌레*Rodolia cardinalis* 58
베리 피큘리어*Verae peculya* 211
베이지나방*malumbia* 48
베이커Baker 61
벤조카인 61
보러Borror 58

보모나*vomonana* 208
보바나*bobana* 208
보바나*vovana* 208
부채장수잠자리Gomphids 41
브라우만Brauman 36
브로트만Brottman 86
브롬화 에티듐 30
브와나 비스트Bwana Beast 104
비앙카니엘로Mark Biancaniello 74
빈대Bedbug 120
빈센트 드치에Vincent Dethier 194

ㅅ

사람벼룩*Pulex irritans* 135
사마귀붙이*Mantispa styriaca* 201
사슴말파리*Cephenemyia pratti* 70
사향쥐*Suncus murinus* 310
산다나*sandana* 208
새뮤얼 존슨Samuel Johnson 322
새뮤얼 하네만Samuel Hahnemann 134
새스콰치Sasquatch 104
샌즈W. A. Sands 35
서브인빅타*subinvicta* 208
서양꿀벌*Apis mellifera* 174
소노마나*sonomana* 208
소사나*sosana* 208
수확개미*Pogonomyrmex* 77

숙시닐 콜린 61
쉬텍A. Schittek 61
쉬퍼뮬러Schiffermüller 222
슈미트Schmidt 88
슐럿하우버Schlotthauber 223
스노드그래스Snodgrass 201
스텀C. K. Stumm 36
스테나셀리드 아이소포드Stenasellid isopods 202
스틸Steele 35
스팅레이Stingray 104
스파이더맨Spider-man 101
스플렌더 딱정벌레Buprestis aurenta 38
습재흰개미Zootermposis angusticollis 34
승저증 64
시빈스키J. M. Sivinski 30
시토크롬CYtochrome 275
쌍시류 101
씨멍키Sea monkey 77

ㅇ
아그라 베이션Agra vation 211
아놀드 멘키Arnold Menke 210
아서 허조그Arthur Herzog 245
아이다호아나idahoana 208
아이스만C. H. Eisemann 196
아프리카깔따구Polypedilum vanderplanki 80
아하 하Aha ha 210

아하Aba 210
안드로파지Androphagi 86
앨런 렌윅Alan Renwick 271
앰부쉬 버그Ambush Bug 102
앰피비안Amphibian 104
얀다나yandana 208
양배추진디Brevicoryne brassicae 69
양비강말파리Oestrus ovis 64
어리쌀도둑거저리Tribolium confusum 50
에드워드 윌슨Edward O. Wilson 305
에이브베리 경Sir Avebury 26
에플러J. H. Epler 212
엘로리아 노예시eloria-noyesi 49
엘리자베스 뮬러Elisabeth Muller 108
염전새우Artemia salina 78
오르펠리아 풀토나이Orfelia(=Platyura)
    fultoni 94
오작토끼박쥐Plecotus townsendii ingens 92
오키스미Ochisme 209
올드로이드Oldroyd 56
와이스H. B. Weiss 235
완다나wandana 208
왕잠자리Aeshnid 41
왕잠자리Austrophlebia costalis 70
요각류橈脚類 83
우드T. G. Wood 35
우머나나womonana 208

워너 뮐러Werner Muller 108
워렌J. Warren 62
웰스H. G. Wells 244
위글즈워스V. B. Wigglesworth 196
'위어드 알' 얀코빅Alfred Matthew 'Weird Al' Yankovic 154
윌리엄 타크라Willian Thakrah 238
윌리엄 해든Willam Haddon 110
윌리엄 호스폴William Horsfall 271
윌먼 뉴웰Wilmon Newell 272
유럽멧노랑나비P. rhamni (Gonepteryx rhamni) 228
유스와스디Yuswasdi 95
이상한 존Odd John 105
이질바퀴Periplaneta americana 36
이투 브루투스Ytu brutus 211
인간말파리Human bot flies 64
인시류鱗翅類 49
일링워스J. F. Illingworth 257

ㅈ

잔다나zandana 208
잠자리목 102
장님거미daddy longlegs 194
장수풍뎅이Julodimorpha bakewell 42
제리 파월Jerry Powell 28
제임스 슬레이터James Slater 153

존 러복John Lubbock 27
존 보울즈John Bowles 85
존슨M. W. Johnson 65
짐머만P. R. Zimmerman 33

ㅊ

찰스 다윈Charles Darwin 54
찰스 타운젠드Charles Townsend 70
청가뢰Lytta vesicatoria 136
초파리Drosophila melanogaster 30
측범잠자리Hagenius brevistylus 41

ㅋ

카나리아나canariana 208
카너푸른나비Karner blue butterfly; Lycaeides melissa samuelis 128
카펜터M. M. Carpenter 235
칸다나kandana 208
칸타리딘Cantharidin 136
칼 세이건Carl Sagan 292
칼렛G. Carlet 195
칼릴M. A. K. Khalil 34
캐리 멀리스Kary Mullis 335
캘리포니아 자매나비California Sister; Heterochroa californica 126
커칼디G. W. Kirkaldy 209
케네스 로더Kenneth Roeder 85
켈로그Kellogg 54

코카나*cocana* 208

콜론 렉텀Colon rectum 211

콜리넷C. L. Collinette 49

콜린스N. M. Collins 35

쿠라하시M. Kurahashi 63

크라이솝스 발자피레*Chrysops balzaphire* 211

크루든D. L. Cruden 37

크리스토퍼 존스톤Christopher Johnston 201

크산다나*xandana* 208

클레어 베이커Claire Baker 92

클리블랜드L. R. Cleveland 33

ㅌ

타바누스 니폰턱키*Tabanus nippontucki* 211

타바누스 라이즌샤인*Tabanus rhizonshine* 211

타우네실리투스Townesilitus 211

탄다나*tandana* 208

털리 몬스터*Tullimonstrum gregarium* 128

테인 티노라우Tane Tinorau 93

토마스 해리스Thomas Harris 246

토타나*totana* 208

투구벌레rhinoceros beetle 69

트리암시놀론 30

티모시 플라우만Timothy Plowman 50

ㅍ

파나마 카날리아*Panama canalia* 211

파뮬라 콕시포미스*Parmula cocciformis* 223

파브르J. H. Fabre 54

파이슨 아이비*Pison eyvae* 211

판다나*fandana* 208

판다나*pandana* 208

페리스Ferris 27

페이트V. S. L. Pate 209

펠런M. J. Phelan 65

포파나*fofana* 208

포파나*popana* 208

폰 버든브로크W. von Buddenbrock 195

폴 피니Paul Feeny 153

폴라리스Polaris 104

폴리키스미*Polychisme* 209

폴리페무스*polyphemus* 69

풍뎅이과scarabaeid 68

프띠리아 렐라티비티*Phthiria relativitae* 211

프레드 델코민Fred Delcomyn 195

플라우만Plowman 55

플로리다나*floridana* 208

플로리키스미*Florichisme* 209

피라냐Piranha 104

피크웰Pickwell 58

필 라우Phil Rau 235

ㅎ

하박Havak 104

하워드L. O. Howard 55, 84
한다나handana 208
해롤드 폰 브라운후트Harold von Braunhut 77
해리슨R.J. Harrison 237
핵스타인J. H. P. Hackstein 36
허드슨Hudson 94
헉슬리Huxley 57
헐크The Hulk 104
헤로도투스Herodotus 86
헤릭Herrick 57
헤이스W. P. Hayes 253
헨리 헤이지던Henry Hagedorn 197
헬레나 커티스Helena Curtis 83
호르헤 토레스Jorge Torres 109
호하나hohana 208
홀트V. M. Holt 168
핫지Hodge 55
홍반디Calopteran discrepans 40
히어즈 룩인엣챠Heerz lukenatcha 211
히어즈 투야Heerz tooya 211
힌튼H. E. Hinton 80

도서·잡지 등

〈경제곤충학 학술지Journal of Economic Entomology〉 272
〈곤충 생활Insect Life〉 85
〈곤충 세계 다이제스트Insect World Digest〉 237
〈곤충학자들의 월간잡지Entomologists' Monthly Magazine〉 94
〈과학학술원 회보Comptes Rendu de L'Academie de Science〉 195
〈네이처Nature〉 34, 35
〈농학연감〉 25
〈더 사이언티스트The Scientist〉 268~270
〈동굴생물학연구Memoires de Biospeologie〉 202
〈물리신학지Physico-Theology〉 195
〈미국곤충학자American Entomologist〉 238
〈범태평양 곤충학자Pan-Pacific Entomologist〉 49
〈사이언스Science〉 33, 35, 84, 85, 110, 111, 254, 278, 308
〈수명Age〉 29
〈쉰본 앨리shinbone alley〉 221
〈식물화학Phytochemistry〉 50
〈실험노년학Experimental Gerontology〉 29
〈애니매니액스Animaniacs〉 99
〈자연사매거진Magazine of Natural History〉 229

〈크립쇼Creepshow〉 142
〈파멸의 뒷길〉 142
《99 모기, 기생충의 알, 그리고 물어뜯는 것들99 Gnats, Nits and Nibllers》 252
《개미, 꿀벌 그리고 나나니벌》 26
《고인이 된 곤충학자들의 약력 일람표 Compendium of the Biographical Literature on Deceased Entomologists》 203
《나방The Moth》 244
《돈 버는 양봉법How to keep for profit》 26
《동물의 위조와 사기Animal Fakes and Frauds》 228
《마음의 벌판에서 벌거벗고 춤추기Dancing Naked in the Mind Field》 336
《메르크 진단과 치료 입문서Merck Manual of Diagnosis and Therapy》 32
《벌떼Swarm》 245
《벌레 파괴자들Bug Busters》 45
《사물의 성질에 관하여De Proprietatibus Rerum》 221
《세계기록기네스북Guiness Book of Records》 69
《수리남 곤충의 변태Metamorphosis Insectorum Surinamensium》 229
《양들의 침묵》 246
《영국의 나비목 곤충의 학명: 역사와 의미 The Scientific Names of British Lepidoptera: Their History and Meaning》 210
《영웅백과사전The encyclopedia of superheros》 101
《인간Man》 237
《자연의 체계Systema Naturae》 228
《자연학자Naturalist》 305
《전문직, 생업, 직업, 사회적 지위와 생활 습관이 건강과 수명에 미치는 영향The effects of arts, trades, and professions, and of civic states and habits of living, on health and longevity》 239
《집파리-질병전파자들The House Fly-Disease Carrier》 55
《코스모스Cosmos》 292
《파리 제대로 알기To Know a Fly》 194
《파필리오 코카주스Papilio coccajus》 222

벌들의 화두
곤충기에 머문 어른들을 위한 곤충기

1판 1쇄 펴냄 2008년 12월 30일
1판 2쇄 펴냄 2009년 5월 20일

지은이 메이 R. 베렌바움
옮긴이 최재천·권은비

펴낸이 송영만
펴낸곳 효형출판
주소 우413-756 경기도 파주시 교하읍 문발리 파주출판도시 532-2
전화 031 955 7600
팩스 031 955 7610
웹사이트 www.hyohyung.co.kr
이메일 info@hyohyung.co.kr
등록 1994년 9월 16일 제406-2003-031호

ISBN 978-89-5872-074-4 03470

이 책에 실린 글과 그림은 효형출판의 허락 없이 옮겨 쓸 수 없습니다.

값 14,000원